中国水利教育协会组织编写

全国中等职业教育水利类专业规划教材

水利水电工程基础
（下册）

主　编　徐水平

副主编　刘　星　张竞超

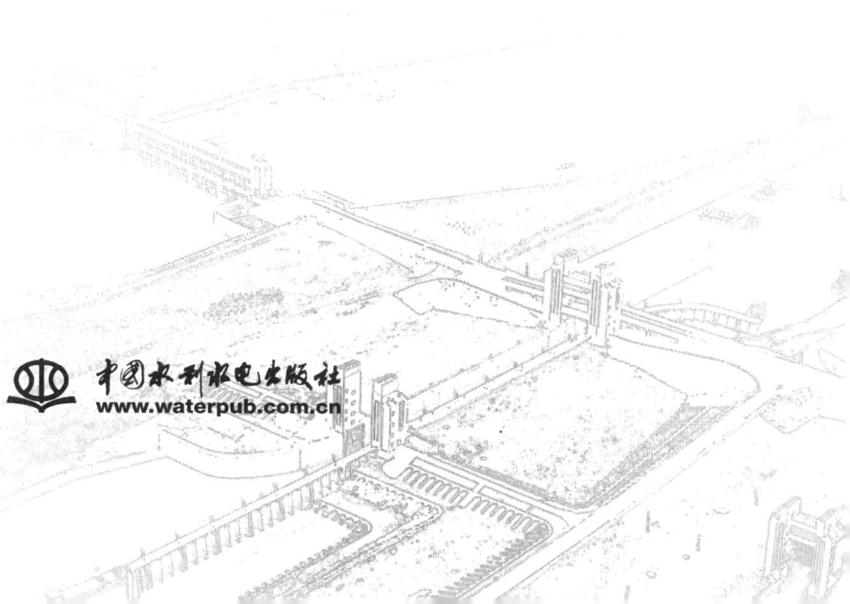

中国水利水电出版社
www.waterpub.com.cn

内 容 提 要

本书是全国中等职业教育水利类专业规划教材之一，是根据全国水利中等职业教育研究会制定的课程教学大纲编写的。全书共10章，内容包括绪论、重力坝、拱坝、土石坝、橡胶坝、水闸、河岸溢洪道、水工隧洞和坝下涵管、渠系建筑物、水电站。每章后均附有复习思考题。

本书除可作为中等职业学校水利水电类专业的教材外，也可供其他相关专业的师生和工程技术人员参考。

图书在版编目（CIP）数据

水利水电工程基础. 下册 / 徐水平主编. -- 北京 ：中国水利水电出版社, 2010.8(2023.1重印)
全国中等职业教育水利类专业规划教材
ISBN 978-7-5084-7618-6

Ⅰ. ①水… Ⅱ. ①徐… Ⅲ. ①水利工程－专业学校－教材②水力发电工程－专业学校－教材 Ⅳ. ①TV

中国版本图书馆CIP数据核字(2010)第143728号

书　　名	全国中等职业教育水利类专业规划教材 **水利水电工程基础**（下册）
作　　者	主编　徐水平　　副主编　刘星　张竞超
出版发行	中国水利水电出版社 （北京市海淀区玉渊潭南路1号D座　100038） 网址：www.waterpub.com.cn E-mail：sales@mwr.gov.cn 电话：(010) 68545888（营销中心）
经　　售	北京科水图书销售有限公司 电话：(010) 68545874、63202643 全国各地新华书店和相关出版物销售网点
排　　版	中国水利水电出版社微机排版中心
印　　刷	北京印匠彩色印刷有限公司
规　　格	184mm×260mm　16开本　11.5印张　273千字
版　　次	2010年8月第1版　2023年1月第3次印刷
印　　数	4001—5500册
定　　价	**38.00**元

前　言

本书是根据教育部《关于进一步深化中等职业教育教学改革的若干意见》（教职成［2008］8号）及全国水利中等职业教育研究会2009年7月于郑州组织的中等职业教育水利水电工程专业教材编写会议的精神组织编写的，是全国水利中等职业教育新一轮教学改革规划教材，适用于中等职业学校水利水电类专业教学。

本书讲述水工建筑物，该课程是水利水电工程类专业中一门理论与实践相结合的必修专业课，学生通过本课程的学习以提高处理水利水电工程技术问题的能力。结合中等职业学校学生的实际，在编写过程中本着“必须、够用、实用”的原则，紧紧围绕中等职业教育的培养目标，从满足水利行业发展对高素质劳动者和技能型人才的需求出发，降低理论深度和难度，“淡化设计计算，突出实用性”，力求体现中职教育特色和教学改革、创新精神，尽可能反映本专业发展动态和当前水利水电工程技术的新理论、新工艺、新材料、新方法，并严格按照水利水电工程的新规范、新标准、新技术的要求编写。

全书共10章，其中第一章由北京水利水电学校刘星编写，第二章、第三章由河南省郑州水利学校徐水平编写，第四章由河南省郑州水利学校张竞超编写，第五章、第八章由河南省水利水电学校朱文俊编写，第六章由宁夏水利电力工程学校赵鸿编写，第七章、第九章由宁夏水利电力工程学校曹麟编写，第十章由河南省水利水电学校杨艳平编写。河南省郑州水利学校徐水平任主编，北京水利水电学校刘星、河南省郑州水利学校张竞超任副主编。

本书在编写过程中参考并引用了有关院校编写的教材和生产科研单位的技术文献资料，在此一并表示感谢。

由于编者水平有限，书中难免存在不足之处，恳请读者批评指正。

编　者

2010年3月

目 录

第一章　绪　　论

【本章学习重点】 了解修建水利工程的必要性，理解其基本概念、分类及其特点；掌握水利枢纽、水工建筑物的基本概念、分类、特点；掌握水利枢纽和水工建筑物等级划分的原则、依据及其标准；了解学习本门课程的方法。

一、水利工程概况

水利工程的根本任务是兴水利、除水害。为了控制和调配自然界的地表水和地下水，达到除害兴利目的而修建的工程，称为水利工程。水是人类生产和生活必不可少的宝贵资源，但其自然存在的状态并不完全符合人类的需要。只有修建水利工程，才能控制水流，防止洪涝灾害，并进行水量的调节和分配，以满足人民生活和生产对水资源的需要。

（一）水利工程分类

1. 单项水利工程

按其承担任务可分为：防止洪水灾害的防洪工程；防止旱、涝、渍灾，为农业生产服务的农田水利工程，或称灌溉和排水工程；将水能转化为电能的水力发电工程；改善和创建航运条件的航道和港口工程；为工业和生活用水服务，并处理和排除污水和雨水的城镇供水和排水工程；防止水土流失和水质污染，维护生态平衡的水土保持工程和环境水利工程；保护和增进渔业生产的渔业水利工程；围海造田，满足工农业生产或交通运输需要的海涂围垦工程等。

2. 综合利用水利工程

一项水利工程同时为防洪、灌溉、发电、航运等多种目标服务的，称为综合利用水利工程。

（二）水利工程特点

（1）影响面广。水利工程规划是流域规划或地区水利规划的组成部分，而一项水利工程的兴建，对其周围地区的环境将产生很大的影响，既有有利的一面，又有淹没、浸没、移民、迁建等不利的一面。为此，制定水利工程规划，必须从流域或地区的全局出发，统筹兼顾，以期减免不利影响，收到经济、社会和环境的最佳效果。

（2）水利工程一般规模大、投资多、技术复杂、工期较长。

（三）水利工程发展趋势

我国是历史悠久的文明古国，我们的祖先在水利工程建设方面取得了世人瞩目的光辉成就。至今正常发挥作用的长达 1800km 的黄河大堤，纵贯祖国南北全长 1794km 的京杭大运河，驰名世界的四川灌县都江堰分洪引水灌溉工程等，都可堪称中华民族的骄傲。随着水利工程建设的发展，我国的水利科学技术水平也迅速提高。在工程勘测、规划、结构设计、地基处理以及施工技术等方面，都取得了巨大进步和成功经验。

由于当前世界多数国家出现人口增长过快，可利用水资源不足，城镇供水紧张，能源短缺，生态环境恶化等重大问题，都与水有密切联系。水灾防治、水资源的充分开发利用成为当代社会经济发展的重大课题。水利工程的发展趋势主要是：①防治水灾的工程措施与非工程措施进一步结合，非工程措施越来越占重要地位；②水资源的开发利用进一步向综合性、多目标发展；③水利工程的作用，不仅要满足日益增长的人民生活和工农业生产发展的需要，而且要更多地为保护和改善环境服务；④大区域、大范围的水资源调配工程，如跨流域引水工程，将进一步发展；⑤由于新的勘探技术、新的分析计算和监测试验手段以及新材料、新工艺的发展，复杂地基和高水头水工建筑物将随之得到发展，当地材料将得到更广泛的应用，水工建筑物的造价将会进一步降低；⑥水资源和水利工程的统一管理、统一调度将逐步加强。

二、水利枢纽与水工建筑物

（一）水利枢纽

为满足各项水利工程兴利除害的目的，在河流或渠道的适宜地段修建的不同类型水工建筑物的综合体，称为水利枢纽。水利枢纽常以其形成的水库或主体工程——坝、水电站的名称来命名，如密云水库、罗贡坝、新安江水电站等；也有直接称水利枢纽的，如葛洲坝水利枢纽。水利枢纽可分为蓄水枢纽和取水枢纽。一个枢纽同时承担多项任务的，称为综合利用水利枢纽。水利枢纽还可按其所在地的地貌形态分为平原地区水利枢纽和山区（包括丘陵区）水利枢纽。枢纽中一般包括挡水、泄水、取水以及某些专门性水工建筑物。合理安排这些建筑物之间的相关位置，使之达到技术上先进和可能、经济上合理、施工期短、运行可靠、便于管理和维修，称为枢纽布置。枢纽布置需要通过论证比较，确定最佳方案。

图1-1所示为丹江口水利枢纽布置图，是一座具有防洪、灌溉、发电、航运、渔业等综合效益的水利枢纽工程，由于其主要特征是拦截上游来水，并把它积蓄起来加以综合调配和利用，所以它是一座蓄水枢纽。其组成包括拦河坝、溢流坝、水电站取水系统及厂房、升船机和进水闸等水工建筑物。

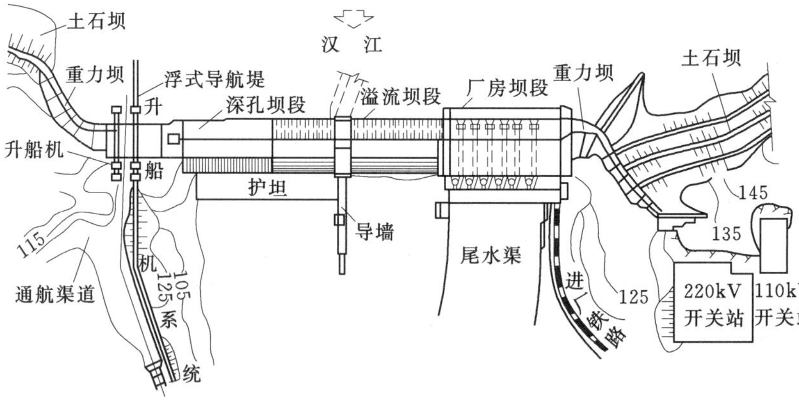

图1-1 丹江口水利枢纽布置图

（二）水工建筑物分类

水工建筑物可按使用期限和功能进行分类。按使用期限可分为永久性水工建筑物和临时性水工建筑物，前者又分为主要建筑物和次要建筑物，后者是指在施工期短时间内发挥作用的建筑物，如围堰、导流隧洞、导流明渠等。按功能可分为通用性水工建筑物和专门性水工建筑物两大类。

通用性水工建筑物主要有：

（1）挡水建筑物，如各种坝、水闸、堤和海塘。

（2）泄水建筑物，如各种溢流坝、岸边溢洪道、泄水隧洞、分洪闸。

（3）进水建筑物，也称取水建筑物，如进水闸、深式进水口、泵站。

（4）输水建筑物，如引（供）水隧洞、渡槽、输水管道、渠道。

（5）河道整治建筑物，如丁坝、顺坝、护岸、导流堤。

专门性水工建筑物主要有：

（1）水电站建筑物，如前池、调压室、压力水管、水电站厂房。

（2）渠系建筑物，如节制闸、分水闸、渡槽、沉沙池、冲沙闸。

（3）港口水工建筑物，如防波堤、码头、船坞、船台和滑道。

（4）过坝设施，如船闸、升船机、放木道、筏道及鱼道等。

有些水工建筑物的功能并非单一，难以严格区分其类型，如各种溢流坝，既是挡水建筑物，又是泄水建筑物；闸门既能挡水和泄水，又是水力发电、灌溉、供水和航运等工程的重要组成部分。有时施工导流隧洞可以与泄水或引水隧洞等结合。

（三）水利水电工程的分等和水工建筑物的分级

水利水电工程一般投资大、工期长，建设的成功和失败，对国民经济和人民生活将产生直接影响。但过分强调安全，势必会造成不必要的浪费，为使工程的安全性与其造价的经济合理性有机地统一起来，水利水电工程及所属建筑物必须进行分等和分级。

我国 SL 252—2000《水利水电工程等级划分及洪水标准》规定，水利水电枢纽工程按其规模、效益及在国民经济中的重要性分为五等，见表 1－1。

表 1－1　　水利水电工程分等指标

工程等别	工程规模	水库总库容（亿 m^3）	防洪		治涝	灌溉	供水	发电
			保护城镇及工矿企业的重要性	保护农田（万亩）	治涝面积（万亩）	灌溉面积（万亩）	供水对象重要性	装机容量（万 kW）
Ⅰ	大（1）型	≥10	特别重要	≥500	≥200	≥150	特别重要	≥120
Ⅱ	大（2）型	10～1.0	重要	500～100	200～60	150～50	重要	120～30
Ⅲ	中型	1.0～0.1	中等	100～30	60～15	50～5	重要	30～5
Ⅳ	小（1）型	0.1～0.01	一般	30～5	15～3	5～0.5	中等	5～1
Ⅴ	小（2）型	0.01～0.001		＜5	＜3	＜0.5	一般	＜1

注 1. 水库总库容指水库最高水位以下的静库容。
2. 治涝面积和灌溉面积均指设计面积。

对于综合利用的水利工程，当按各综合利用项目的分等指标确定的等别不同时，其工程等别应按其中最高等别确定。

水利水电工程中的永久性水工建筑物，指工程运行期间使用的建筑物。根据其所在工程的等别和建筑物的重要性分为 5 级，见表 1－2。

表 1-2 永久性水工建筑物级别的划分

工程等别	主要建筑物	次要建筑物
Ⅰ	1	3
Ⅱ	2	3
Ⅲ	3	4
Ⅳ	4	5
Ⅴ	5	5

表 1-3 水库大坝提级指标

级 别	坝 型	坝 高 (m)
2	土石坝	90
	混凝土坝、浆砌石坝	130
3	土石坝	70
	混凝土坝、浆砌石坝	100

采用表 1-2 确定永久性水工建筑物级别时，应注意以下几点：

(1) 失事后损失巨大和影响十分严重的水利水电工程的 2～5 级主要永久性水工建筑物，经过论证并报主管部门批准，可提高一级；失事后造成损失不大的水利水电工程的 1～4 级主要永久性水工建筑物，经过论证并报主管部门批准，可降低一级。

(2) 水库大坝按表 1-2 规定为 2、3 级的永久性水工建筑物，如坝高超过表 1-3 的规定指标，其级别可提高一级，但洪水标准可不提高。

(3) 当永久性水工建筑物基础的工程地质条件复杂或采用新型结构时，对 2～5 级建筑物可提高一级设计，但洪水标准可不提高。

临时性水工建筑物是指水利水电工程施工时所使用的建筑物。水利水电工程施工期间使用的临时性挡水和泄水建筑物级别，根据保护对象的重要性、失事后果、使用年限和临时性水工建筑物的规模，按表 1-4 确定。

表 1-4 临时性水工建筑物级别的划分

级别	保护对象	失事后果	使用年限 (a)	临时性水工建筑物规模	
				高度 (m)	库容 (亿 m^3)
3	有特殊要求的 1 级永久性水工建筑物	淹没重要城镇、工矿企业、交通干线或推迟总工期及第一台（批）机组发电，造成重大灾害和损失	>3	>50	>1.0
4	1、2 级永久性水工建筑物	淹没一般城镇、工矿企业，或影响工程总工期及第一台（批）机组发电而造成较大经济损失	3～1.5	50～15	1.0～0.1
5	3、4 级永久性水工建筑物	淹没基坑，但对总工期及第一台（批）机组发电影响不大，经济损失较小	<1.5	<15	<0.1

当临时性水工建筑物根据表 1-4 的分级指标分属不同级别时，其级别按表中高级别确定。但对 3 级临时性水工建筑物，符合该级别规定的指标不得少于两项。

三、水工建筑物的特点与本课程的学习方法

（一）水工建筑物的特点

水工建筑物由于水的作用和影响，与其他建筑物相比有以下特点：

(1) 工作条件复杂。水的作用将产生各种作用力。建筑物挡水时，作用有静水压力、风浪压力、浮托力、冰压力及渗透压力等，将对建筑物的抗滑稳定产生不利影响；同时，

还会在建筑物内部及地基中产生渗透水流，可能产生渗透变形破坏。建筑物泄水时，将产生动水压力，高速水流还可能对建筑物产生空蚀、振动以及对河床产生冲刷。

（2）施工条件艰巨。在河道中建造水工建筑物，比陆地上的建筑物施工要艰巨得多，首先要解决施工导流问题，为工程建设创造施工空间；其次是施工技术复杂，如大体积混凝土施工的温控措施和复杂的地基处理；第三是地下、水下工程多，施工难度大。再加上工程量大，截流、度汛要抢时间，因此，水工建筑物的施工条件是非常艰巨的。

（3）对环境有多方面影响。大型水利枢纽的建设，对人类社会将产生较大影响，同时由于改变了河流的自然条件，对生态环境、自然景观，甚至对区域气候等方面都会产生较大影响。有利的影响方面有：绿化环境，改良土壤，形成旅游和疗养场所，甚至发展成为新兴城市等。但也有不利的一面，由于库水位抬高，需要移民和迁建；库区周围地下水位升高，对矿井、铁路、农田等产生不良影响；甚至由水温、水质等因素使库区附近的生态平衡发生变化；对地震多发区，建水库后可能诱发地震；库尾的泥沙淤积，可能使航道恶化等。

（4）对国民经济的发展影响巨大。一个综合性的大型蓄水水利枢纽，其作用集防洪、发电、灌溉、供水、航运及改善环境于一身，建成运行后将产生巨大的经济效益和社会效益。但是，一旦失事将会给下游造成巨大的灾害，其后果不堪设想。

（二）本课程的学习方法

水工建筑物是一门综合性和实践性都很强的专业课，涉及许多学科领域，除基础学科外，还与水力学、水文学、工程力学、土力学、岩石力学、工程结构、工程地质、建筑材料以及水利勘测、水利规划、水利工程施工、水利管理等密切相关。学习中要密切联系已学过的专业基础课程和相关专业课程；注意掌握一般水工建筑物的特点、类型及构造原理，并注重理论联系实际，有条件的要多利用实物进行现场参观学习；通过作业、课程综合练习、实习等环节，锻炼和培养解决实际问题的能力。

本　章　小　结

本章讲述了水利工程基本概况，水利枢纽及水工建筑物的基本概念、分类及其等级的划分。通过学习应掌握以下几点内容：

（1）水利工程的根本任务是兴水利、除水害。水利工程是为控制和合理利用水资源，达到兴利除害的目的而采取的工程措施。水利工程按所承担的任务可分为防洪、河道整治、农田水利等水利工程。了解水利发展趋势。

（2）水利枢纽是为了综合利用水利资源，而修建的各种类型的建筑物的综合体。按作用可分为蓄水枢纽和取水枢纽。水库枢纽一般包括挡水、泄水和取水三大建筑物。

（3）水工建筑物可按使用期限和功能进行分类。水工建筑物按其功能可为挡水建筑物、泄水建筑物、输水建筑物、取水建筑物、整治建筑物、专门建筑物等。按使用期限可分为临时性水工建筑物和永久性水工建筑物。

（4）水利枢纽和水工建筑物等级划分的原则是安全性和经济合理性有机统一。依据是按规模、效益及其在国民经济中的重要性划分等级。能按规范确定枢纽等别和建筑物级别。

（5）明确学习本课程的方法是理论和实践有机结合。

复习思考题

1. 什么是水利工程、水利枢纽、水工建筑物？

2. 什么是挡水建筑物和泄水建筑物？

3. 水工建筑物按其作用分为哪几种类型？

4. 组成水库枢纽的“三大件”是什么？

5. 划分水利工程等别和水工建筑物级别的意义和划分的标准是什么？

6. 水工建筑物的特点有哪些？

7. 我国水资源状况如何？

8. 了解我国现行《中华人民共和国水法》的主要内容。试简述新《中华人民共和国水法》新在哪？

9. 为了我国水利事业的发展，谈谈你应具备什么样的素质才能成为一名合格的水利人？

第二章　重　力　坝

【本章学习重点】 了解重力坝的概念、工作特点、类型、构造设计；掌握重力坝的工作原理、作用在重力坝上的主要荷载及其组合；掌握非溢流重力坝、溢流重力坝的剖面设计方法、重力坝的稳定分析；了解溢流重力坝的水力学问题及解决措施、重力坝的地基处理内容。

第一节　重力坝的特点和类型

重力坝是世界筑坝史上最为古老而应用广泛的坝型之一，一般用混凝土或浆砌石修筑而成。此种坝因主要依靠自重维持稳定而得名。重力坝横剖面一般做成上游面近于垂直的三角形，如图 2－1 所示。

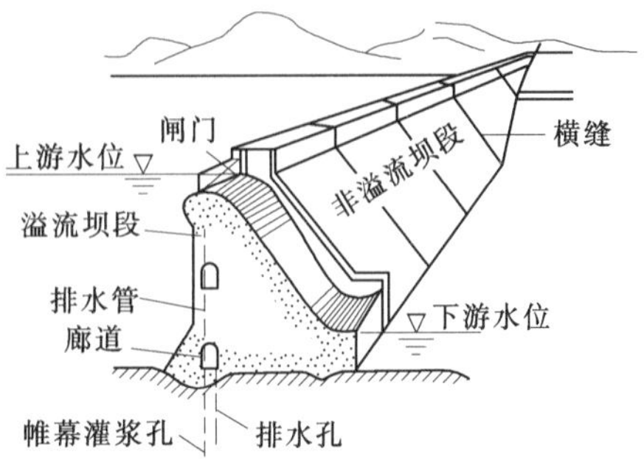

图 2－1　混凝土重力坝示意图

一、重力坝的工作特点

重力坝在水压力及其他荷载作用下，主要依靠坝体自重保持稳定和满足强度要求。重力坝体积大、用料多，材料强度不能充分利用，其所以被广泛采用，主要原因是与其他坝型相比，具有如下优点：

(1) 对地形、地质条件的适应性较强。任何形状的河谷都可以修建重力坝。因为坝体作用于坝基面上的压应力不大，所以对地质条件的要求比较低，除承载力低的软基和难于处理的断层、破碎带等构造的岩基外，均可建重力坝。

(2) 结构简单、安全可靠，便于施工。重力坝断面尺寸大，筑坝材料强度高，耐久性好，抗冲、抗渗及抵抗地震破坏能力比较强，故安全性较高。而且结构简单、体积大，便于机械化施工。

(3) 枢纽泄洪和施工导流比较容易解决。重力坝所用的材料抗冲能力强，施工期可以利用坝顶溢流或在坝身预留底孔导流，一般不需要另设溢洪道或泄洪洞。

(4) 施工方便。重力坝结构简单、体积大，可以采用机械化施工，在放样、立模和混凝土浇筑方面都比较简单，并且补强、修复、维护或扩建也比较方便。

但重力坝也存在如下一些缺点：

(1) 坝底扬压力较大。重力坝挡水后，由于坝体与地基接触面积大，产生的坝底扬压力也大。而扬压力会抵消部分坝体的重量，对坝体稳定不利，需采用各种有效的防渗排水措施，以减小扬压力。

(2) 混凝土重力坝体积大，水泥用量多，水化热大，散热条件差，将引起坝体内温度和收缩应力，可能导致坝体裂缝。所以施工期需要采取温控措施，防止出现危害性裂缝，保证坝体施工质量。

二、重力坝的类型

重力坝按结构形式可分为实体重力坝、宽缝重力坝、空腹重力坝、装配式重力坝等，如图 2-2 所示。

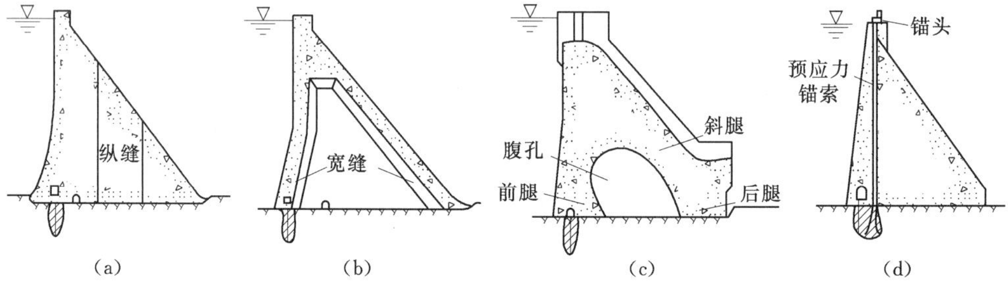

图 2-2 重力坝的类型

(a) 实体重力坝；(b) 宽缝重力坝；(c) 空腹重力坝；(d) 装配式重力坝

按筑坝材料可分为混凝土重力坝和浆砌石重力坝。

按重力坝的顶部是否泄水可分为溢流坝和非溢流坝。坝体设有泄水孔的坝段和溢流坝统称为泄水重力坝。

重力坝按坝的高度还可分为高坝、中坝和低坝三类。坝高大于 70m 的为高坝；30～70m 的为中坝；小于 30m 的为低坝。

第二节 重力坝的荷载及抗滑稳定分析

一、重力坝的荷载

荷载也称作用，是指外界环境对水工建筑物的影响。重力坝的荷载主要有：自重、水压力、扬压力、淤沙压力、浪压力、冰压力及地震作用等。取单位坝长（1m）计算如下。

1. 自重（包括永久设备自重）

单位宽度上坝体自重 W 标准值计算公式如下：

$$W=\gamma_c A \ (\mathrm{kN/m}) \tag{2-1}$$

式中 A——坝体横剖面的面积，m^2；

γ_c——坝体混凝土的容重，kN/m^3，一般采用 23.0～23.5kN/m^3。

计算自重时，坝上永久性固定设备，如闸门、固定式启闭机的重量也应计算在内，坝内较大的孔洞应该扣除。

2. 静水压力

静水压力是作用在上下游坝面的主要荷载，如图 2-3（a）所示，对于倾斜或有折坡的坝面，计算时常分解为水平水压力 P_H 和垂直水压力 P_V 两种。溢流堰前水平水压力以 P_{H1} 表示：

$$P_V=A_w\gamma_w \ (\mathrm{kN/m}) \tag{2-2}$$

$$P_H=\frac{1}{2}\gamma_w H^2\ (\text{kN/m}) \tag{2-3}$$

$$P_{H1}=\frac{1}{2}\gamma_w(H^2-h^2)\ (\text{kN/m}) \tag{2-4}$$

式中　A_w——通过坝踵处所作的垂线与水面和坝面所围成图形的面积，m²；

H——计算点处的作用水头，即计算水位与计算点之间的垂直高差，m；

h——溢流坝顶水深，m；

γ_w——水的容重，kN/m³，常用 9.81kN/m³。

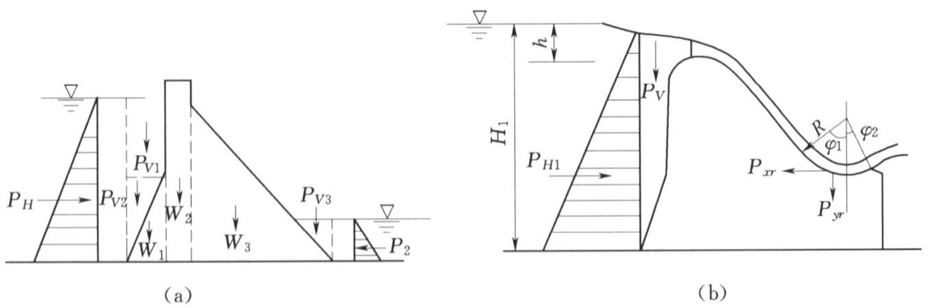

图 2-3　坝体自重和坝面水压力计算图

3. 动水压力

当溢流重力坝泄水时，水流流经下游反弧段，由于流向改变，在该处产生动水压力，可根据流体的动量方程求得，如图 2-3（b）所示。反弧段上动水压力的总水平分力 P_{xr} 和垂直分力 P_{yr} 为：

$$P_{xr}=\frac{q\gamma_w v}{g}(\cos\varphi_2-\cos\varphi_1)\ (\text{N/m}) \tag{2-5}$$

$$P_{yr}=\frac{q\gamma_w v}{g}(\sin\varphi_2+\sin\varphi_1)\ (\text{N/m}) \tag{2-6}$$

式中　q——相应设计状况下反弧段上的单宽流量，m³/(s·m)；

γ_w——水的容重，kN/ m³；

v——反弧段最低点处断面的平均流速，m/s；

φ_1、φ_2——反弧段圆心竖线左、右的中心角。

P_{xr} 和 P_{yr} 的作用点可近似地认为在反弧段长度的中点，其方向以图 2-3（b）所示为正。

4. 扬压力

扬压力包括渗透压力和浮托力两部分。渗透压力是由上下游水位差产生的渗流在坝内或坝基面上形成的向上的压力。浮托力是由下游水深淹没部分坝体而产生的向上的压力。

扬压力大小可根据扬压力分布图形计算。扬压力的分布图形与坝体结构型式、坝基地质条件、防渗排水设施等因素有关，应根据不同计算情况分别确定，如图 2-4 所示。

（1）坝基面上的扬压力。岩基上坝底扬压力按下列三种情况确定：

1）当坝基设有防渗帷幕和排水孔时，坝底面上游坝踵处的扬压力作用水头为 H_1；

排水孔中心线处的扬压力作用水头为 $H_2+a(H_1-H_2)$；下游坝趾处为 H_2；其间各段依次用直线连接，如图 2-4（a）、（b）、（c）、（d）所示。

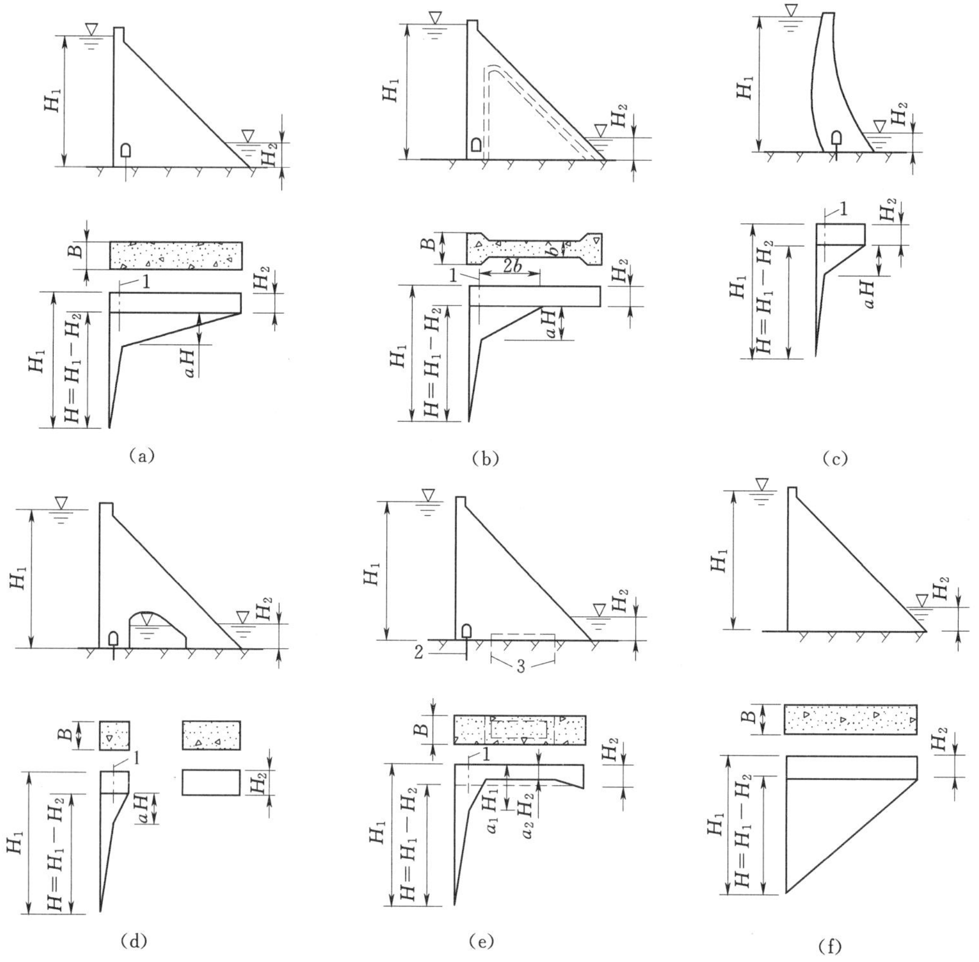

图 2-4　坝底面扬压力分布图

（a）实体重力坝；（b）宽缝重力坝及大头支墩坝；（c）拱坝；（d）空腹重力坝；
（e）坝基设有抽排系统；（f）未设帷幕及排水孔
1—排水孔中心线；2—主排水孔；3—副排水孔

2）当坝基设有防渗帷幕和上游主排水孔，下游设有副排水孔及抽排系统时，坝底面上游坝踵处的扬压力作用水头为 H_1，主、副排水孔中心线处的扬压力作用水头分别为 a_1H_1、a_2H_2，下游坝趾处为 H_2，其间各段依次用直线连接，如图 2-4（e）所示。

3）当坝基未设防渗帷幕和排水孔时，坝底面上游坝踵处的扬压力作用水头为 H_1，下游坝趾处为 H_2，其间用直线连接，如图 2-4（f）所示。

上述 1)、2）中的渗透压力强度系数 a、扬压力强度系数 a_1 及残余扬压力强度系数 a_2 可参照表 2-1 采用。应注意，对河床坝段和岸坡坝段，a 取值不同，后者计及三向渗流作用，a_2 取值应大些。

表 2－1　**坝底面的渗透压力和扬压力强度系数**

坝型及部位		坝基处理情况		
		设置防渗帷幕及排水孔	设置防渗帷幕及主副排水孔并抽排	
部位	坝型	渗透压力强度系数 a	主排水孔前扬压力强度系数 a_1	残余扬压力强度系数 a_2
河床坝段	实体重力坝	0.25	0.20	0.50
	宽缝重力坝	0.20	0.15	0.50
	大头支墩坝	0.20	0.15	0.50
	拱坝	0.25	0.20	0.50
岸坡坝段	实体重力坝	0.35		
	宽缝重力坝	0.30		
	大头支墩坝	0.30		
	拱坝	0.35		

（2）坝体内部的扬压力。由于坝体混凝土是透水的，在水头差的作用下，产生坝体渗流，引起坝内扬压力。为减小坝体内的扬压力，常在坝体上游面附近的 3～5m 范围内浇筑抗渗混凝土，形成防渗层，并在紧靠防渗层的下游面设坝身排水管。坝体内计算截面的扬压力分布图形，可根据坝型及其坝内排水管的设置情况按图 2－5 确定，其中排水管线处的坝体内部，渗透压力强度系数 a_3 按下列情况采用：实体重力坝、拱坝及空腹重力坝的实体部位采用 $a_3=0.2$；宽缝重力坝、大头支墩坝的宽缝部位采用 $a_3=0.15$。

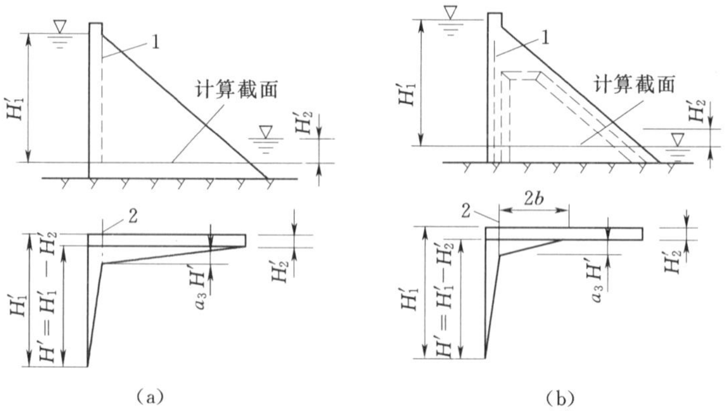

图 2－5　坝体计算截面上扬压力分布

（a）实体重力坝；（b）宽缝重力坝

1—坝内排水管；2—排水管中心线

5. 淤沙压力

水库正常运用后，入库水流挟带的泥沙在水库中淤积，淤积在坝前的泥沙作用于坝面的一种土压力叫淤沙压力。由于泥沙淤积高程随时间增加，淤积泥沙的重度和内摩擦角也随时间在变化，因而淤沙压力难以精确确定。一般淤积计算年限可取为 50～100 年，作用于单位坝长上的水平淤沙压力标准值 P_{sk} 为：

$$P_{sk}=\frac{1}{2}\gamma_{sb}h_s^2\tan^2\left(45°-\frac{\varphi_s}{2}\right)\ (\text{kN/m}) \tag{2-7}$$

式中 γ_{sb}——淤沙的浮容重，kN/m^3；

h_s——坝前泥沙淤积厚度，m；

φ_s——淤沙的内摩擦角，(°)。

当上游坝面倾斜时，除计算水平淤沙压力外，还应计算竖向淤沙压力，竖向淤沙压力由淤沙的浮容重与淤沙体积之乘积计算得到。

6. 浪压力

水库水面在风的作用下产生波浪，波浪对坝面产生的冲击力称为浪压力。浪压力与波浪要素有关，波浪要素包括波浪高度、波浪长度和波浪中心线超出静水面的高度。波浪要素的确定一般采用以一定实测或试验资料为基准的半理论半经验方法。

当波浪要素确定后，便可根据坝前不同的水深，判定波态以确定其上的浪压力强度分布，然后计算波浪总压力。随着水深的不同，坝前有三种可能的波浪发生，即深水波、浅水波和破碎波。不同的波浪分布如图 2-6 所示。

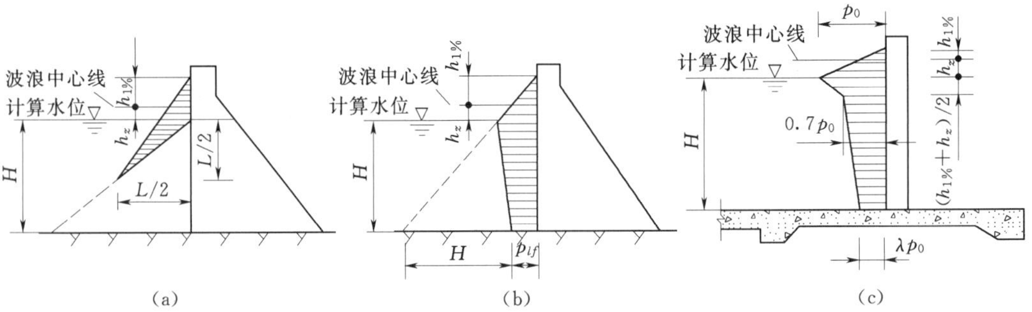

图 2-6 波浪压力分布

(a) 深水波；(b) 浅水波；(c) 破碎波

使波浪破碎的临界水深 H_{cr}，是波态衡量的指标之一，其计算公式为：

$$H_{cr}=\frac{L}{4\pi}\ln\left(\frac{L+2\pi h_{1\%}}{L-2\pi h_{1\%}}\right) \tag{2-8}$$

当 $H\geqslant H_{cr}$ 和 $H\geqslant L/2$ 时，即坝前水深不小于半波长，称为深水波，水域底部对波浪运动没有影响，如图 2-6 (a) 所示。单位坝体长度上浪压力标准值为：

$$P_L=\frac{\gamma L}{4}(h_{1\%}+h_z)\ (\text{kN/m}) \tag{2-9}$$

当 $L/2>H>H_{cr}$ 时，即坝前水深小于半波长，但大于临界水深，称为浅水波，水域底部对波浪运动产生影响，如图 2-6 (b) 所示。此时单位坝体长度上浪压力标准值为：

$$P_L=\frac{1}{2}[(h_{1\%}+h_z)(\gamma H+p_{lf})+Hp_{lf}]\ (\text{kN/m}) \tag{2-10}$$

$$p_{lf}=\gamma h_{1\%}\,\text{sech}\,\frac{2\pi H}{L}$$

式中 p_{lf}——坝基底面处的浪压力剩余强度，kN/m^2。

当坝前水深小于临界水深，即 $H<H_{cr}$ 时，称为破碎波。如图 2－6（c）所示。这时单位坝体长度上浪压力标准值为：

$$P_L=\frac{p_0}{2}\left[(1.5-0.5\lambda)(h_{1\%}+h_z)+(0.7+\lambda)H\right] \tag{2-11}$$

$$p_0=K_0\gamma_w(h_{1\%}+h_z)$$

式中 λ——坝基底面处浪压力强度折减系数，当 $H\leqslant1.7(h_{1\%}+h_z)$ 时，采用 0.6；

p_0——计算水位处的浪压力强度，kN/ m^2；

γ_w——水的容重，kN/ m^3；

$h_{1\%}$——累积频率 1%的波高；

K_0——底坡影响系数，与坝前一定距离库底纵坡平均值 i 有关，见表 2－2。

表 2－2　底坡影响系数 K_0 取值

底坡 i	1/10	1/20	1/30	1/40	1/50	1/60	1/80	<1/100
K_0	1.89	1.61	1.48	1.41	1.36	1.33	1.29	1.25

7. 冰压力

冰对建筑物的作用力称为冰压力。冰压力分静冰压力和动冰压力两种。在气候严寒地区，冬季水库表面结成冰盖，当气温回升时，冰盖加速膨胀，对坝面产生的挤压力称为静冰压力。而当冰盖解冻后，冰块顺风随水流漂移，撞击坝面等建筑物产生的撞击力称为动冰压力。冰压力的计算详见 DL 5077—1997《水工建筑物荷载设计规范》。

8. 地震作用

在地震区建坝，必须考虑地震对大坝的影响。重力坝抗震计算应考虑地震惯性力和地震动水压力。一般情况下，进行抗震计算时的上游水位可采用正常蓄水位。地震对建筑物的影响程度，常用地震烈度表示。地震烈度越大，对建筑物的破坏越大，抗震设计要求越高。

在考虑地震作用时，常用到地震的基本烈度和设计烈度两个概念。基本烈度是水工建筑物所在地区在 50 年期限内，一般场地条件下，可能遭遇超越概率为 10%的地震烈度值；设计烈度是指在抗震设计时，根据安全和经济需要加以调整的基本烈度。一般情况采用基本烈度作为设计烈度。SL 203—97《水工建筑物抗震设计规范》规定，水工建筑物的工程抗震设防类别，应根据其重要性和工程场地基本烈度按表 2－3 的规定确定。

表 2－3　工程抗震设防类别

工程抗震设防类别	建筑物级别	场地基本烈度
甲	1（壅水）	≥6
乙	1（非壅水）、2（壅水）	
丙	2（非壅水）、3	≥7
丁	4、5	

（1）地震惯性力。地震时，重力坝随地壳做加速运动时，产生了地震惯性力。重力坝沿坝轴线方向刚度很大，这个方向的地震作用力将传至两岸，因此重力坝一般只计算顺河

流方向的水平向地震作用，而对于设计烈度为 8、9 度的 1、2 级重力坝，应同时计入水平和竖向地震作用，但对竖向地震惯性力还应乘以 0.5 的遇合系数。

地震惯性力可按拟静力法计算，但对于 1、2 级水工建筑物及高度超过 150m 的坝宜用动力法来计算。

沿建筑物高度作用于质点 i 的水平向地震惯性力代表值可用式（2－12）计算：

$$F_i=\frac{a_h\xi G_{Ei}a_i}{g} \tag{2-12}$$

式中 F_i——用在质点 i 的水平向地震惯性力代表值，kN/m；

ξ——地震作用的效应折减系数，除另有规定外，一般取 0.25；

G_{Ei}——集中在质点 i 的重力作用标准值，kN；

a_h——水平向设计地震加速度代表值，由表 2－4 确定；

g——重力加速度，9.81m/s^2；

a_i——质点 i 的动态分布系数。

对于重力坝，a_i 由式（2－13）确定：

$$a_i=1.4\frac{1+4(h_i/H)^4}{1+4\sum_{i=1}^{n}\frac{G_{Ej}}{G_E}(h_j/H)^4} \tag{2-13}$$

式中 n——坝体计算质点总数；

H——坝高，m，溢流坝的 H 应算至闸墩顶；

h_i、h_j——质点 i、j 的高度，m；

G_E——产生地震惯性力的建筑物总重力作用的标准值，kN。

表 2－4　水平向设计地震加速度代表值

设计烈度	7	8	9
a_h	0.1g	0.2g	0.4g

（2）地震动水压力。地震时，坝前、坝后的水体随着振动，形成作用在坝面上的激荡力。

采用拟静力法计算重力坝地震作用效应时，直立坝面水深为 h 处的地震动水压强代表值按式（2－14）计算。

$$P_w(h)=a_h\xi\psi(h)\rho_w H_1 \tag{2-14}$$

式中 $P_w(h)$——作用在直立迎水坝面水深 h 处的地震动水压强代表值，kN/m；

$\psi(h)$——水深 h 处的地震动水压力分布系数，应按表 2－5 的规定取值；

ρ_w——水体质量密度标准值；

H_1——水深，m；

其他符号意义同前。

表 2-5 重力坝地震动水压力分布系数 $\psi(h)$

h/H_0	$\psi(h)$	h/H_0	$\psi(h)$
0.0	0.00	0.6	0.76
0.1	0.43	0.7	0.75
0.2	0.58	0.8	0.71
0.3	0.68	0.9	0.68
0.4	0.74	1.0	0.67
0.5	0.76		

单位宽度坝面总地震动水压力作用点位于水面以下 0.54H 处，其代表值 F_0 按式（2-15）计算：

$$F_0 = 0.65 a_h \xi \rho_w H_1^2 (\text{kN/m}) \tag{2-15}$$

与水平面夹角为 θ 的倾斜迎水坝面，按式（2-15）计算的动水压力代表值应乘以折减系数：

$$\eta_c = \frac{\theta}{90} \tag{2-16}$$

迎水坝面有折坡时，若水面以下直立部分的高度等于或大于水深 H_1 的 1/2，可近似取作直立坝面计算，否则应取水面点与坝坡脚点的连线坡度作为坝面斜坡计算。

作用在坝体上、下游的地震动水压力均与坝面垂直，且两者的作用方向一致。例如，当地震加速度的方向指向上游时，作用在上、下游坝面的地震动水压力方向均指向下游。

二、重力坝的荷载组合

1. 荷载的分类

作用在重力坝上的各种荷载，除坝体自重外，其余的大小和出现的几率都有一定的变化。重力坝主要荷载，按随时间变异分三类：

（1）永久荷载。包括：①坝体自重和永久性设备自重；②淤沙压力（有排沙设施时可列为可变作用）；③土压力。

（2）可变荷载。包括：①静水压力；②扬压力（包括渗透压力和浮托力）；③动水压力；④浪压力；⑤冰压力（包括静冰压力和动冰压力）；⑥风雪荷载；⑦机动荷载。

（3）偶然荷载。包括：①地震作用；②校核洪水位时的静水压力。

2. 荷载的组合

在设计混凝土重力坝时，应根据各种荷载同时作用的可能性，选择不同的荷载组合进行计算。荷载组合分基本组合和偶然组合。基本组合属永久荷载与可变荷载的组合，即设计情况和正常情况；偶然组合，除一些永久荷载与可变荷载外，尚包括可能同时出现的一种或几种偶然荷载，属校核情况和非常情况。

（1）荷载的基本组合。

1）坝体及其上永久性设备的自重。

2）以发电为主的水库，上游正常蓄水位，按照功能运用要求建筑物泄放最小流量时的下游水位，且防渗及排水设施正常工作时的水荷载：①大坝上、下游面的静水压力；②扬压力。

3）大坝上游淤沙压力。

4）大坝上下游侧土压力。

5）以防洪为主的水库，按上游防洪高水位及相应的下游水位，且防渗及排水设施正常工作时的水荷载：①大坝上、下游面的静水压力；②扬压力；③相应泄洪时的动水压力。

6）浪压力：相应正常蓄水位或防洪高水位的重现期 50 年一遇风速引起的浪压力。

7）冰压力：取正常蓄水位时的冰荷载。

8）其他机会出现较多的荷载。

（2）荷载的偶然组合。偶然组合是在基本组合下，计入下列一个偶然荷载的组合。偶然荷载一般包括：

1）当水库泄放校核洪水（偶然状况）流量时，上下游水位的作用，且防渗排水正常工作时的水荷载：①坝上、下游面的静水压力；②扬压力；③相应泄洪时的动水压力。

2）相应校核洪水位时的浪压力，可取多年平均最大风速引起的浪压力。

3）地震作用（包括地震惯性力和地震动水压力）。一般取正常蓄水情况时相应的上、下游水位。

4）其他机会出现很少的荷载。

上述各种荷载的具体组合详见表 2－6。

表 2－6　　荷载组合

荷载组合	主要考虑情况	荷载类别									备注
		自重	静水压力	扬压力	淤沙压力	浪压力	冰压力	动水压力	土压力	地震作用	
基本组合	正常蓄水位情况	1	2	2	3	6			4		以发电为主的水库土压力根据坝体外是否有填土而定（下同）
	防洪高水位情况	1	5	5	3	6		5	4		以防洪为主的水库，正常蓄水位较低
	冰冻情况	1	2	2	3		7		4		静水压力及扬压力按冬季库水位计算
	施工期临时挡水情况	1	2	2					4		
偶然组合	校核洪水情况	1	9	9	3	10		9	4		
	地震情况	1	2	2	3	6			4	11	静水压力、扬压力和浪压力按正常蓄水位计算，有论证时可另作规定

注　1. 应根据各种荷载作用同时发生的概率，选择计算中最不利的组合。

2. 根据地质和其他条件，如考虑运用时排水设备易于堵塞，需经常维修时，应考虑排水失效的情况，作为偶然组合。

三、重力坝的抗滑稳定分析

抗滑稳定分析是重力坝设计中的一项重要内容，其目的是核算坝体沿坝基面、混凝土层面或沿地基深层软弱结构面抗滑稳定的安全度。

（一）抗滑稳定计算截面的选取

重力坝的稳定应根据坝基的地质条件和坝体剖面形式，选择受力大，抗剪强度较低，容易产生滑动的截面作为计算截面。重力坝抗滑稳定计算主要是核算沿坝基面及混凝土面（包括常态混凝土水平施工缝或碾压混凝土层面）的抗滑稳定性。另外当坝基内有软弱夹层、缓倾角结构面时，也应核算其深层抗滑稳定性。

（二）重力坝沿坝基面抗滑稳定分析

以一个坝段或取单宽作为计算单元，计算公式有抗剪强度公式和抗剪断公式。

1. 抗剪强度公式

将坝体与基岩间看成是一个接触面，而不是胶结面。

当接触面呈水平时，如图 2-7（a）所示，其抗滑稳定安全系数 K_s 为：

$$K_s=\frac{f(\sum W-U)}{\sum P} \tag{2-17}$$

式中　$\sum W$——接触面以上的总铅直力，kN；

$\sum P$——接触面以上的总水平力，kN；

U——作用在接触面上的扬压力，kN；

f——接触面间的摩擦系数。

当接触面倾向上游时，如图 2-7（b）所示，其抗滑稳定安全系数 K_s 为：

$$K_s=\frac{f(\sum W\cos\beta-U)+\sum P\sin\beta}{\sum P\cos\beta-\sum W\sin\beta} \tag{2-18}$$

式中　β——接触面与水平面间的夹角。

由式（2-18）可以看出，当接触面倾向上游时，对坝体抗滑有利；而当接触面倾向下游时，β 为负值，使抗滑力减小，滑动力增大，对坝体稳定不利。

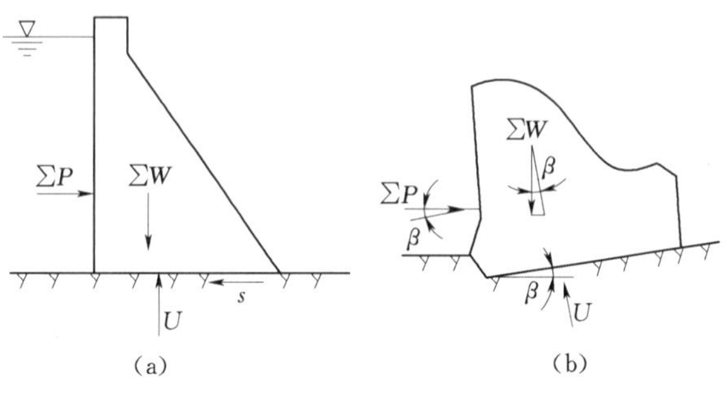

图 2-7　重力坝抗滑稳定计算简图

混凝土与基岩间的摩擦系数 f 值常取在 0.5～0.8 之间，摩擦系数的选定直接关系到大坝的造价与安全，f 值越小，为维持稳定所需的 $\sum W$ 越大，即坝体剖面越大，以新安江工程重力坝为例，若 f 值减小 0.01，坝体混凝土就要增多 2 万 m^3。

由于抗剪强度公式未考虑坝体混凝土与基岩间的胶结作用，而认为坝体仅依靠与基岩间所产生的摩擦力来抵抗水平推力的作用，因此求得的安全系数 K_s 值一般均偏低。用抗剪强度公式设计时，各种荷载组合情况下的安全系数不小于表 2-7 的规定。

表 2-7　　抗滑稳定安全系数 K_s

荷载组合		坝的级别		
		1	2	3
基本组合		1.10	1.05	1.05
偶然组合	(1)	1.05	1.00	1.00
	(2)	1.00	1.00	1.00

2. 抗剪断公式

利用抗剪断公式时，认为坝体混凝土与基岩接触良好，直接采用接触面上的抗剪断参数 f'和 c'计算抗滑稳定安全系数。此处，f'为坝基面抗剪断摩擦系数，c'为坝基面抗剪断凝聚力。

$$K_s'=\frac{f'(\sum W-U)+c'A}{\sum P} \tag{2-19}$$

对于大、中型工程，在设计阶段，强度参数 f'和 c'应有野外及室内试验成果；在规划和可行性研究阶段可参照规范给定的数值选用。我国设计规范用统计的方法给出了不同级别岩石的抗剪断参数的计算参考值，规范规定 K_s'值不分坝的级别，基本组合为 3.0；偶然组合（1）为 2.5；偶然组合（2）为 2.3。

上述抗剪强度公式（2-17），形式简单，对摩擦系数 f 的选择，多年来积累了丰富的经验，在国内外应用广泛。但该式忽略了坝体与基岩间的胶结作用，不能完全反映坝的实际抗滑稳定安全程度。抗剪断公式（2-19），直接采用接触面上的抗剪强度参数，物理概念明确，比较符合坝的实际工作情况，已日益为各国所采用。

（三）提高坝体抗滑稳定的工程措施

为了提高坝体的抗滑稳定性，常采取以下工程措施。

（1）设置倾斜的上游坝面，利用坝面上水重增加稳定。但应注意，上游面的坡度不宜过缓，应控制在 1∶0.1～1∶0.2 范围内，否则，在上游坝面容易产生拉应力，对强度不利。

（2）采用有利的开挖轮廓线。开挖坝基时，最好利用岩面的自然坡度，使坝基面倾向上游，如图 2-8（a）所示。有时，有意将坝踵高程降低，使坝基面倾向上游，如图 2-8（b）所示，但这种做法将加大上游水压力，增加开挖量和浇筑量，故较少采用。当基岩比较固定时，可以开挖成锯齿状，形成局部倾向上游的斜面，如图 2-8（c）所示，但能否开挖成锯齿状，主要取决于基岩节理裂隙的产状。

（3）设置齿墙。如图 2-9（a）所示，当基岩内有倾向下游的软弱面时，可在坝踵部位设齿墙，切断较浅的软弱面，迫使可能的滑动面由 abc 成为 $a'b'c'$，这样既增大了滑动体的重量，同时也增大了抗滑体的抗力。如在坝趾部位设置齿墙，将坝趾放在较好的岩层上，如图 2-9（b）所示，则可更多地发挥抗力体的作用，可在一定程度上改善坝踵应力，同时由于坝趾的压应力较大，设在坝趾下齿墙的抗剪能力也会相应增加。

（4）抽水降压措施。当下游水位较高，坝体承受的浮托力较大时，可考虑在坝基面设置排水系统，定时抽水以减小坝底浮托力。如我国的龚嘴工程，下游水深达 30m，采取抽水措施后，浮托力只按 10m 水深计算，节省了许多浇筑量。

(5) 加固地基。包括帷幕灌浆、固结灌浆及断层、软弱夹层的处理等。

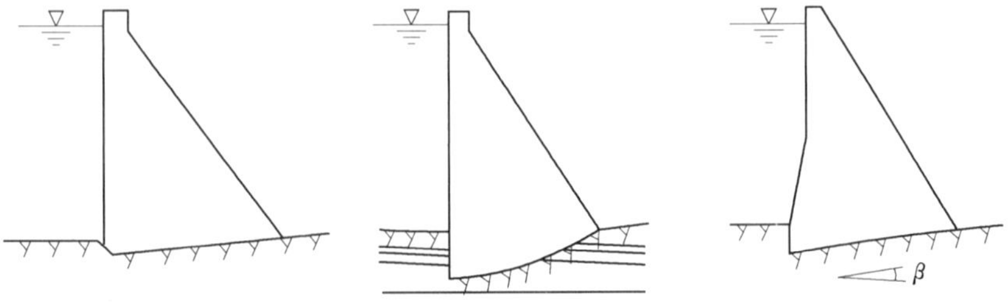

图 2-8　坝基开挖轮廓

(a) 利用自然坡度；(b) 降低坝踵；(c) 锯齿状开挖

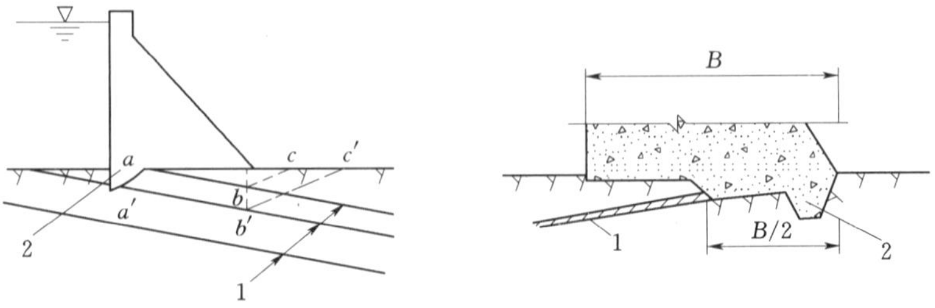

图 2-9　齿墙设置

1—泥化夹层；2—齿墙

第三节　重力坝的剖面设计

一、非溢流重力坝

(一) 非溢流重力坝剖面设计的基本原则

非溢流坝剖面设计的基本原则是：①满足强度和稳定要求，保证大坝安全；②工程量小，造价低；③结构合理，运用方便；④便于施工，方便维修。

(二) 剖面拟定的步骤

一般首先简化荷载条件，拟定出基本剖面；其次根据坝的运用以及其他要求，将基本剖面修改为实用剖面；最后对实用剖面进行应力分析和稳定验算，按规范要求，经过几次反复修正和计算后，得到合理的设计剖面。

(三) 基本剖面

重力坝的基本剖面是指坝体在自重、静水压力（上游水位为正常蓄水位，水位与坝顶齐平）和扬压力等主要荷载作用下，满足稳定和强度的要求，并且使工程量最小的三角形剖面，如图 2-10 所示。

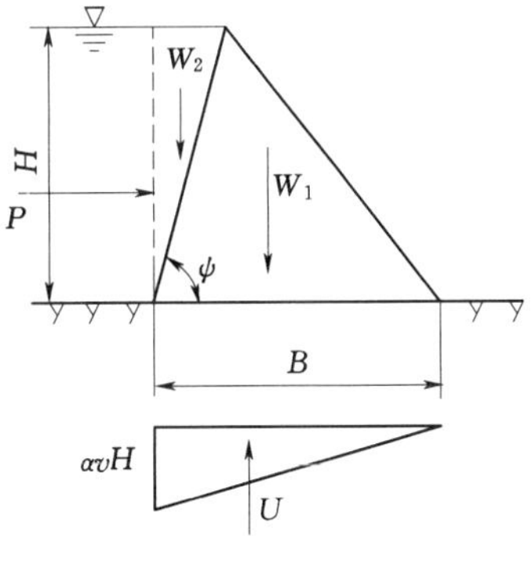

图 2-10　重力坝的基本剖面

理论分析和工程实践证明，上游坝坡系数常采用0～0.2，下游坝坡系数常采用0.6～0.8，坝底宽约为坝高的0.7～0.9倍。

（四）实用剖面

基本剖面是在简化条件下求得的，为便于施工、运用，还需对基本剖面进行修正，拟定出实用剖面。

1. 坝顶宽度

为了满足交通和运行管理的需要，坝顶应有足够的宽度。一般情况坝顶宽度可采用坝高的8%～10%，且常态混凝土坝不小于3m，碾压混凝土坝不小于5m。当坝顶有交通要求或布置有移动式启闭机时，坝顶宽度应根据实际需要确定。

2. 坝顶高程

为防波浪漫过坝顶，在最高水位以上还应留有一定的超高。坝顶或坝顶上游防浪墙高于最高水位的超高 Δh，可按式（2-20）计算：

$$\Delta h = h_{1\%} + h_z + h_c \tag{2-20}$$

式中 $h_{1\%}$、h_z、h_c——波浪高度、波浪中心线高出静水位的高度以及安全超高，m。

计算 $h_{1\%}$、h_z 时，设计情况和校核情况采用不同的风速和吹程，查表2-8得到的安全超高值 h_c 不同，故 Δh 的计算结果不同，因此坝顶或防浪墙顶的高程应选用下列两者中的较大值：①正常蓄水位+$\Delta h_{正}$；②校核洪水位+$\Delta h_{校}$。

$\Delta h_{正}$、$\Delta h_{校}$ 为坝顶或防浪墙顶与正常蓄水位或校核洪水位的高差，m。式中 $\Delta h_{正}$、$\Delta h_{校}$ 按式（2-20）分别计算。

表2-8　　安全超高 h_c 值表　　单位：m

坝的级别	Ⅰ	Ⅱ	Ⅲ
正常蓄水位（设计洪水位）	0.7	0.5	0.4
校核洪水位	0.5	0.4	0.3

3. 剖面型式

常用的实用剖面型式一般有图2-11所示的几种。

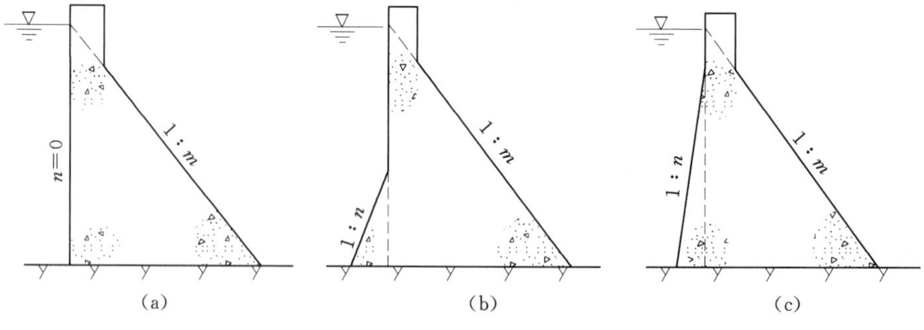

图2-11　非溢流重力坝剖面型式

如图2-11（a）所示，采用铅直上游坝面，该型式适用于坝基抗剪断参数较大，由强度条件控制坝体剖面的情况。优点：便于布置和操作坝身过水管道进口控制设备。缺点：在上游面铅直的基本三角形剖面上增加坝顶重量，空库时下游坝面可能产生拉应力。

如图 2－11（b）所示，是工程上常用的实用剖面，上游坝面上部铅直、下部倾斜。此型式适用于混凝土与基岩之间抗剪断参数较小的情况。优点：既可以利用倾斜的上游坝面增加坝体自重和利用部分水重增加坝的稳定，又可保留铅直的上部便于管道进口布置设备和操作。上游坡起坡点位置应结合应力控制条件和引水管、泄水孔的进口高程确定，一般在坝高的 1/3～2/3 范围内。设计时由于起坡点处断面突变，应对该截面进行强度和稳定校核。

图 2－11（c）上游略呈倾斜的基本三角形加坝顶而成，该型式也适用于坝基抗剪断系数较小的情况。优点：倾斜的上游坝面可增加坝体自重和利用一部分水重，以满足抗滑要求。修建在地震区的重力坝，为避免空库时下游坝面拉应力过大，可采用此剖面。

实用剖面不拘泥于这些型式，可根据工程具体情况，参考已建工程，选取合理剖面。

二、溢流重力坝

溢流重力坝既是挡水建筑物又是泄水建筑物。其泄水方式有坝顶溢流和坝身泄水孔泄水。在水利枢纽中，它可承担泄洪、向下游输水、排沙、放空水库和施工导流等任务。

溢流坝是枢纽中最重要的泄水建筑物之一，将规划库容所不能容纳的大部分洪水经坝顶泄向下游，以便保证大坝安全。溢流坝除具有非溢流坝相同的工作条件外，同时又要满足泄洪要求，即溢流坝设计时既要满足稳定和强度要求，还应满足以下要求：①有足够的孔口尺寸、良好的孔口体形和泄水时具有较大的流量系数；②使水流平顺地通过坝体，避免产生不利的振动和空蚀现象；③保证下游河床不产生危及坝体安全的局部冲刷；④溢流坝段在枢纽中的位置，应使下游流态平顺，不产生折冲水流，不影响枢纽中其他建筑物的正常运行；⑤有灵活控制水流下泄的设备，如闸门、启闭机等。

因此，溢流坝剖面设计除稳定和强度计算与非溢流坝相同外，还涉及到泄流的孔口尺寸、溢流堰的形态以及下游的消能方式等的合理选定问题。

（一）孔口尺寸

1. 单宽流量的确定

单宽流量 q 是决定孔口尺寸的重要指标，一经选定，就可以初步确定溢流坝段的净宽和堰顶高程。单宽流量越大，下泄水流的动能越集中，消能问题就越突出，下游局部冲刷会越严重，但所需溢流前缘短，对枢纽布置有利。因此，一个经济而又安全的单宽流量，必须综合地质条件、下游河道的水深、枢纽布置和消能工的设计等多种因素，通过技术经济比较后选定。

根据工程实践，对于软弱基岩常取 $q=20\sim50\text{m}^3/(\text{s}\cdot\text{m})$；较好的基岩取 $q=50\sim70\text{m}^3/(\text{s}\cdot\text{m})$；特别坚硬、完整的岩石取 $q=100\sim150\text{m}^3/(\text{s}\cdot\text{m})$；地质条件好可以选取更大的单宽流量。近年来，随着消能技术的进步，选用的单宽流量也不断的增大。在我国已建成的大坝中，龚嘴水电站的单宽流量达 $254.2\text{m}^3/(\text{s}\cdot\text{m})$，安康水电站单宽流量达 $282.7\text{m}^3/(\text{s}\cdot\text{m})$。委内瑞拉的古里坝，其单宽流量已突破了 $300\text{m}^3/(\text{s}\cdot\text{m})$ 的界限。

2. 孔口尺寸的确定

溢流孔口尺寸主要取决于通过溢流孔口的下泄洪水流量 $Q_{溢}$，根据设计和校核情况下的洪水来量，经调洪演算确定下泄洪水流量 $Q_{总}$，再减去泄水孔和其他建筑物下泄流量之

和 Q_0，即得 $Q_{溢}$：

$$Q_{溢}=Q_{总}-\alpha Q_0 \tag{2-21}$$

式中 Q_0——经由电站、船闸及其他泄水孔下泄的流量，m^3/s；

α——系数，正常运用时取 0.75～0.90；校核情况下取 1.0。

单宽流量 q 确定以后，溢流前缘总净宽 B（不包括闸墩厚度）为：

$$B=\frac{Q_{溢}}{q} \tag{2-22}$$

装有闸门的溢流坝，用闸墩将溢流段分隔为若干个等宽的孔。设孔口总数为 n，孔口宽度 $b=B/n$，d 为闸墩厚度，则溢流前缘总宽度 B_l 为：

$$B_l=nb+(n-1)d \tag{2-23}$$

选择 n 和 b 时，应考虑闸门的型式、制造能力、闸门跨度与高度的合理比例、运用要求和坝段分缝等因素。我国目前大、中型坝的闸孔宽度一般取 8～16m，闸门高宽比一般取为 1.5～2.0 左右，应尽量采用闸门规范中推荐的标准尺寸。

（二）溢流坝的剖面

溢流坝的基本剖面也呈三角形。上游坝面可以做成铅直面，也可以做成折坡面。溢流面由顶部曲线段、中间直线段和底部反弧段三部分组成，如图 2-12 所示。

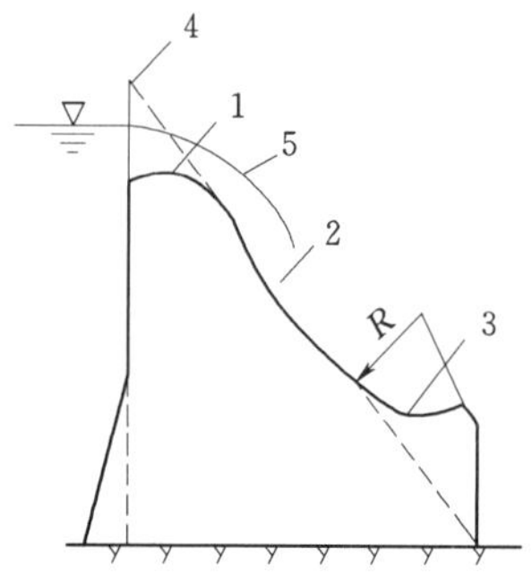

图 2-12 溢流坝剖面

1—顶部曲线段；2—直线段；3—反弧段；4—基本剖面；5—溢流水舌

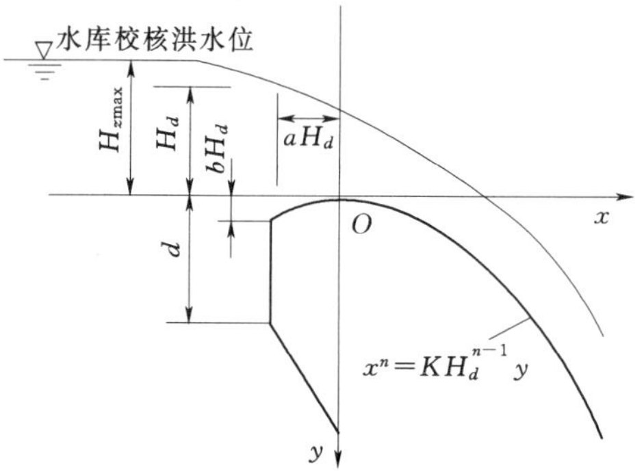

图 2-13 开敞式溢流堰面曲线

1. 顶部曲线段

对于开敞式坝顶溢流孔口，溢流堰面曲线形式常采用克—奥曲线和幂曲线（或称 WES 曲线）两种。我国早期多用克—奥曲线，因施工放样不便，目前已较少采用。幂曲线与克—奥曲线相比流量系数较大，剖面较小，工程量较省且便于施工，近年来工程中采用较多。

(1) 开敞式溢流堰面曲线。如图 2-13 所示，采用幂曲线时按式 (2-24)：

$$x^n=KH_d^{n-1}y \tag{2-24}$$

式中 H_d——定型设计水头，按堰顶最大作用水头 H_{max} 的 75%～95%计算，m；

n、K——与上游坝面坡度有关的参数，见表 2-9；

x、y——以溢流堰顶点为坐标原点的坐标。x 以向下游为正，y 以向下为正。

表 2-9　　**K、n 值表**

上游坝面坡度	K	n	上游坝面坡度	K	n
铅直面 3∶0	2.000	1.850	倾斜面 3∶1	1.936	1.836
倾斜面 3∶2	1.939	1.810	倾斜面 3∶3	1.873	1.776

（2）设有胸墙的堰面曲线。如图 2-14 所示，当校核洪水位情况下最大作用水头 H_{max}（孔口中心线以上）与孔口高度 D 的比值 $H_{max}/D>1.5$ 时，或闸门全开仍属孔口泄流时，可按式（2-25）设计堰面曲线：

$$y=\frac{x^2}{4\varphi^2 H_d} \tag{2-25}$$

式中　H_d——定型设计水头，m，一般取孔口中心线至水库校核洪水位的水头的 75%～95%；

φ——孔口收缩断面上的流速系数，一般取 $\varphi=0.96$；若孔前设有检修闸门时取 $\varphi=0.95$；

x、y——曲线坐标，其原点设在堰顶最高点；

其他符号意义同前。

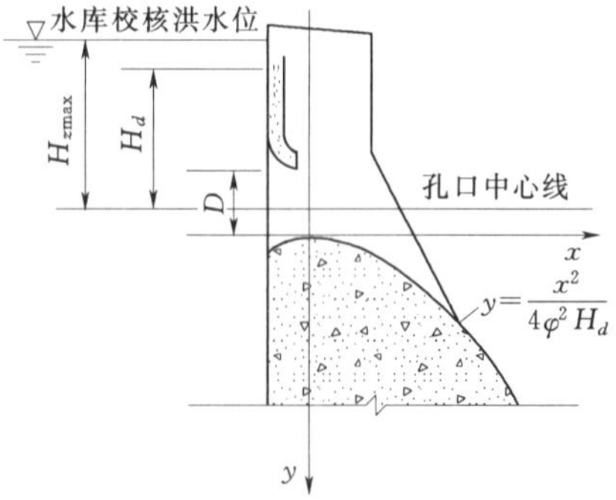

图 2-14　带胸墙大孔口的堰面曲线

坐标原点的上游段可采用单圆曲线、复合圆曲线或椭圆曲线与上游坝面连接，胸墙底缘也可采用圆弧或椭圆曲线外形，原点上游与胸墙底缘曲线应通盘考虑，若 $1.2<H_{max}/D<1.5$ 时，堰面曲线应通过试验确定。

按定型设计水头确定的堰面曲线，当通过校核洪水时堰面将出现负压，一般要求负压值不超过 3～6m 水柱高。

2. 中间直线段

中间直线段的上端与堰顶曲线相切，下端与反弧段相切，坡度一般与非溢流坝段的下游坡相同。

3. 底部反弧段

下游反弧段是使沿溢流坝面下泄的水流平顺转向的工程设施，要求沿程压力分布均匀，不产生负压和不致引起有害的脉动压力。通常采用圆弧曲线，挑流消能时，其反弧段半径 $R=(4\sim10)h$，h 为校核洪水位闸门全开时反弧段最低点处的水深。反弧最低点的流速愈大，要求反弧半径愈大。当反弧段流速小于 16m/s 时，R 可取下限；流速大时，宜采用较大值。当采用底流消能，反弧段与护坦相连时，宜采用上限值。

（三）溢流坝的消能防冲

因为溢流坝下泄的水流具有很大的动能，如此巨大的能量，若不妥善进行处理，势必导致下游河床被严重冲刷，甚至造成岸坡坍塌和大坝失事。所以，消能措施的合理选择和设计，对枢纽布置、大坝安全及工程造价都有重要意义。

消能设计的原则是：①尽量使下泄水流的大部分动能消耗在水流内部的紊动中，以及水流与空气的摩擦上；②不产生危及坝体安全的河床或岸坡的局部冲刷；③下泄水流平稳，不影响枢纽中其他建筑物的正常运行；④结构简单，工作可靠；⑤工程量小，造价低。

溢流重力坝常用的消能方式有：底流式、挑流式、面流式和消力戽式等。消能形式的选择主要取决于水利枢纽的具体条件，根据水头及单宽流量的大小，下游水深及其变幅，坝基地质、地形条件以及枢纽布置情况等，经技术经济比较后选定。挑流式消能应用最广，底流式消能次之，面流式消能和消力戽式消能一般应用较少。

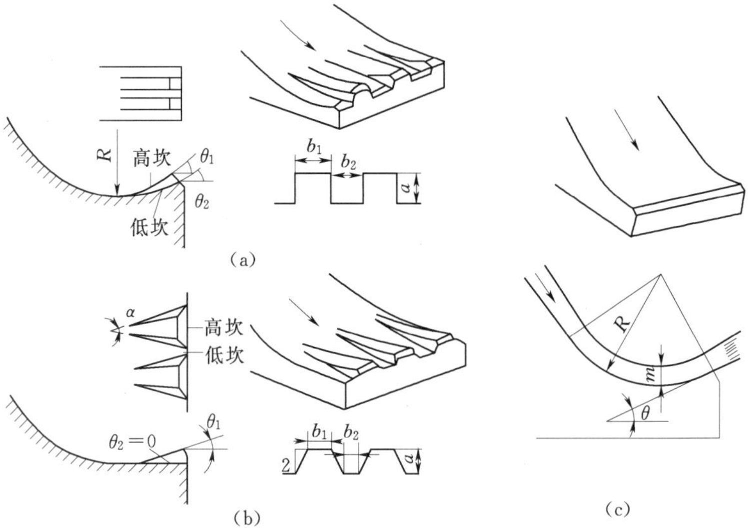

图 2-15 挑流鼻坎示意图

(a) 矩形差动式；(b) 梯形差动式；(c) 连续式

1. 挑流消能

挑流消能是利用溢流坝下游反弧段的鼻坎，将下泄的高速水流挑射抛向空中，抛射水流在掺入大量空气时消耗部分能量，而后落到距坝较远的下游河床水垫中产生强烈的漩滚，并冲刷河床形成冲刷坑，随着冲刷坑的逐渐加深，大量能量消耗在水流漩滚的摩擦之中，冲刷坑也逐渐趋于稳定。挑流消能一般适用于基岩比较坚固的中、高溢流重力坝。

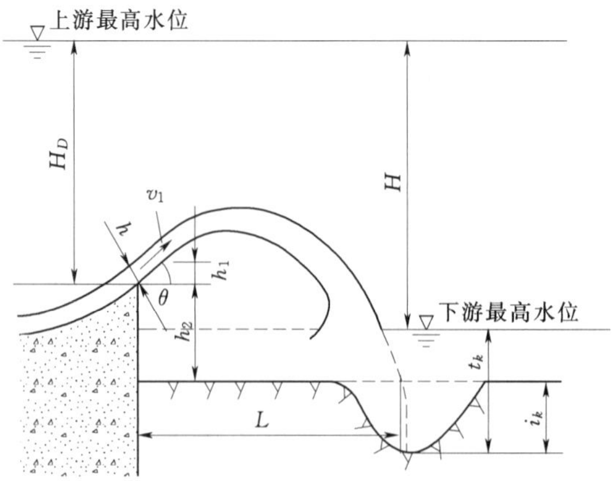

图 2-16 连续式挑流鼻坎的水舌及冲刷坑示意图

挑流消能设计主要包括：选择合适的鼻坎型式、鼻坎高程、挑射角度、反弧半径、鼻坎构造和尺寸、计算挑射距离和最大冲坑深度，如图 2-15、图 2-16 所示。

2. 底流消能

底流消能是在溢流坝坝趾下游设置一定长度的护坦，促使下泄水流在限定的范围内产生水跃，主要通过水流内部的漩滚、摩擦、掺气和撞击达到消能的目的。若为远驱水跃，则应采取工程措施，如设置消力池、消力坎或综合消力池等，以减轻水流对下游河床和岸坡的冲刷。底流消能工作可靠，下游流态比较平稳，尤其适用于地质条件差，河床抗冲能力低的情况。但此种消能形式工程量较大，且不利于排冰和过漂浮物。

第四节 重力坝的材料及构造

一、重力坝的材料

重力坝的建筑材料主要是混凝土。对于水工混凝土，尤其是筑坝混凝土，除应有足够的强度保证其安全承受荷载外，应按其所处的部位和工作条件，在抗渗、抗冻、抗磨、抗侵蚀、抗裂及低热性方面提出不同的要求。

1. 混凝土强度等级

大坝常用混凝土强度等级有C7.5、C10、C15、C20、C25、C30。C7.5只用于应力很小的次要部位或作回填用，C30或更高强度等级的混凝土应尽量少用，或仅用于重要构件和部位。

2. 混凝土的耐久性

混凝土的耐久性包括抗渗性、抗冻性、抗磨性、抗侵蚀性、抗裂性等。

（1）抗渗性。对于大坝的上游面、基础层和下游水位以下的坝面均为防渗部位，其混凝土应具有抵抗压力水渗透的能力。抗渗性能通常用W，即抗渗等级表示。

大坝混凝土抗渗等级应根据所在部位和水力坡降确定，抗渗等级有W2、W4、W6、W8和W10。

（2）抗冻性。混凝土的抗冻性能是指混凝土在饱和状态下，经多次冻融循环而不破坏；不严重降低强度的性能。通常用F，即抗冻等级来表示。

抗冻等级一般应视气候分区、冻融循环次数、表面局部小气候条件、水分饱和程度、结构构件重要性和检修的难易程度确定，抗冻等级有F50、F100、F150、F200和F300。

（3）抗磨性。抗磨性是指抵抗高速水流或挟沙水流的冲刷、磨损的能力。目前，尚未制定出定量的技术标准，一般而言，对于有抗磨要求的混凝土，应采用高强度混凝土或高强硅粉混凝土，其抗压强度等级不应低于C20，要求高的则不应低于C30。

（4）抗侵蚀性。抗侵蚀性是指抵抗环境水的侵蚀性能。当环境水具有侵蚀性时，应选用适宜的水泥和尽量提高混凝土的密实性。

（5）抗裂性。为防止大体积混凝土结构产生温度裂缝，除采用合理分缝、分块和温控措施外，还应选用发热量较低的水泥，适当加入掺和料，减少水泥用量，以提高混凝土的抗裂性能。

3. 坝体混凝土的分区

由于坝体各部分的工作条件不同，因而对混凝土强度等级、抗掺、抗冻、抗冲刷、抗裂等性能要求也不同，为了节省和合理使用水泥，通常将坝体不同部位按不同工作条件分区，采用不同等级的混凝土，图 2-17 为重力坝的三种坝段的分区情况。Ⅰ区为上、下游最高水位以上坝体外部表面混凝土，Ⅱ区为上、下游水位变动区的坝体外部表面混凝土，Ⅲ区为上、下游最低水位以下坝体外部表面混凝土，Ⅳ区为坝体基础，Ⅴ区为坝体内部混凝土，Ⅵ区为抗冲刷部位（例如溢洪道溢流面、泄水孔、导墙和闸墩等）。

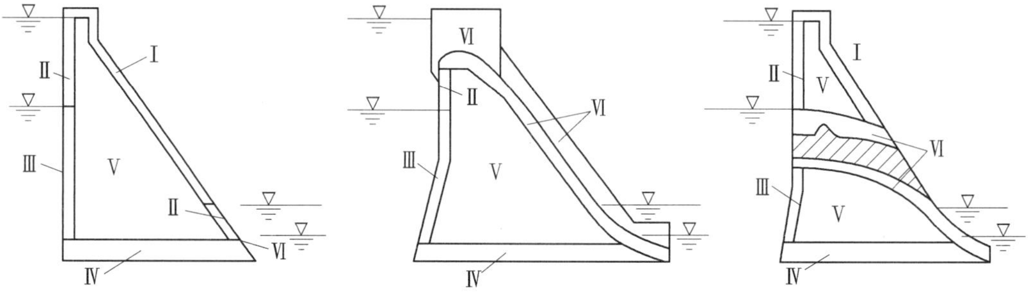

图 2-17 坝体分区示意图

(a) 非溢流坝；(b) 溢流坝；(c) 坝身泄水孔

大坝分区特性见表 2-10。

表 2-10　　大坝分区特性表

分区	强度	抗渗	抗冻	抗冲刷	抗侵蚀	低热	最大水灰比	选择各分区的主要因素
Ⅰ	+	—	++	—	—	+	+	抗冻
Ⅱ	+	+	++	—	+	+	+	抗冻、抗裂
Ⅲ	++	++	+	—	+	+	+	抗渗、抗裂
Ⅳ	++	+	+	—	+	++	+	抗裂
Ⅴ	++	+	+	—	—	++	+	
Ⅵ	++	—	++	++	++	+	+	抗冲耐磨

注 表中有"++"的项目为选择各区等级的主要控制因素，有"+"的项目为需要提出要求的，有"—"的项目为不需提出要求的。

坝体为常态混凝土的强度等级不应低于 C7.5，碾压混凝土强度等级不应低于 C5。同一浇筑块中混凝土强度等级不宜超过两种，分区厚度尺寸最少为 2～3m。

二、重力坝的构造

（一）坝体的防渗与排水设施

1. 坝体的防渗

在混凝土重力坝坝体上游面和下游面最高水位以下部分，多采用一层具有防渗、抗冻、抗侵蚀的混凝土作为坝体防渗设施，防渗指标根据水头和防渗要求而定，防渗厚度一般为 1/10～1/20 水头，但不小于 2m。

2. 坝体排水设施

靠近上游坝面设置排水管幕，以减小坝体渗透压力。排水管幕距上游坝面的距离一般为作用水头的 1/15～1/25，且不小于 2.0m。排水管间距为 2～3m，管径约为 15～20cm。排水管幕沿坝轴线一字排列，管孔铅直，与纵向排水、检查廊道相通，上下端与坝顶和廊道直通，便于清洗、检查和排水，如图 2－18（a）所示。

排水管一般用无砂混凝土管，可预制成圆筒形和空心多棱柱形，如图 2－18（b）所示，在浇筑坝体混凝土时，应保护好排水管，防止水泥浆及其他杂物漏入排水管内，阻塞排水管道。

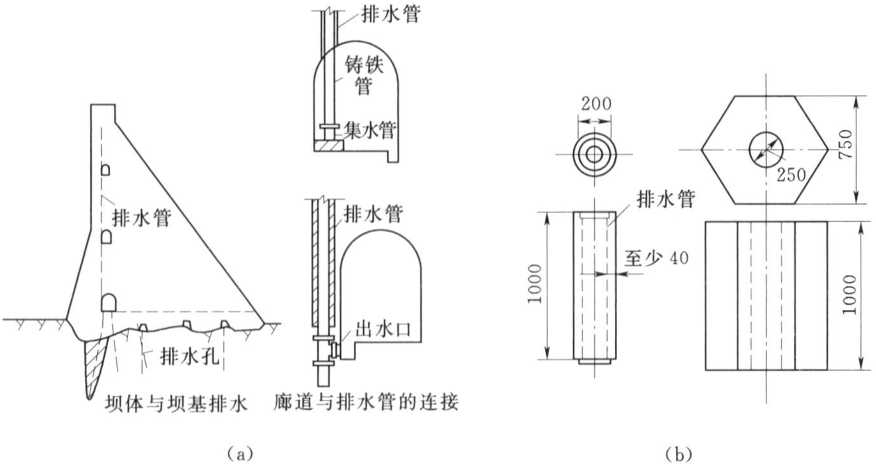

图 2－18　重力坝内部排水构造（单位：mm）

（a）坝内排水；（b）排水管

（二）坝身廊道及泄水孔

1. 坝内廊道

重力坝的坝体内部，为了满足灌浆、排水、观测、检查和交通等要求，在坝体内设置了不同用途的廊道，这些廊道相互连通，构成了坝体内部廊道系统，如图 2－19 所示。

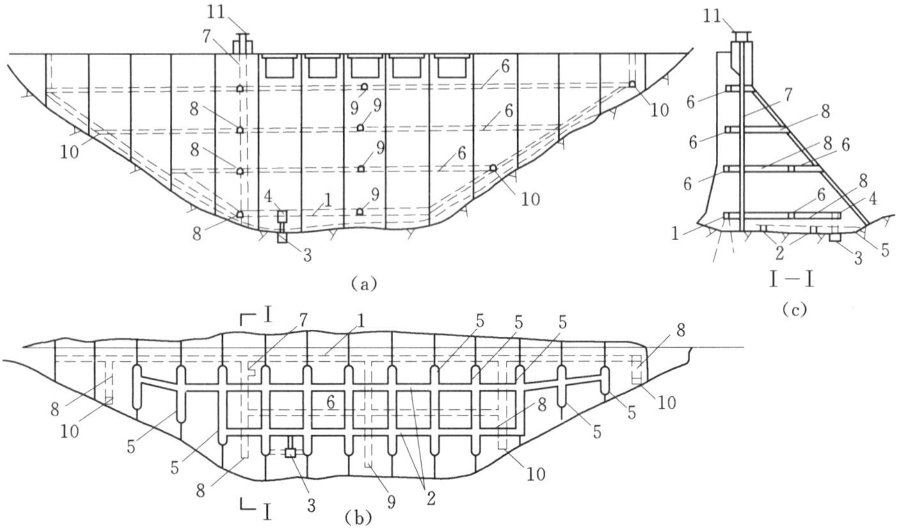

图 2－19　坝内廊道系统图

（a）立面图；（b）水平剖面图；（c）横剖面图

1—坝基灌浆排水廊道；2—基面排水廊道；3—集水井；4—水泵室；5—横向排水廊道；6—检查廊道；7—电梯井；8—交通廊道；9—观测廊道；10—进出口；11—电梯塔

坝基灌浆廊道通常沿纵向布设在坝踵附近，一般距上游坝面不应小于0.05～0.1倍水头，且不小于4～5m，廊道底面距基岩面3～5m，在两岸则沿岸坡布置。如岸坡过陡，则分层设置廊道并用竖井将它们连接起来。廊道尺寸要满足钻机尺寸，一般最小为2.5m×3.0m（宽×高）。

检查和观测廊道用以检查坝身工作性能，并安放观测设备，通常沿坝高每15～30m设一道。此种廊道最小尺寸为1.2m×2.2m。

交通廊道和竖井用以通行与器材设备的运输，并将有关的廊道连通起来，各层廊道左右岸各有一个出口，要求与竖井、电梯井连通。

坝基的排水廊道由坝基排水孔收集基岩排出的水，经过设在廊道底角的排水沟流入集水井，并排至下游。若排水廊道低于下游水位，则应用水泵将水送至下游。收集坝身渗水的排水廊道沿坝高每隔15～20m布置一道。渗水由坝身排水管进入廊道排水沟，再沿岸坡排水沟流至最低排水廊道的集水井。

坝内廊道的布置应力求一道多用，综合布置，以减少廊道的数目。一般廊道离上游坝面不应小于2～2.5m。廊道的断面型式，一般采用城门洞形，这种断面应力条件较好。也可采用矩形断面。

此外，还可根据需要设专门性廊道。

2. 坝内泄水孔

在水利枢纽中为了满足泄洪、灌溉、发电、排沙、放空水库及施工导流等要求，需在重力坝坝身设置多种泄水、放水的孔口。这些孔口一般都布置在设计水位以下较深的部位，工程上称为深式泄水孔，如图2-20所示。泄水孔无论孔口的用途如何，按孔内水流状态分为有压或无压泄水孔两大类。发电压力输水孔为有压孔，其他用途的泄水、放水孔可以是有压或无压。有关泄水孔布置结构组成、高程及应力计算，可参考有关技术手册。

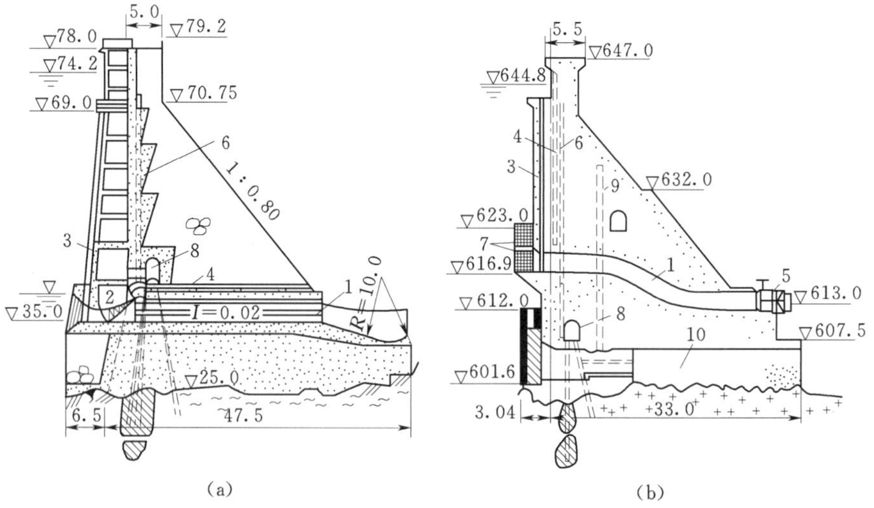

图2-20 坝内泄水孔（单位：m）

1—泄洪孔；2—弧形门；3—检修门槽；4—通气孔；5—锥形阀；6—排水管；7—拦污栅；8—廊道；9—检查井；10—导流底孔

尽管各种泄水孔口用途不同，但在技术允许的条件下，应尽可能一孔多用，如导流与泄洪孔结合，放空水库与排沙相结合，或放空水库与导流相结合，灌溉与发电相结合等。

（三）坝体的分缝与止水

1. 坝体分缝

由于地基不均匀沉降和温度变化，施工时期的温度应力及施工浇筑能力和温度控制等原因，一般要求将重力坝坝体进行分缝。

按缝的作用可分为沉降缝、温度缝及工作缝。沉降缝是将坝体分成若干段，以适应地基的不均匀沉降，防止产生沉降裂缝，常设在地基岩性突变处。温度缝是将坝体分块，以减小坝体伸缩时地基对坝体的约束，以及新旧混凝土之间的约束，从而防止产生裂缝。工作缝（施工缝）主要是便于分期分块浇筑、装拆模板以及混凝土的散热而设的临时缝。

按缝的位置可分为横缝、纵缝、水平工作缝。

（1）横缝。横缝是垂直于坝轴线的竖向缝，如图 2-21（a）所示，可兼做沉降缝和温度缝，一般有永久性和临时性两种。永久性横缝是指从坝底至坝顶的贯通缝，将坝体分为若干独立的坝段，若缝面为平面，不设缝槽，不进行灌浆，使各坝段独立工作。横缝间距（坝段长度）一般可为 12～20m，有时可达到 24m（温度缝）。若作沉降缝考虑，间距可达 50～60m。当坝内设有泄水孔或电站引水管道时，还应考虑泄水孔和电站机组间距；对于溢流坝，可将缝设在闸墩中；地基若为坚硬的基岩也可将缝布置在闸孔中央。

横缝也可做成临时缝。主要用于当岸坡较陡、坝基地质条件较差或强地震区，为提高坝体的抗滑稳定性，在施工期用横缝将坝体沿轴线分段浇筑，以利于温度控制，然后对横缝进行灌浆，形成整体重力坝。

（2）纵缝。纵缝是为适应混凝土浇筑能力和减小施工期温度应力而设置的临时缝，可兼作温度缝和施工缝。纵缝布置型式有竖直纵缝、斜缝和错缝。

竖直纵缝将坝体分成柱块状，如图 2-21（b）所示，混凝土浇筑施工时干扰小，是应用最多的一种施工缝，间距视混凝土浇筑能力和施工期温度控制而定，一般为 15～30m。纵缝须设在水库蓄水运行前，混凝土充分冷却收缩，坝体达到稳定温度的条件下进行灌浆填实，使坝段成为整体。

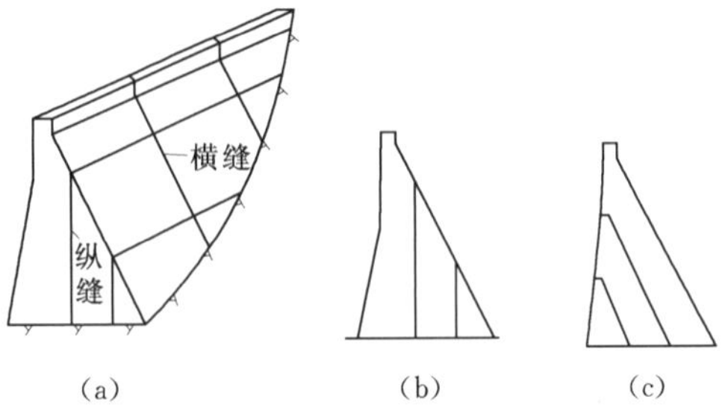

图 2-21　重力坝的横缝及纵缝

（a）横缝及纵缝布置；（b）竖直纵缝；（c）斜缝

斜缝是大致沿主应力方向设置的缝，如图 2-21（c）所示，由于缝面剪应力很小，从结构的观点看，斜缝比直缝合理。斜缝张开度很小，一般不必进行水泥灌浆。但斜缝对相邻坝块施工干扰较大，对施工程序要求严格，加之缝面应力传递不够明确，故目前已很少采用。

错缝浇筑类似砌砖方式，采用小块分缝，交错地向上浇筑。缝的间距一般为 10～

15m，浇筑高度一般为 3～4m，在靠近基岩面附近为 1.5～2.0m。错缝浇筑是在坝段内没有通到顶的纵缝，结构整体性较强，可不进行灌浆。由于错缝在施工中各浇筑块相互干扰大，温度应力较复杂，故此法只在低坝中应用，我国用得极少。

（3）水平工作缝。水平工作缝是上下层新老混凝土浇筑块之间的施工接缝，是临时性的。施工时需先将下块混凝土表面的水泥乳膜及浮渣用风水枪或压力水冲洗，并使表面成为干净的麻面，再铺一层 2～3cm 厚的水泥砂浆，然后再在上面浇混凝土。国内外普遍采用薄层浇筑，每层厚 1.5～4.0m，以便通过表面散热，降低混凝土温度。

2. 止水

重力坝横缝的上游面、溢流面、下游面最高尾水位以下及坝内廊道和孔洞穿过分缝处的四周等部位应设置止水设施。

止水设施有金属的、橡胶的、塑料的、沥青的及钢筋的。金属止水片有铜片、铝片和镀锌片，止水片厚一般为 1.0～1.6mm，两端插入的深度不小于 20～25cm。橡胶止水和塑料止水适应变形能力较强，在气候温和地区可用塑料止水片，在寒冷地区则可采用橡胶止水，应根据工作水头、气候条件、所在部位等选用标准型号。沥青止水置于沥青井内，井内设有蒸汽或电热设备，加热可使沥青玛琋脂熔化，使其与混凝土有良好的接触。钢筋止水是把做成的钢筋塞设置在缝的上游面，钢筋塞与坝体间设有沥青油毛毡层，当受水压时，钢筋塞压紧沥青油毛毡层而起止水作用。

对于高坝的横缝止水常采用两道金属止水片和一道防渗沥青井，如图 2-22 所示。当有特殊要求时，可考虑在横缝的第二道止水片与检查井之间进行灌浆作为止水的辅助设施。

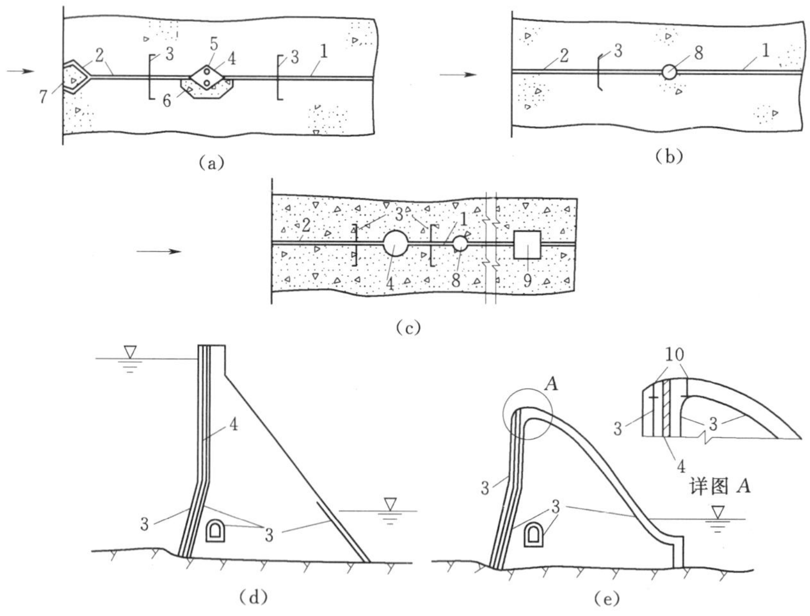

图 2-22 横缝止水

1—横缝；2—沥青油毡；3—止水片；4—沥青井；5—加热电极；6—预制块；7—钢筋混凝土塞；8—排水井；9—检查井；10—闸门底槛预埋件

对于中、低坝的横缝止水可适当简化。如中坝第二道止水片可采用橡胶或塑料片等。低坝经论证也可采用一道止水片，一般止水片距上游坝面为0.5～2.0m，以后各道止水片设施之间的距离为0.5～1.0m。

在坝底，横缝止水必须与坝基岩石妥善连接。通常在基岩上挖一深30～50cm方槽，将止水片嵌入，然后用混凝土填实。

第五节　重力坝的地基处理

由于长期受地质作用，天然的坝基一般都存在风化、节理、裂隙等缺陷，有时也存在断层、破碎带和软弱夹层等，因此必须进行地基处理。地基处理的目的有渗流控制、强度控制和稳定控制三方面。即经过处理后坝基满足下列要求：①具有足够的抗渗性，以满足渗透稳定，控制流量；②具有足够的强度，以承受坝体的压力；③具有足够的整体性和均匀性，以满足坝基的抗滑稳定和减少不均匀沉陷；④具有足够的耐久性，以防止岩体性质在水的长期作用下发生恶化。

地基处理的措施，一般包括坝基开挖清理、对基岩进行固结灌浆、断层防渗帷幕灌浆、破碎带或软弱夹层的专门处理等。

一、坝基的开挖与清理

坝基开挖清理就是把覆盖层及风化破碎的岩石挖除，其目的是将坝体坐落在稳定、坚固的地基上，坝基的开挖深度应根据坝基应力情况、岩石强度及其完整性，结合上部结构对基础的要求研究确定。

对于超过100m的高坝应建在新鲜、微风化或弱风化层下部的基岩上；对一些中、小型工程，坝高50～100m时，也可考虑在微风化或弱风化上部—中部基岩上，对两岸较高部位的坝段，其开挖基岩的标准可比河床部位适当放宽。

坝基开挖的边坡必须保持稳定，在顺河流方向基岩尽可能略向上游倾斜，以增强坝体的抗滑稳定，必要时可挖成分段平台；两岸岸坡应开挖成台阶以利于坝块的侧向稳定。基坑开挖轮廓应尽量平顺，避免有高低悬殊的突变，以免应力集中造成坝体裂缝，当坝基中存在有软弱夹层，且用其他措施无法解决时，也可挖掉。

为保持基岩的完整性，避免开挖爆破基岩被震裂，坝基开挖应分层进行，靠近底层应用小炮爆破，最后0.2～0.3m用风镐开挖。基岩表面应进行修整，使表面起伏不超过0.3m。

基岩开挖后，在浇筑混凝土前，要进行彻底的清理和冲洗：清除松动的岩块，打掉凸出的尖角，封堵原有勘探钻洞、探井、探洞，清洗表面尘土、石粉等。

二、坝基的加固处理

1. 坝基的固结灌浆

混凝土坝工程中，对岩石的节理裂隙采用浅孔低压灌注水泥浆的方法对坝基进行加固处理，称为固结灌浆。

固结灌浆的目的是提高基岩的整体性和弹性模量，减少基岩受力后的变形，并提高基岩的抗压强度、抗剪强度、降低坝基的渗透性，减少渗流量。在防渗帷幕范围内先进行固结灌浆可提高帷幕灌浆的压力。

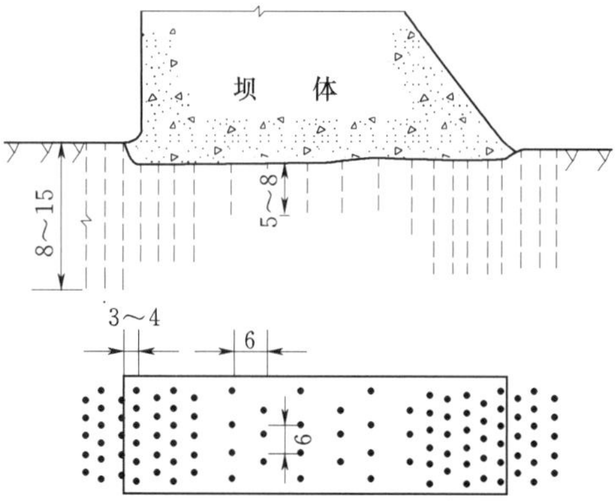

图 2-23 岩基固结灌浆孔布置示意图（单位：m）

固结灌浆的范围主要根据坝基的地质条件、岩石破碎程度及坝基受力情况而定。当基岩较好时，可仅在坝基上、下游应力较大的地区进行，坝基岩石普遍较差而坝又较高的情况下，则多进行坝基全面积固结灌浆。有的工程甚至在坝基以外的一定范围内，也进行固结灌浆。灌浆孔的布置，采用梅花形的排列，孔距、排距随岩石破碎情况而定，一般为 3～4m，孔深一般 5～8m，灌浆时，先用稀浆，而后逐步加大浆液的稠度，灌浆压力一般为 0.2～0.4MPa，在有混凝土盖重时为 0.4～0.7MPa，以不掀动岩石为限，如图 2-23 所示。

2. 坝基软弱破碎带的处理

当坝基中存在较大的软弱破碎带时，如断层破碎带、软弱夹层、泥化层、裂隙密集带等，由于断层破碎带的强度低，压缩变形大，易产生不均匀沉降，导致坝体开裂。若与水库连通，使渗透压力加大，易产生机械或化学管涌，危及大坝安全。岩石层间软弱夹层厚度较小，遇水容易发生软化或泥化，致使抗剪强度低，特别是倾角小于 30°的连续软弱夹层更为不利。

对于侧角较大或与基面接近垂直的断层破碎带，需采用开挖回填混凝土的措施，如做成混凝土梁（塞）或混凝土拱进行加固，如图 2-24 所示。当软弱带的宽度 2～3m 时，混凝土塞的高度（即开挖深度）一般可采用软弱带的宽度的 1～1.5 倍，且不小于 1m，或根据计算确定。塞的两侧可挖成 1∶1～1∶0.5 斜坡，以便将坝体的压力经混凝土塞（拱）传到两侧完整的基岩上。如破碎带延伸至坝体上、下游边界线以外，则混凝土塞也应向外延伸，延伸长度取 1.5～2 倍混凝土塞的高度。若软弱层破碎带与上游水库连通，还必须做好防渗处理。

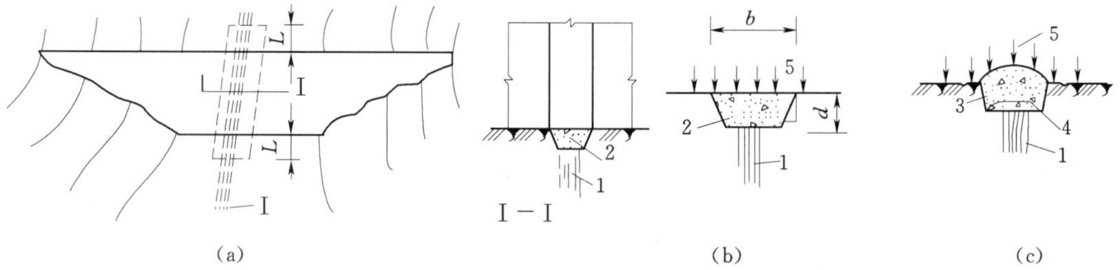

图 2-24 破碎带处理示意图

1—破碎带；2—混凝土梁或混凝土塞；3—混凝土拱；4—回填混凝土；5—坝体荷载

对于软弱的夹层，如浅埋软弱夹层要多用明挖换基的方法，将夹层挖除，回填混凝土。对埋藏较深的，应结合工程情况分别采用在坝踵部位做混凝土深齿墙，切断软弱夹层直达完整基岩；在夹层内设置混凝土塞，如图 2-25（a）所示；在坝址处建混凝土深齿墙，如图 2-25（b）所示；在坝址下游侧岩体内设钢筋混凝土抗滑桩，或预应力钢索加固、化学灌浆等，如图 2-25（c）所示，以提高坝体和坝基的抗滑稳定性。

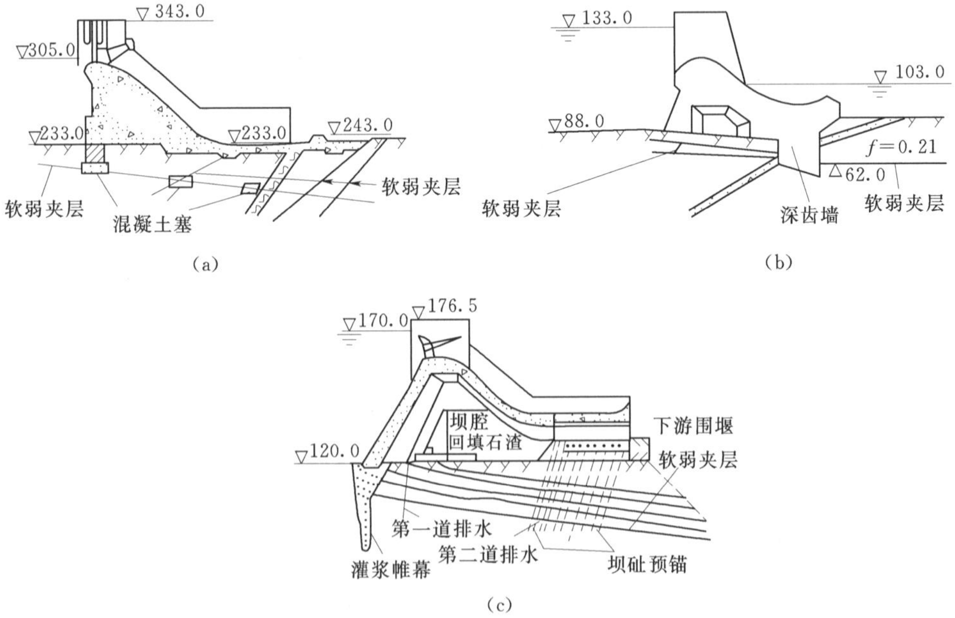

图 2-25　软弱夹层处理（单位：m）

（a）夹层内设置混凝土塞；（b）坝址处建混凝土深齿槽；（c）坝址下游侧岩体内设预应力锚固

在同一工程中，根据具体情况，常采用多种不同的处理方法。

三、坝基的防渗和排水

1. 帷幕灌浆

帷幕灌浆是最好的防渗方法，可降低渗透压力，减少渗流量，防止坝基产生机械或化学管涌。常用的灌浆材料有水泥浆和化学浆，应优先采用膨胀水泥浆。化学浆可灌性好，抗渗性好，但价格昂贵。

防渗帷幕的位置布置在靠近上游坝面的坝轴线附近，自河床向两岸延伸，如图 2-26 所示。钻孔和灌浆常在坝体灌浆廊道内，靠近岸坡可以在坝顶、岸坡或平洞内进行。钻孔一般为铅直或向上游不大于 10°的斜坡。

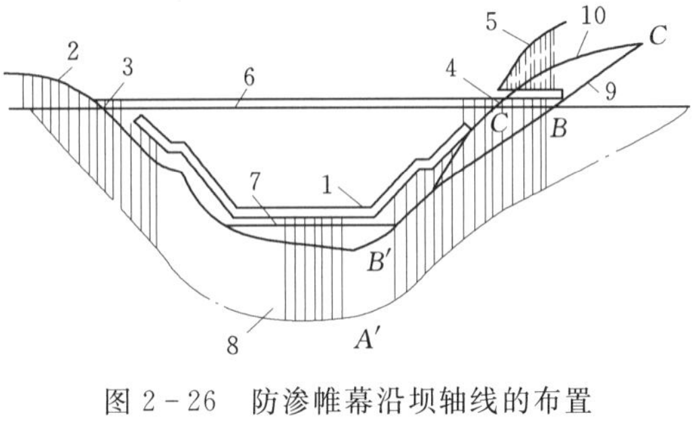

图 2-26　防渗帷幕沿坝轴线的布置

1—灌浆廊道；2—山坡钻进；3—坝顶钻进；4—灌浆平洞；5—排水孔；6—正常蓄水位；7—原河水位；8—防渗帷幕底线；9—原地下水位线；10—蓄水后地下水位线

防渗帷幕的深度应根据作用水头、基岩的透水性和降低坝底渗透压力的要求确定；坝基内透水层厚度不大时，帷幕可穿过透水层，深入相对隔水层内 3～5m。如相对隔水层埋藏较深时，帷幕深度可根据防渗要求确定，一般可在 0.3～0.7 倍水头范围内选取，形成河床部位深、两岸渐浅的帷幕布置形式。

防渗帷幕的厚度应当满足抗渗稳定的要求，即帷幕内的渗透坡降应小于容许的渗透坡降。防渗帷幕厚度应以浆液扩散半径组成区域的最小厚度为准，厚度与排数有关，中高坝可设两排以上，低坝设一排，多排灌浆时一排必须达到设计深度，两侧其余各排可取设计深度的 1/2～1/3。孔距一般为 1.5～3.0m，排距宜比孔距略小。还可以在上游坝踵处加一排补强。

帷幕灌浆的时间，应在坝基固结灌浆后并要求坝体混凝土浇筑到一定的高度（有盖重后）施工。灌浆压力在孔底应大于 2～3 倍坝前静水头，帷幕表层段应大于 1～1.5 倍坝前静水头，但应以不破坏岩体为原则。

防渗帷幕伸入两岸的范围由河床向两岸延伸一定距离，与两岸不透水层衔接起来，当两岸相对不透水层较深时，可将帷幕伸入原地下水位线与最高库水位交点（图 2-26 中 *B* 点）处为止。岸坡在水库最高水位以上的水通过排水孔排出，增加岸坡的稳定性。

2. 坝基排水

为降低坝体底面的扬压力，可在防渗帷幕后设置主排水孔幕和辅助排水孔幕（图 2-27）。

主排水孔幕在防渗帷幕下游一侧，在坝基面处与防渗帷幕的距离应大于 2m。主排水孔幕一般向下游倾斜，与帷幕成 10°～15°夹角。主排水孔的孔距为 2～3m，孔径约为 150～200 mm，孔径过小容易堵塞，孔深可取防渗帷幕深度的 0.4～0.6 倍，高、中坝的排水孔深不宜小于 10m。

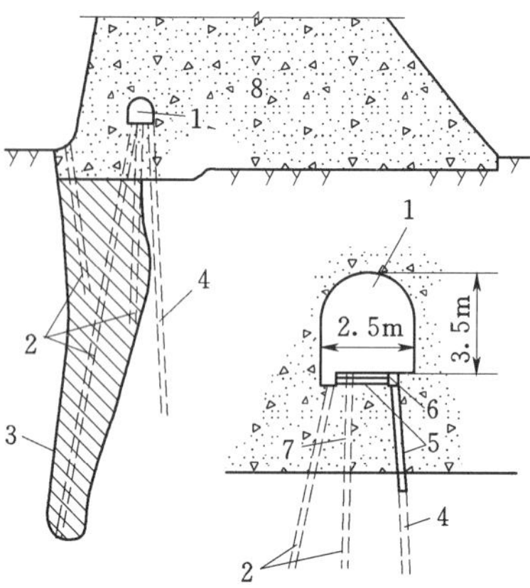

图 2-27 防渗帷幕和排水孔幕布置

1—坝基灌浆排水廊道；2—灌浆孔；3—灌浆帷幕；4—排水孔幕；5—ϕ100 排水钢管；6—ϕ100 三通；7—ϕ75 预埋钢管；8—坝体

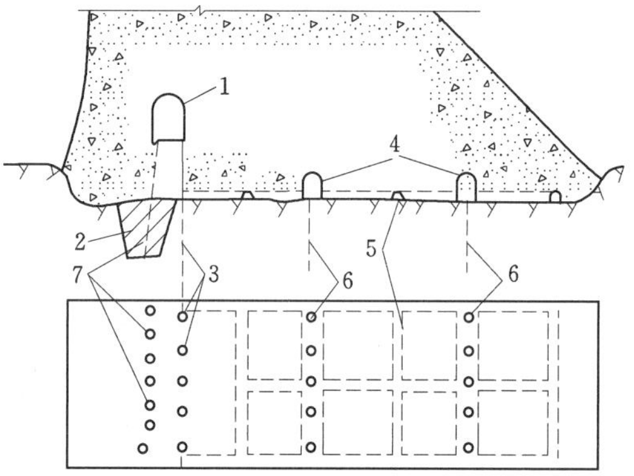

图 2-28 坝基排水系统

1—灌浆排水廊道；2—灌浆帷幕；3—主排水孔幕；4—纵向排水廊道；5—半圆混凝土管；6—辅助排水孔幕；7—灌浆孔

主排水孔幕在帷幕灌浆后施工。排水孔穿过坝体部分要预埋钢管，穿过坝基部分待帷幕灌浆后才能钻孔。渗水通过排水沟汇入集水井，自流或抽排向下游。

辅助排水孔幕高坝一般可设 2～3 排，中坝可设 1～2 排，布置在纵向排水廊道内，孔距约为 3～5m，孔深为 6～12m。有时还在横向排水廊道或在宽缝内设排水孔。纵横交错、相互连通就构成了坝基排水系统，如图 2-28 所示。如下游水位较深，历时较长，要在靠近坝趾处增设一道防渗帷幕，坝基排水系统要靠抽排。

本 章 小 结

重力坝是学习其他水工建筑物的基础。荷载组合分基本组合三种情况和偶然组合两种情况，实际工程设计中均需全部计算。

抗滑稳定分析是该章的重要内容之一。工程实践中表明，坝基面、深层有软弱夹层面、碾压混凝土重力坝的层面均有可能发生滑动，都需要验算。

非溢流重力坝的基本剖面、实用剖面的确定方法，各种实用剖面形式及其适用条件。

溢流坝剖面在设计时应保证运行和泄水的安全。泄水方式与孔口布置、水库运用和坝体结构有关，重力坝消能方式应根据使用条件选择，高坝最常用的方式是挑流消能、底流消能。

本章对混凝土重力坝的材料提出了具体要求。论述了坝体防渗和排水设施的布置要求，介绍了坝体分缝的原则、要求以及止水设置要求。坝内廊道系统有不同的廊道组成，从灌浆、交通、观测等方面选择纵横廊道的数量及构造尺寸。重力坝对地基有严格的要求，首先应进行开挖与清理，对不满足要求的地基要加固处理。为了减小扬压力，就布置防渗帷幕和排水孔幕，并提出了具体要求。

复习思考题

一、填空题

1. 非溢流坝的坝顶或防浪墙顶必须高出库水位，其高出库水位的高度为：

$\Delta h=h_l+h_z+h_c$，其中 h_l 表示________，h_z 表示________，h_c 表示________。

2. 重力坝按坝高可分为________、________、________三类。按泄水条件可分为________、________。按坝体结构形式可分为________、________、________和________。

3. 挑流消能一般适用于________。挑射角度一般为 20°～25°。若挑射角度加大，________增大，且________加深。

4. 溢流坝既是________，又是________。因此，坝体剖面设计时除满足稳定和强度要求外，还要满足________的要求，同时要考虑下游的消能问题。

5. 重力坝的泄水孔按其作用分为________、________、________、________、灌溉孔和放水孔。按水流的流态可分为________、________。

二、名词解释

1. 扬压力；2. 固结灌浆；3. 帷幕灌浆；4. 地震基本烈度

三、简答题

1. 重力坝的工作原理和重力坝的工作特点是什么？
2. 重力坝的主要荷载有哪些？如何计算？
3. 重力坝的基本剖面是什么？
4. 重力坝是如何分类的？
5. 指出抗剪强度公式和抗剪断公式的优缺点。提高坝体抗滑稳定的措施有哪些？
6. 溢流坝的剖面设计原则是什么？
7. 坝体材料为什么要分区？如何分区？
8. 为什么重力坝要分缝？缝有哪几种类型？施工中如何处理？
9. 重力坝地基的处理措施有哪些？坝基排水的目的是什么？如何布置？

第三章　拱　　坝

【本章学习重点】 熟悉拱坝的工作原理及其特点；了解拱坝对地形地质条件的要求、拱坝的类型；了解拱坝的布置、拱坝的材料、构造及其地基处理；了解拱坝的荷载、温度荷载的概念。

第一节　拱坝的特点、类型及其适用条件

拱坝是在平面上呈凸向上游的拱形挡水建筑物，主要依靠拱的作用将水压力的全部或部分传给河谷两岸的基岩。坝体的稳定主要依靠拱端基岩来维持。拱圈截面上主要承受轴向压力，可充分利用筑坝材料的强度。因此，是一种经济性和安全性都很好的坝型。

一、拱坝的特点

拱坝是固接于基岩的空间壳体结构，在平面上呈凸向上游的拱形，其拱冠梁剖面呈竖直或向上游凸出的曲线形。坝体结构可近似看作是由一系列水平拱圈和一系列竖向悬臂梁所组成，其承受的荷载一部分通过拱的作用传至两岸基岩，另一部分通过竖直梁的作用传至坝底基岩，如图 3-1 所示。

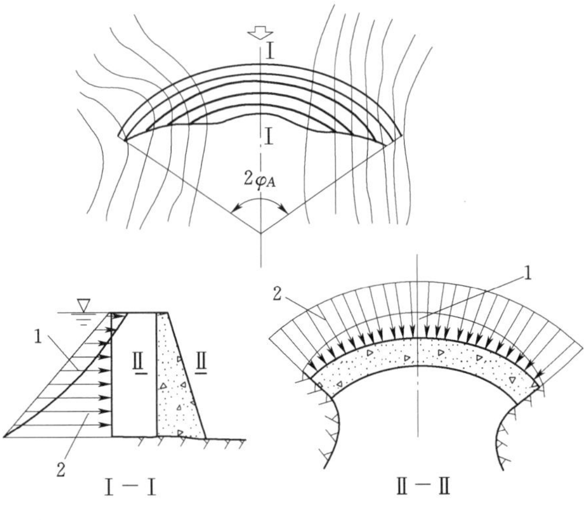

图 3-1　拱坝平面及剖面图
1—拱荷载；2—梁荷载

与其他坝型相比，拱坝具有以下特点。

1. 稳定特点

拱坝在外荷载作用下的稳定性主要依靠两岸拱端的反作用力，不像重力坝那样依靠自重来维持稳定，这样可以将拱坝设计得较薄。但拱坝对坝址地形地质条件要求高，对地基处理的要求也较为严格。在拱坝的设计与施工中，除考虑坝体强度外，还应十分重视坝肩岩体的抗滑稳定和变形。

2. 结构特点

拱坝属于高次超静定结构，超载能力强，安全度高，当外荷增大或坝的某一部位发生局部开裂时，坝体拱和梁的作用因受变位的相互制约而自行调整，坝体应力出现重分配，原来应力较低的部位将承受增大的应力。从模型试验来看，拱坝的超载能力可以达到设计荷载的 5～11 倍。例如意大利的瓦依昂拱坝，坝高 262m，库容 1.5 亿 m^3，1961 年建成，1963 年 10 月 9 日坝头的左岸水库岸坡发生 2.7 亿 m^3 的高速岩石滑坡，涌浪爬高左岸约

100m、右岸约 260m，涌浪过后检查大坝的情况，除左岸坝顶局部破坏外，大坝一切完好。

拱坝坝体轻韧，弹性较好，工程实践证明，拱坝具有良好的抗震性能。例如美国的巴柯依玛拱坝，1971 年遭受强烈的地震，震害严重，但“大震未倒”。目前世界上高地震地区的拱坝日益增多。据不完全统计，坝高大于 200m、地震烈度在 8～10 度的有 3 座；坝高超过 150m、地震烈度在 8～11 度的有 9 座；坝高大于 100m、地震烈度在 8～11 度的有 14 座；坝高大于 100m、地震烈度在 7 度及 7 度以上者有 40 余座。

拱结构是一种推力结构，在外荷载作用下，有利于充分发挥筑坝材料（混凝土或浆砌块石）的抗压强度。若设计得当，拱圈应力分布较为均匀，弯矩较小，拱的作用发挥得更为充分，材料抗压强度高的特点就愈能充分发挥，从而坝体厚度就薄。一般情况下，拱坝的体积比同一高度的重力坝体积约可节省 1/3～2/3，因此，拱坝是一种比较经济的坝型。

3. 荷载特点

拱坝不设永久伸缩缝，其周边通常固结于基岩上，温度变化和基岩变形对坝体应力的影响比较显著，设计时，必须考虑基岩变形，并将温度荷载作用作为一项主要荷载。

除以上三大特点外，拱坝不仅可以在坝顶安全溢流，而且可以在坝身设置单层或多层大孔口泄流，且泄洪量和单宽流量也越来越大。目前单宽流量有的工程达到 $200m^3/(s \cdot m)$，我国在建的溪洛渡拱坝坝身总泄量达到 $30000m^3/s$。

由于拱坝剖面较薄，坝体几何形状复杂，因此对于施工质量、筑坝材料强度和防渗要求等都较重力坝严格。

综上所述，拱坝是一种坝身及基础工作条件好、超载能力极强的坝工结构，有最可靠的抵御意外洪水和涌浪翻坝的能力，抗震性能好，耐久性能够得到充分保证，垮坝事故率低，综合安全性高，同时又较为经济。

二、拱坝的适用条件

1. 地形条件

地形条件是决定拱坝结构形式、工程布置以及经济性的主要因素。理想的地形应是坝址上游较为宽阔，左右两岸对称，岸坡平顺无突变，在平面上向下游收缩的峡谷段。坝端下游侧要有足够的岩体支承，以保证坝体的稳定，如图 3－2 所示。

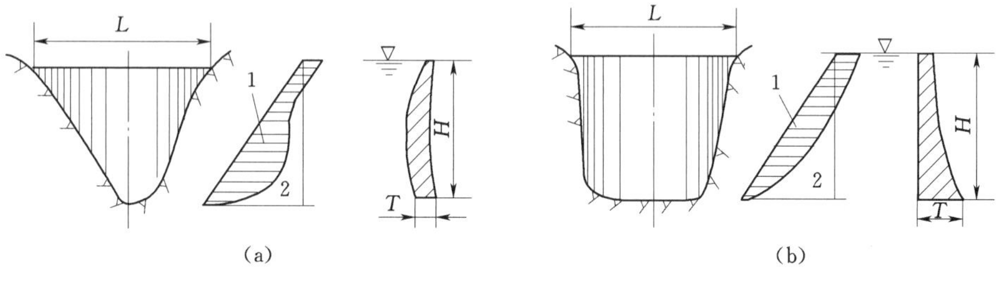

图 3－2　河谷形状对荷载分配和坝体剖面的影响

（a）V 形河谷；（b）U 形河谷

1—拱荷载；2—梁荷载

河谷的形状特征常用坝顶高程处的河谷宽度 L 与最大坝高 H 的比值，即“宽高比”

L/H 来表示。拱坝的厚薄程度，常以坝底最大厚度 T 和最大坝高 H 的比值，即“厚高比”T/H 来区分。一般情况下，在 $L/H<1.5$ 的深切河谷可以修建薄拱坝，$T/H<0.2$；在 $L/H=1.5\sim3.0$ 的稍宽河谷可以修建中厚拱坝，$T/H=0.2\sim0.35$；在 $L/H>3.0\sim4.5$ 的宽河谷多修建重力拱坝（厚拱坝），$T/H>0.35$；而在 $L/H>4.5$ 的宽浅河谷，由于拱的作用已经很小，梁的作用将成为主要的传力方式，一般认为以修建重力坝或拱形重力坝较为适合。随着近代拱坝建设技术的发展，已有一些成功的实例突破了这些界限，如：奥地利的希勒格尔斯双曲拱坝，高 130m，$L/H=5.5$，$T/H=0.25$；美国的奥本三圆心拱坝，高 210m，$L/H=6.0$，$T/H=0.29$。

不同河谷即使具有同一宽高比，其断面形状可能相差很大。图 3-2 所示代表两种不同类型的河谷形状，在水压荷载作用下拱梁系统的荷载分配以及对坝体剖面的影响。左右对称的 V 形河谷最适于发挥拱的作用，靠近底部水压强度最大，但拱跨短，因此底拱厚度仍较薄；U 形河谷靠近底部拱的作用显著降低，大部分荷载由梁的作用来承担，故厚度较大；梯形河谷的情况则介于这两者之间。

根据工程经验，拱坝最好修建在对称河谷中，但在不对称河谷中也可修建，缺点是，坝体受力条件较差，设计、施工复杂。

2. 地质条件

地质条件也是拱坝建设中的一个重要问题。河谷两岸的基岩必须能承受由拱端传来的推力，要在任何情况下都能保持稳定，不致危及坝体的安全。理想的地质条件是，基岩坚硬，质地均匀，有足够的强度和耐久性、透水性小、耐风化、岸坡稳定、没有大断裂构造和软弱夹层等。

任何一个坝址，由于地质等自然因素，基岩总会存在这样那样的不连续面，如断层带、剪切带、节理裂隙密集带、软弱岩石夹层、软弱风化破碎体（带），甚至卸荷裂隙等，要完全避开这些不连续面往往不可能。一方面要力求把拱坝和枢纽中的重要建筑物（如地下厂房）等，选择在不连续面规模尽量小、数量尽量少的坝址；另一方面要在查明工程地质条件的基础上，采取严格的地基处理措施，使之满足设计要求。

随着拱坝建设经验的积累和地基处理技术水平的不断提高，在地质条件较差的地基上也建成了不少高拱坝，如我国的龙羊峡拱坝，坝高 178m，基岩被众多的断层和裂隙所切割，岩体破碎，且位于 9 度强震区。但当地质条件复杂到难于处理，或处理工作量太大、费用过高时，则应另选其他坝型。

三、拱坝的类型

按照不同分类原则，拱坝可分为许多种类。

1. 按坝高分

按坝高分拱坝可分为三种：①低坝，即坝高小于 30m 的拱坝；②中坝，即坝高 30～70m 的拱坝；③高坝，即坝高 70m 以上的拱坝。

2. 按拱坝坝顶中心角分

按坝顶中心角分拱坝可分为一般弯曲程度拱坝和扁平（扁薄）拱坝，前者坝顶中心角多为 $105°\sim125°$，后者多为 $60°\sim90°$，更集中的是 $60°\sim80°$。

3. 按水平拱圈形状分

按水平拱圈形状分拱坝可分为：①单圆心拱；②多心拱（二心、三心、四心等）；③抛物线拱；④椭圆拱；⑤对数螺旋线拱。

水平拱圈的型式如图 3-3 所示。

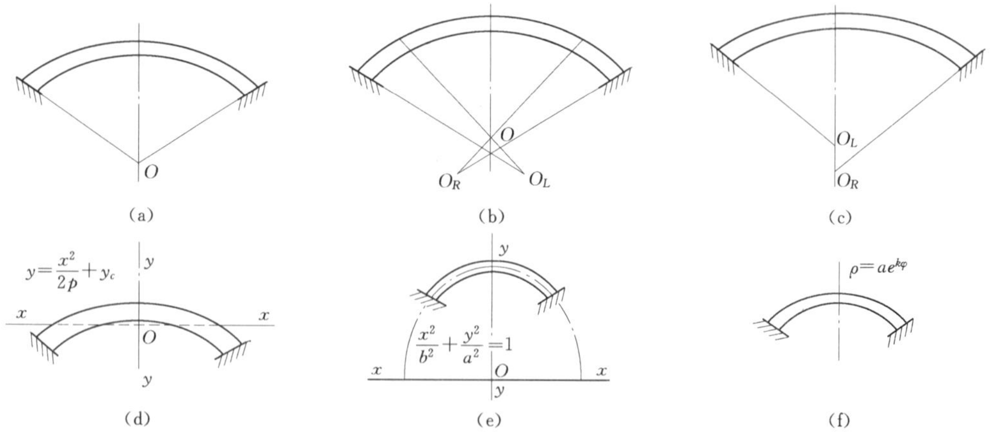

图 3-3 拱坝的水平拱圈

(a) 圆拱；(b) 三心拱；(c) 二心拱；(d) 抛物线拱；(e) 椭圆拱；(f) 对数螺旋线拱

ρ—极半径；φ—极角

水平拱圈以单圆心拱最为常用。合理的拱圈型式应当是压力线接近拱轴线，使拱截面内的压应力分布趋于均匀。在河谷狭窄而对称的坝址，大部分水平荷载靠拱的作用传到两岸，采用圆弧拱圈，在设计和施工上都比较方便。但从水平荷载在拱梁系统的分配情况看，拱所分担的水平荷载并不是沿拱圈均匀分布，而是从拱冠向拱端逐渐减小，如图 3-1 所示。因此，为改善拱圈的受力条件，并考虑到坝肩岩体的抗滑稳定，最合理的拱圈型式应当是变曲率、变厚度、扁平的。基于这个原因，拱坝建设实践中，对建在较宽河谷中的拱坝，或者峡谷中较高的拱坝，拱圈型式已由早期的单心圆拱向多心圆拱、抛物线拱、椭圆拱和对数螺旋线拱等多种型式发展。

4. 按厚高比分

拱坝最大坝高处的坝底厚度 T 与坝高 H 之比，称为拱坝的厚高比 T/H。按厚高比可将拱坝分为：①薄拱坝，$T/H<0.2$；②中厚拱坝，$T/H=0.2\sim0.35$；③厚拱坝（或重力拱坝），$T/H>0.35$。

5. 按中心角和半径沿高度变化分

按中心角和半径沿高度变化分可分为定心定径拱坝、等角拱坝和变角变径拱坝三种。定心定径拱坝是拱坝坝轴面的圆心和半径均固定或基本固定，如我国的龙羊峡拱坝、白山拱坝等。等角拱坝是指大坝从坝顶到坝底，有相等或基本相等中心角（或矢跨比）的拱坝，如美国的萨尔曼河拱坝等，如图 3-4 所示。变角变径拱坝是指各高程中心角和半径均有一定程度变化的拱坝，一般是随着高度从坝顶或某一高程向下，中心角（或矢跨比）变小、如我国的石门拱坝等，如图 3-5 所示。

6. 按拱坝垂直向曲率分

在垂直向上方向无曲率或基本没有曲率的称单曲拱坝；在垂直向上方向有曲率的称双

曲拱坝，如图 3-6 所示。

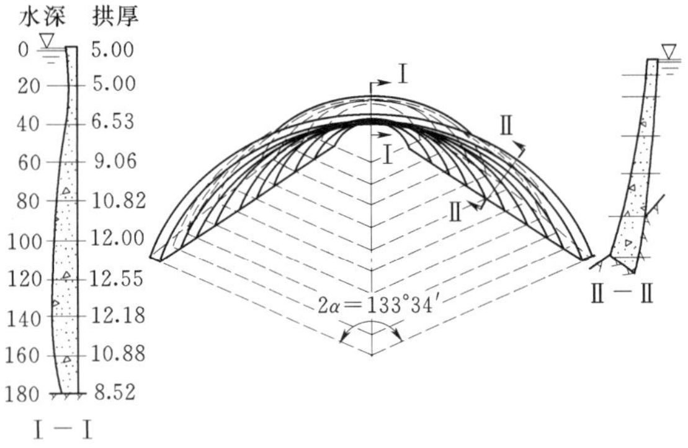

图 3-4 等中心角拱坝

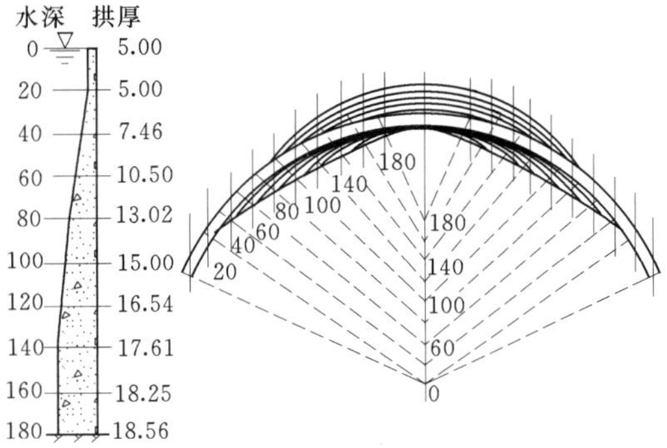

图 3-5 变半径变中心角拱坝

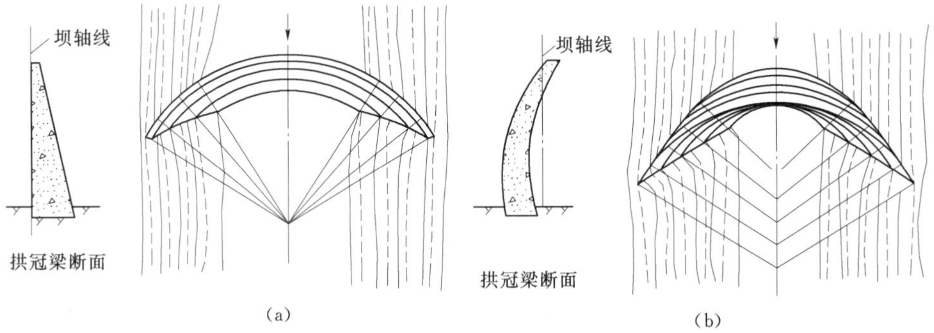

图 3-6 单曲、双曲拱坝示意图

(a) 单曲拱坝；(b) 双曲拱坝

7. 按坝身结构型式分

按坝身结构型式可分为：①一般拱坝（单曲、双曲拱坝）；②混合型拱坝（隔河岩拱坝、乌江渡拱坝）；③上拱下部支墩式拱坝（蒙弗特拱坝）；④空腹拱坝（风滩混凝土空腹重力拱坝）；⑤多层拱坝（法国玛雷琪、中国火甲拱坝）；⑥拱上拱坝（窄巷口混凝土拱坝、红色娘子军砌石拱坝）；⑦周边缝拱坝（天生桥砌石拱坝）；⑧平底缝拱坝（门坎哨混凝土薄拱坝）；⑨铰拱坝（摩林瑞保双铰拱坝）；⑩预应力拱坝。

8. 其他分类方法

按建筑材料不同拱坝分为砌石拱坝、混凝土拱坝和钢筋混凝土拱坝。

按照施工方法不同拱坝分为常态混凝土拱坝、碾压混凝土拱坝、装配式混凝土拱坝和分期施工拱坝。

按泄洪结构与拱坝坝身有无结构关系，拱坝可分为坝身泄洪拱坝、坝外泄洪拱坝。

按河谷相对宽度的宽窄，拱坝分为宽谷拱坝和窄谷拱坝（坝顶高程处河谷宽与坝高比值小于或等于 1，即大体弧高比 1.2 以下的拱坝）。

按对称与否，拱坝分为对称（基本对称）拱坝和不对称拱坝。

按拱圈厚度是否变化，拱坝分为等厚拱坝和变厚拱坝。

第二节 拱 坝 布 置

拱坝的体形和布置是相互关联的。合理的体形应该是：在满足枢纽布置、运用和施工等要求的前提下，通过调整其外形和尺寸，使坝体材料强度得以充分发挥，不出现不利的应力状态，并保证拱座的稳定，而且工程量最省，造价最低。

拱坝布置是根据坝址地形、地质、枢纽布置、运用要求和施工等条件，选择拱坝体形，拟定坝体尺寸，进行拱坝布置，然后经应力分析和坝肩稳定分析计算，并通过反复修改以求得一个经济、安全的体形方案。

一、拱圈中心角选取

（一）按坝身应力和经济方面的要求选择中心角

为了从应力条件和经济角度研究拱圈中心角，引进圆筒这种最简单的古典力学模型，即对拱坝取单位高度的等截面水平圆拱，忽略上下层之间的影响，忽略剪力和弯矩，如图 3－7 所示。设拱圈厚度为 T，中心角为 $2\varphi_A$，沿外弧均匀水压为 p，坝体材料允许应力为 $[\sigma]$，据“圆筒公式”可以确定拱圈所需要的厚度 T 为：

$$T=\frac{pR_u}{[\sigma]} \tag{3-1}$$

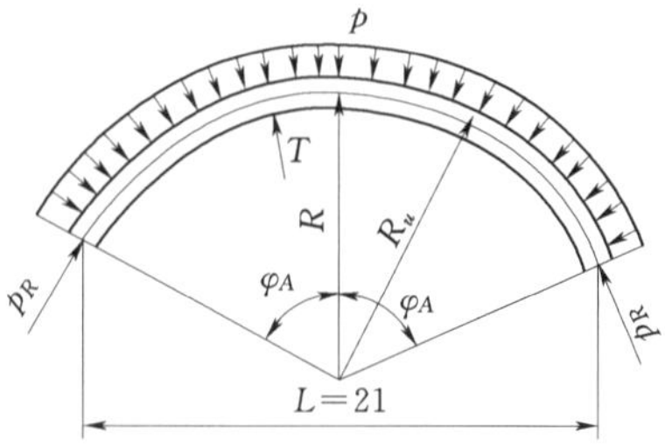

图 3－7 圆弧拱圈

式中 R_u——外弧半径，m。

由此可见，拱圈厚度取决于荷载的压强和拱圈的半径，荷载大，要求拱圈厚度大。同样的荷载和跨度，半径越大，要求拱圈厚度也越大，即半径小比较有利；另外，当跨度固定时，半径小，则拱的中心角增大，拱圈的弧长增加，又是不利的。为了求得最有利的半径或最有利的中心角，应使拱圈的体积最小，拱圈的体积为：

$$V=\frac{2\pi}{360}\times 2\varphi_A RT \tag{3-2}$$

式中 R——拱圈中心线半径，m。

对式（3－2）化简求导可得出，当 $2\varphi_A=133°34'$时，拱圈的体积最小。

由于拱圈毕竟与圆筒有差别，拱圈受力并非均匀，加之拱圈亦仍处于“拱坝”中，要受到它的强大约束，仍从应力与经济出发，最优中心角并非 133°34′，一般在 105°～125°之间。

顶拱中心角如何在 105°～125°之间取值，与很多因素有关。U 形河谷，由于拱坝上、下部河宽没有实质性变化，结合其他要求，数值可以取小些。V 形河谷，由于上、下部河谷宽度变化大，宜选用大值。梯形河谷介于二者之间。但如有可能，结合其他要求，亦宜选用大值。对于单曲拱坝，为使中下部拱圈有较好的中心角，顶拱中心角宜选大值；对于双曲拱坝，相对于单曲拱坝可取小值。

对于拱圈应力状况，根据中国水利水电科学研究院汪景琦的研究成果，中心角大些，应力条件好，拱端较拱冠更易发生拉应力。当中心角大于 115°时，拱冠不再受拉，当中心角大于 158°时，拱冠、拱端均不再受拉。由此可见，一些专家主张在基岩条件较好的情况下用大一些的中心角，例如有的坝选 150°或更大，是有一定道理的。

（二）按坝肩稳定与安全性要求选择中心角

从坝肩稳定出发，拱坝最优的中心角将不是 133°34′，也不是 105°～125°，而是在 60°～90°之间，更多的是 60°～80°。

综上所述，中心角的大小直接影响到应力条件、工程造价和坝肩岩体的稳定。当中心角较大时，拱圈应力条件较好，坝体工程量也较小，但拱端处的推力会更接近于平行河岸，对坝头稳定不利。自玛尔巴塞坝崩垮后，20 世纪 60 年代以来，在世界范围内，拱坝界的认识有一个飞跃，就是普遍承认拱坝基础的重要性是第一位的。因此，选择中心角时，应当是在满足坝肩稳定条件下，尽量加大中心角，保证坝体力学工作条件，使坝体体积最小。

SL 282—2003《混凝土拱坝设计规范》规定，坝体顶部拱圈最大中心角应根据稳定、应力、工程量等因素，采用 75°～110°。而在坝的底部，由于拱作用实际不大，拱中心角可减小，一般在 50°～80°之间。

二、拱坝体形选择

（一）从河谷剖面出发选择拱坝体形

1. U 形河谷

U 形河谷由于其高、中、低部的河谷宽度差别不大，不论从对坝体的应力或从对坝肩的稳定来说。采用定心定径拱坝或单曲拱坝，都可获得良好的坝身和坝肩工作形态，没有必要再在垂直曲率上做文章。对窄一点的 U 形谷，一般采用圆拱形；对宽一点的 U 形谷，考虑到拱向刚度、拱坝推力角等因素的要求，可采用二心拱、抛物线拱等非圆拱形。

2. V 形河谷

V 形河谷由于其高、中、低部跨度变化过大，需采用等角拱坝或变角变径拱坝——双曲拱坝，以获得良好的工程布置。在这种河谷中，如采用单曲拱坝，其必然结果是要加大坝体中、下部厚度，使开挖量剧增，很不经济。

3. 梯形河谷

梯形河谷的特点是，它的底部具有一定甚至相当的宽度，不像 U 形河谷岸坡常在 70°或 80°以上，而且它的河谷总宽度一般都比前两种大。因此，要获得全部高程或主要高程内的比较理想的拱圈，梯形河谷仍需采用双曲拱坝。

梯形河谷岸坡比较陡时，几乎接近于 U 形谷；河谷底宽较小时，几乎接近于 V 形河谷。对这两种情况，应分别采用接近于单曲拱坝和接近于双曲拱坝的坝型。总之，拱坝体形应随河谷情况的不同而渐变。

（二）从垂直断面形状出发选择拱坝体形

从已建拱坝来看，拱坝垂直剖面形状（一般以拱冠剖面为代表）多种多样，但不外乎两类：一类是单曲拱坝；另一类是双曲拱坝。

1. 单曲拱坝

单曲拱坝，在 U 形河谷中造价较为经济。这种拱坝一般都有一个直立的筒形参考面，而且常常是上游面，体形很简单，便于设计、施工，泄水、引水布置方便，在一定程度上具有重力坝泄放大流量比较方便可靠的优点。因此，虽然双曲拱坝近几十年来已得到较大发展，但单曲拱坝仍具有其不能被替代的适用场所。

2. 双曲拱坝

与单曲拱坝相比，双曲拱坝的优点：梁系呈弯曲的形状，兼有垂直拱的作用，垂直拱在水平拱的支撑下，将更多的水荷载传至坝肩；垂直拱在水荷载作用下上游面受压，下游面受拉，而在自重作用于下则与此相反，因而应力状态可得到改善，材料强度得到更充分的发挥，坝身泄水更易解决，抗震性和经济性更好。

双曲拱坝较单曲拱坝具有较大的优越性。但单曲拱坝也有它适合的场所。实际工程中要根据具体的地形、地质条件以及安全、经济的要求在两种体形中选择其一。

三、坝体尺寸的初步拟定

坝体尺寸主要是指：拱圈的平面形式及各层拱圈轴线的半径和中心角；拱冠梁（中央铅直剖面）上、下游面形式及其沿高程的厚度。当坝高已定，首先要拟定的就是顶拱轴线，然后是拱冠梁和拱圈的形式及尺寸。有关顶拱轴线的选定，见拱坝布置的内容。

在拱坝的轴线和顶拱确定以后，即可拟定拱冠梁的尺寸。

在U形河谷中，可采用上游面铅直的单曲拱坝，在V形和接近V形河谷中，多采用具有竖向曲率的双曲拱坝。

拱冠梁的厚度可根据我国《水工设计手册》建议的公式初步拟定。

$$T_C = 2\varphi_C R_{轴}(3R_f/2E)^{\frac{1}{2}}/\pi \tag{3-3}$$

$$T_B = 0.7\,\overline{L}H/[\sigma] \tag{3-4}$$

$$T_{0.45H} = 0.385HL_{0.45H}/[\sigma] \tag{3-5}$$

式中 T_C、T_B、$T_{0.45H}$——拱冠顶厚、拱冠底厚和 $0.45H$ 高度处的厚度，m；

φ_C——顶拱的中心角，rad；

$R_{轴}$——顶拱中心线的半径，m；

E——混凝土的弹性模量，kPa；

$\overline{L}$——两岸可利用基岩面间河谷宽度沿坝高的均值，m；

H——拱冠梁的高度，m；

$[\sigma]$——坝体混凝土的容许压应力，kPa；

$L_{0.45H}$——拱冠梁 $0.45H$ 高度处两岸可利用基岩面间的河谷宽度，m。

美国垦务局建议的公式为：

$$T_C = 0.01(H + 1.2L_1) \tag{3-6}$$

$$T_B = \sqrt[3]{0.0012HL_1L_2\left(\frac{H}{122}\right)^{H/122}} \tag{3-7}$$

式中 L_1——坝顶高程处拱端可利用基岩面间的河谷宽度，m；

L_2——坝底以上 $0.15H$ 处拱端可利用基岩面间的河谷宽度，m。

前一组公式是根据混凝土强度确定的，后一组则是根据拱坝设计资料总结出来的，可以互为参考。在选择拱冠梁的顶部厚度 T_C 时，还应考虑工程规模和运用要求，如无交通规定，一般为3～5m，不宜小于3m。坝顶厚度体现了顶部拱圈的刚度。顶拱刚度不仅对坝体上部应力有影响，而且对拱冠梁附近的梁底应力也有较大的影响。当河谷上部较宽时，适当加大坝顶厚度将有利于降低梁底上游面的拉应力。

四、拱坝布置

拱坝布置的原则是，根据坝址地形、地质、水文等自然条件以及枢纽综合利用要求统筹布置，在满足稳定和建筑物运用的要求下，通过调整拱坝的外形尺寸，使坝体材料的强度得到充分发挥，控制拉应力在允许范围之内，而坝的工程量最省。

1. 确定坝顶高程

坝顶高程按重力坝的计算方法确定。

2. 步骤

由于拱坝体形比较复杂，剖面形状又随地形、地质情况而变化，因此，拱坝的布置并无一成不变的固定程序，而是一个从粗到细反复调整和修改的过程。根据经验，大致可以归纳为以下几个步骤：

（1）根据坝址地形图和地质勘察资料，定出开挖深度，画出坝址可利用基岩面等高线地形图。

（2）在可利用基岩面等高线地形图上，试定顶拱轴线的位置。在实际工程中常以顶拱外弧作为拱坝的轴线。顶拱轴线的半径可用 $R_{轴}=0.6L_1$，L_1 的含义见式（3-1）或参考其他类似工程初步拟定。将顶拱轴线绘在透明纸上，以便在地形图上移动、调整位置，尽量使拱轴线与基岩等高线在拱端处的夹角不小于 30°，并使两端夹角大致相近。按选定的半径、中心角及顶拱厚度画出顶拱内外缘弧线。

（3）初拟拱冠梁剖面尺寸，布置其他高程拱圈。自坝顶往下，一般选取 5～10 层拱圈平面，绘制各层拱圈平面图，布置原则与顶拱相同。各层拱圈的圆心连线在平面上最好能对称于河谷可利用岩面的等高线，在竖直面上圆心连线应能形成光滑的曲线。

（4）切取若干铅直剖面，检查其轮廓线是否光滑连续，有无倒悬现象，确定倒悬度是否满足要求。为了便于检查，可将各层拱圈的半径、圆心位置以及中心角分别按高程点绘，连成上、下游面圆心线和中心角线。必要时，可修改不连续或变化急剧的部位，以求沿高程各点连线达到平顺光滑为止。

（5）根据以上初拟的坝体形状和尺寸，进行应力计算和坝肩稳定校核。如不满足要求，应修改坝体布置和尺寸，重复以上步骤进行修改和调整，直至满足要求为止。

（6）将坝体沿拱轴线展开，绘成坝的立视图，显示基岩面的起伏变化，对突变处应采取削平或填塞措施。

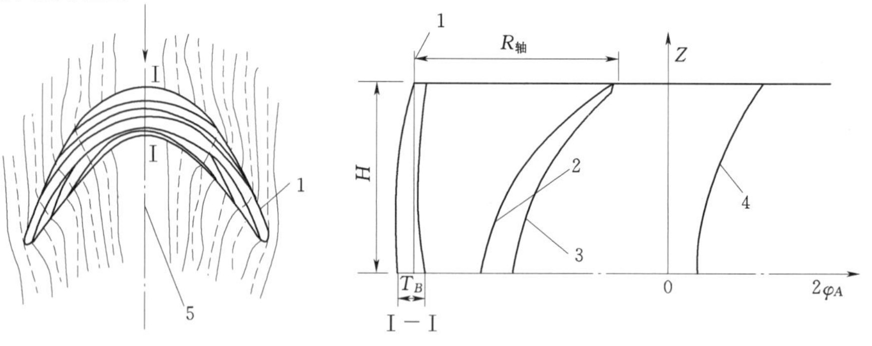

图 3-8 双曲拱坝布置示意图

1—坝轴线；2—下游面圆心线；3—上游面圆心线；4—拱圈中心角线；5—基准面

(7) 计算坝体工程量，作为进行不同方案比较的依据。

归纳起来，拱坝布置的基本原则是：坝体轮廓线连续光滑，坝体轮廓力求简单；基岩轮廓线连续光滑，避免有任何突变，如图 3-8 所示。

第三节　拱坝的荷载及其组合

一、拱坝的荷载

拱坝的荷载包括：静水压力、动水压力、自重、扬压力、泥沙压力、冰压力、浪压力、温度荷载以及地震荷载等，基本上与重力坝相同。但由于拱坝本身的结构特点，有些荷载的计算方法及其对坝体应力的影响与重力坝不尽相同。本节只介绍这些荷载的不同特点。

1. 一般荷载

(1) 水平径向荷载。水平径向荷载包括：静水压力、泥沙压力、浪压力及冰压力，计算方法同重力坝。其中，静水压力是坝体上最主要的水平荷载。水平径向荷载由拱和梁共同承担，可通过拱梁分载法来确定拱系和梁系上的荷载分配。

(2) 自重。混凝土拱坝在施工时常采用分段浇筑，最后进行灌浆封拱，形成整体。这样，由自重产生的变位在施工过程中已经完成，全部自重应由悬臂梁承担，悬臂梁的最终应力是由拱梁分载法算出的应力加上由于自重而产生的应力。在实际工程中，如遇：①需要提前蓄水，要求坝体浇筑到某一高程后提前封拱；②对具有显著竖向曲率的双曲拱坝，为保持坝块稳定，需要在其冷却后先行灌浆封拱；③为了度汛，要求分期灌浆等情况：灌浆前的自重作用应由梁系单独承担，灌浆后浇筑的混凝土自重参加拱梁分载法中的变位调整。有时为了简化计算，也常假定自重全由梁系承担。

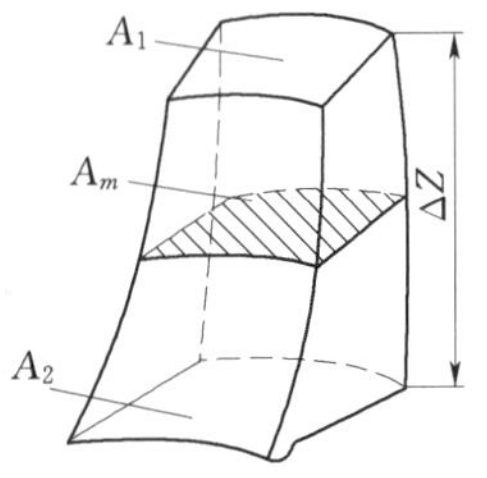

图 3-9　坝块自重计算图

由于拱坝各坝块的水平截面都呈扇形，如图 3-9 所示，截面 A_1 与 A_2 间的坝块自重 G 可按辛普森公式计算，即

$$G=\frac{1}{6}\gamma_C\Delta Z(A_1+4A_m+A_2)\ (\text{kN}) \tag{3-8}$$

式中　γ_C——混凝土容重，kN/m^3；

ΔZ——计算坝块的高度，m；

A_1、A_2、A_m——上、下两端和中间截面的面积，m^2。

或简单地按式 (3-9) 计算：

$$G=\frac{1}{2}\gamma_C\Delta Z(A_1+A_2)\ (\text{kN}) \tag{3-9}$$

(3) 扬压力。从近年美国对一座中等高度拱坝坝内渗透压力所作的分析表明，由扬压力引起的应力在总应力中约占 5%。由于所占比重很小，设计中对于薄拱坝可以忽略不计；对于重力拱坝和中厚拱坝则宜予以考虑，在对坝肩岩体进行抗滑稳定分析时，必须计入扬压力或渗透压力的不利影响。

2. 温度荷载

温度荷载是拱坝设计中的一项主要荷载。实测资料分析表明，在由水压力和温度变化共同引起的径向总变位中，后者约占 1/3～1/2，在靠近坝顶部分，温度变化的影响就更为显著。拱坝系分块浇筑，经充分冷却，待温度趋于相对稳定后，再灌浆封拱，形成整体。封拱前，根据坝体稳定温度场，可定出沿不同高程各灌浆分区的封拱温度。封拱温度低，有利于降低坝内拉应力，一般选在年平均气温或略低时进行封拱。封拱温度即作为坝体温升和温降的计算基准，以后坝体温度随外界温度作周期性变化，产生了相对于上述封拱温度的改变值。由于拱座嵌固在基岩中，限制坝体随温度变化而自由伸缩，于是就在坝体内产生了温度应力。上述温度改变值，即为温度作用，也就是通常所称的温度荷载。

3. 地震荷载

地震荷载包括地震惯性力和地震动水压力。其计算可参照 SL 203—97《水工建筑物抗震设计规范》的规定执行。

二、荷载组合

混凝土拱坝设计荷载组合可分为基本组合和特殊组合两类。基本组合由基本荷载组成，特殊组合除相应的基本荷载外，还应包括某些特殊荷载。荷载组合应按表 3-1 的规定确定。

表 3-1　　荷载组合

<table>
<tr><th rowspan="3">荷载组合</th><th rowspan="3" colspan="2">主要考虑情况</th><th colspan="10">荷载类别</th></tr>
<tr><th rowspan="2">自重</th><th rowspan="2">静水压力</th><th colspan="2">温度荷载</th><th rowspan="2">扬压力</th><th rowspan="2">泥沙压力</th><th rowspan="2">浪压力</th><th rowspan="2">冰压力</th><th rowspan="2">动水压力</th><th rowspan="2">地震荷载</th></tr>
<tr><th>设计正常温降</th><th>设计正常温升</th></tr>
<tr><td rowspan="5">基本组合</td><td colspan="2">1. 正常蓄水位及相应尾水位情况</td><td>√</td><td>√</td><td>√</td><td></td><td>√</td><td>√</td><td>√</td><td>√</td><td></td><td></td></tr>
<tr><td colspan="2">2. 正常蓄水位及相应尾水位情况</td><td>√</td><td>√</td><td></td><td>√</td><td>√</td><td>√</td><td>√</td><td></td><td></td><td></td></tr>
<tr><td colspan="2">3. 设计洪水位及相应尾水位情况</td><td>√</td><td>√</td><td></td><td>√</td><td>√</td><td>√</td><td>√</td><td></td><td></td><td></td></tr>
<tr><td colspan="2">4. 死水位（或运行最低水位）及相应尾水位情况</td><td>√</td><td>√</td><td></td><td>√</td><td>√</td><td>√</td><td>√</td><td></td><td></td><td></td></tr>
<tr><td colspan="2">5. 其他常遇的不利荷载组合</td><td></td><td></td><td></td><td></td><td></td><td></td><td></td><td></td><td></td><td></td></tr>
<tr><td rowspan="9">特殊组合</td><td colspan="2">1. 校核洪水位及相应尾水位情况</td><td>√</td><td>√</td><td></td><td>√</td><td>√</td><td>√</td><td>√</td><td></td><td>√</td><td></td></tr>
<tr><td rowspan="3">2. 地震情况</td><td>（1）基本组合 1＋地震荷载</td><td>√</td><td>√</td><td>√</td><td></td><td>√</td><td>√</td><td>√</td><td>√</td><td></td><td>√</td></tr>
<tr><td>（2）基本组合 2＋地震荷载</td><td>√</td><td>√</td><td></td><td>√</td><td>√</td><td>√</td><td>√</td><td></td><td></td><td>√</td></tr>
<tr><td>（3）常遇低水位情况＋地震荷载</td><td>√</td><td>√</td><td></td><td>√</td><td>√</td><td>√</td><td>√</td><td></td><td></td><td>√</td></tr>
<tr><td rowspan="4">3. 施工期情况</td><td>（1）未灌浆</td><td>√</td><td></td><td></td><td></td><td></td><td></td><td></td><td></td><td></td><td></td></tr>
<tr><td>（2）未灌浆遭遇施工洪水</td><td>√</td><td>√</td><td></td><td></td><td></td><td></td><td></td><td></td><td></td><td></td></tr>
<tr><td>（3）灌浆</td><td>√</td><td></td><td>√</td><td></td><td></td><td></td><td></td><td></td><td></td><td></td></tr>
<tr><td>（4）灌浆遭遇施工洪水</td><td>√</td><td>√</td><td></td><td>√</td><td></td><td></td><td></td><td></td><td></td><td></td></tr>
<tr><td>4. 其他稀遇的不利荷载组合</td><td></td><td></td><td></td><td></td><td></td><td></td><td></td><td></td><td></td><td></td><td></td></tr>
</table>

注　1. 上述荷载组合中，可根据工程的实际情况选择控制性的荷载组合进行计算。
2. 地震较频繁地区，当施工期较长，应采取措施及时封拱，必要时对施工期的荷载组合应增加一项“上述情况加地震荷载”，其地震烈度可按设计烈度降低 1 度考虑。
3. 表中“特殊组合 施工期情况 灌浆”状况下的荷载组合，也可为自重和设计正常温升的温度荷载组合。

选择拱坝的荷载组合，应根据工程实际情况及各种荷载同时作用的实际可能性，选择可能而又最不利的荷载组合，作为分析坝体应力和坝肩稳定的依据。

第四节 拱坝的材料、构造和地基处理

一、拱坝的材料

拱坝材料有混凝土、浆砌石和浆砌条石等。中小型拱坝多采用浆砌石，高拱坝则多用混凝土建造。由于拱坝坝身比较单薄，对材料的要求比重力坝要高。

建造拱坝的混凝土必须满足规范规定的强度、抗渗、抗冻、抗磨、抗侵蚀及低热等性能要求。采用混凝土的龄期多为 90d 或 180d，强度等级一般为 C25、C30。混凝土的早期强度应控制表层混凝土 7d 龄期的强度不低于 C10，以确保早期的抗裂性。在高坝中，接近地基部分的混凝土，其 90d 龄期强度等级不得低于 C25，内部混凝土 90d 龄期强度等级不得低于 C20。

对拱坝坝体混凝土的强度等级与各种性能应分区提出要求。在坝体上游面，应控制混凝土的抗渗性能；在寒冷地区，对上下游水位变动区域及所有暴露面应控制混凝土的抗冻性能。拱坝混凝土的分区要求与重力坝基本相同，但坝体厚度小于 20m 时，混凝土的强度等级最好不要分区。

二、拱坝的构造

1. 拱坝坝缝

拱坝是整体结构，为便于施工期间混凝土散热和降低收缩应力，防止混凝土产生裂缝，需要分段浇筑，各段之间设有收缩缝，在坝体混凝土冷却到年平均气温左右，混凝土充分收缩后，再灌浆封填，以保证坝的整体性。

收缩缝有横缝和纵缝两类，如图 3-10 所示。横缝是径向的，间距一般取 15～20m。在变半径的拱坝中，为了使横缝与径向一致，必然会使横缝成为近于铅直的扭曲面，给施工带来不便。有时为了便于施工，对不太高的拱坝也可以中间高程处的拱半径方向为准，从上至下用铅直平面来分缝。横缝底部缝面与地基面的夹角不得小于 60°，并应尽可能接近正交。缝内设铅直向的梯形键槽，以提高坝体的抗剪强度。

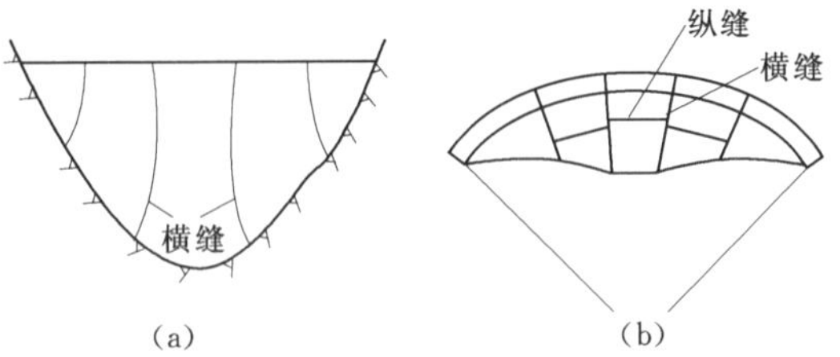

图 3-10 拱坝的横缝和纵缝

拱坝厚度较薄，一般可不设纵缝，对厚度大于 40m 的拱坝，经分析论证，可考虑设置纵缝。相邻坝块间的纵缝应错开，纵缝的间距一般为 20～40m。为方便施工，一般采用铅直纵缝，到缝顶附近应缓转与下游坝面正交，避免浇筑块出现尖角。

收缩缝是两个相邻坝段收缩后自然形成的冷缝，缝的表面作成键槽，预埋灌浆管与出浆盒，在坝体冷却后进行压力灌浆。收缩缝的灌浆工艺和重力坝相同。

2. 坝顶

拱坝坝顶的结构型式和尺寸应按使用要求来决定。当无交通要求时，非溢流坝的顶宽

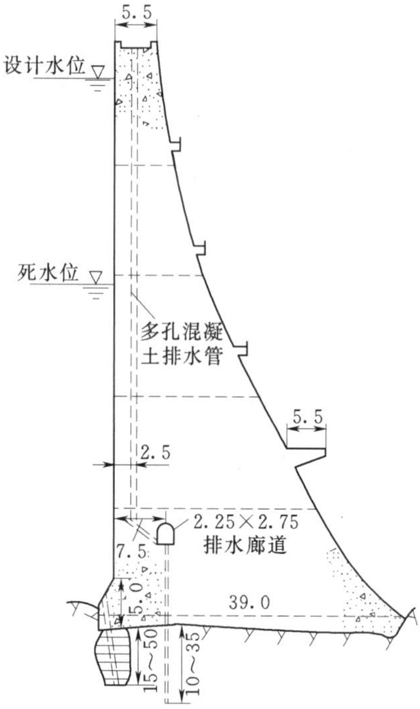

图 3-11 重力拱坝的廊道与排水管布置（单位：m）

不宜小于 3m。溢流坝段坝顶工作桥、交通桥的尺寸和布置必须能满足泄洪、闸门启闭、设备安装、运行操作、交通、检修和观测等的要求。地震区的坝顶工作桥、交通桥等结构应尽量减轻自重，以提高结构的抗震性能。

3. 廊道与排水

坝内应设置基础灌浆廊道，对于中、低高度的薄拱坝，也可不设廊道，而将检查、观测、交通和坝缝灌浆等工作移到坝后桥上进行，桥宽一般 1.2～1.5m，上下层间隔 20～40m，在与坝体横缝对应处留有伸缩缝，缝宽约 1～3cm。

无冰冻地区的薄拱坝其坝身可不设排水管。对较厚的或建在寒冷地区的薄拱坝，则要求和重力坝一样布置排水管，一般间距为 2.5～3.5m，管内径为 150～200mm。如图 3-11 所示为我国响洪甸重力拱坝最大剖面的廊道及排水管布置图。

4. 重力墩

重力墩是拱坝坝端的人工支座，可用于：河谷形状不规则，为减小宽高比，避免岸坡的大量开挖；河谷有一岸较平缓，用重力墩与其他坝段（如重力坝或土坝）或岸边溢洪道相连接等情况。如图 3-12 所示是我国龙羊峡水电站的枢纽布置图，在其左、右坝肩设置重力墩后，坝体可基本上保持对称。通过重力墩可将坝体传来的作用力传到基岩。

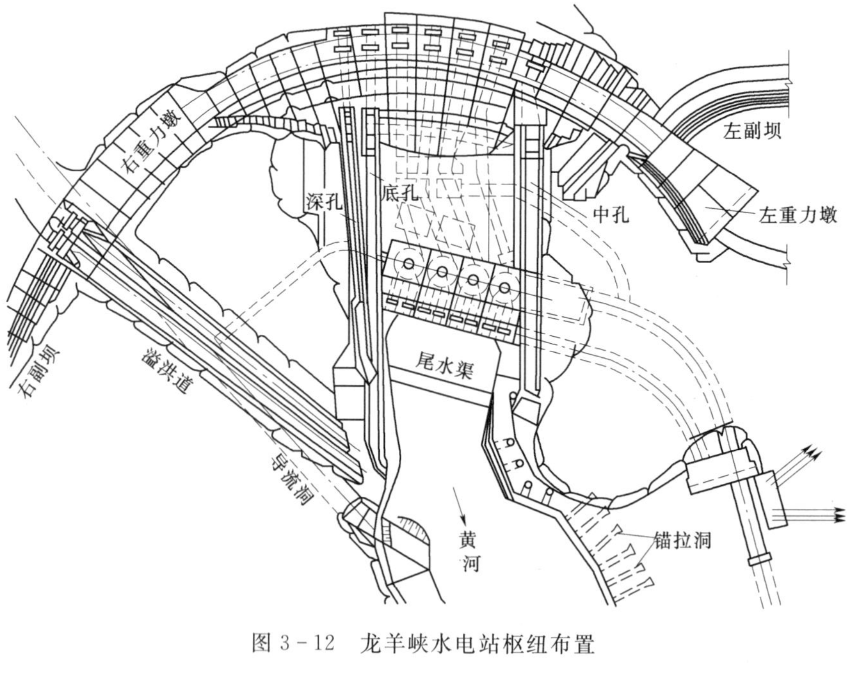

图 3-12 龙羊峡水电站枢纽布置

三、拱坝的地基处理

拱坝的地基处理和岩基上的重力坝基本相同，但要求更为严格，特别是对两岸坝肩的处理尤为重要。

（1）坝基开挖。根据坝址具体地质情况，结合坝高，选择新鲜、微风化或弱风化中下部的基岩作为建基面。在开挖过程中还应注意以下几点：拱端开挖应注意前述拱端布置原则；河床段利用岩面的上、下游高差不应过大，宜略向上游倾斜；整个坝基利用岩面的纵坡应平顺，无突变。

（2）固结灌浆和接触灌浆。拱坝坝基的固结灌浆孔一般按全坝段布置。对于比较坚硬完整的基岩，也可以只在坝基的上游侧和下游侧设置数排固结灌浆孔。对节理、裂隙发育的基岩，为了减小地基变形，增加岩体的抗滑稳定性，还需在坝基外的上、下游侧扩大固结灌浆的范围。对于坝体与陡于50°～60°的岸坡间，与上游侧的坝基接触面以及基岩中所有槽、井、洞等回填混凝土的顶部，均需进行接触灌浆，以提高接触面的强度，减少渗漏。

防渗帷幕的位置与拱座及坝基应力情况有关，一般布置在压应力区，且靠近上游坝面。防渗帷幕还应深入两岸山坡内，深入长度与方向应根据工程地质、水文地质、地形条件、拱座的稳定情况和防渗要求等来确定，并与河床部位的帷幕保持连续性。

防渗帷幕一般采用水泥灌浆。在水泥灌浆达不到防渗要求时，可采用化学材料补充灌浆，但应注意防止污染环境。帷幕灌浆一般在廊道中进行，两岸山坡内的帷幕灌浆，可在岩体内开挖的平洞中进行，如图3-13所示。

（3）坝基排水。在防渗帷幕的下游侧应布置坝基排水，一般设1排主排水孔，必要时加设1～3排辅助排水孔。在裂隙较大的岩层中，防渗帷幕可有效地减小渗透压力，减少渗水量。但在弱透水性的微裂隙岩体中，防渗帷幕降低渗压的效果就不甚明显，而排水孔则可显著地降低渗压，因此，对坝基排水应予重视。

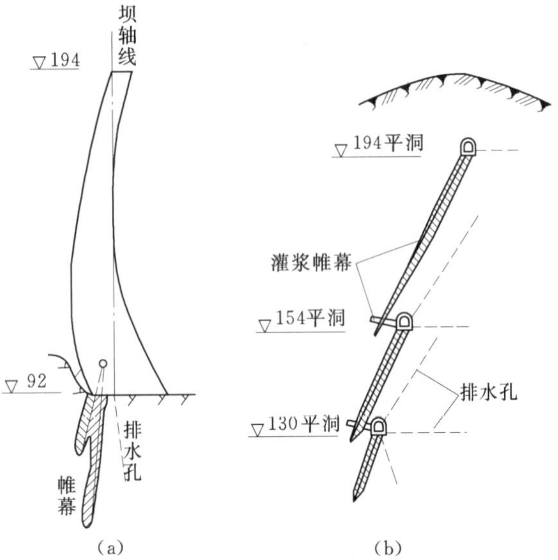

图3-13　拱坝基岩帷幕灌浆与排水孔布置（高程：m）
（a）坝体剖面；（b）坝肩（基岸）剖视

（4）断层破碎带或软弱夹层的处理。对于坝基范围内的断层破碎带或软弱夹层，应根据其产状、宽度、充填物性质、所在部位和有关的试验资料，分析研究其对坝体和地基的应力、变形、稳定与渗漏的影响，并结合施工条件，采用适当的方法进行处理。

当河床覆盖层较深，挖除有困难时，可采取结构措施。如贵州猫跳河上的窄巷口双曲拱坝，先在覆盖层上方修建跨河基础拱桥，再在拱桥上修建拱坝，并对覆盖层进行防渗处理。另一座拱上拱结构是四川省的鱼鳞碑砌石拱坝（高 36.9m）。

（5）河岸岩基锚固。当河岸有剪切裂隙使岸坡不够稳定时，可采用锚固法，即在岩基内钻孔并放入钢锚杆，然后用水泥砂浆填实。锚杆深度必须达到完整稳定的岩层。

本 章 小 结

拱坝是坝身和基础工作条件好、超载能力强的坝工结构，具有抵御意外洪水和涌浪翻坝的能力，抗震性、耐久性好，综合安全性高，较为经济。地形条件是决定其结构型式、工程布置及经济性的主要因素。地质条件是拱坝建设中的一个重要问题，甚至是关键点。

本章的重点是拱坝布置。拱坝布置是根据坝址地形、地质、枢纽布置、运用要求和施工等条件，选择拱坝体形，拟定坝体尺寸，进行拱坝布置，然后经应力分析和坝肩稳定分析计算，并通过反复修改以求得一个经济、安全的体形方案。

拱坝的主要荷载包括水压力和温度荷载，扬压力对应力影响不大而温度荷载对应力不利。

拱坝的基础处理和岩基上的重力坝相同，但要求更高。

在枢纽布置、拱坝基本体形和基础处理设计大致完成后，需要进一步进行坝缝、廊道、坝顶、交通、排水和细部结构设计等，以满足施工、运行和维护等方面的需要。

复 习 思 考 题

一、名词解释

1. 拱坝；2. 倒悬度；3. 拱座；4. 双曲拱坝

二、问答题

1. 拱坝有哪些特点？
2. 拱坝对地形、地质条件有哪些要求？
3. 如何选择拱圈的中心角？
4. 如何根据河谷剖面选择拱坝体形？
5. 与单曲拱坝相比，双曲拱坝有什么特点？

第四章　土　石　坝

【本章学习要点】 了解土石坝的类型和特点，掌握土石坝剖面设计基本原则和方法，掌握渗流和渗透稳定分析、坝坡抗滑稳定分析以及坝基处理等基本知识。

第一节　土石坝的特点及类型

土石坝是指由当地土料、石料或混合料，经过抛填、碾压方法堆筑成的挡水坝。当坝体材料以土和砂砾为主时，称土坝；当坝体材料以石渣、卵石、爆破石料为主时，称堆石坝；当两类材料均占相当比例时，称土石混合坝。由于筑坝材料主要来自坝区，因而又称当地材料坝。

土石坝是历史最为悠久的一种坝型，也是世界坝工建设中应用最为广泛和最有发展前途的一种坝型。近代的土石坝筑坝技术自20世纪50年代以后得到发展，并促成了一批高坝的建设。目前世界上最高的是塔吉克斯坦的罗贡土石坝，坝高325m。我国的小浪底（坝高151m）、龙滩（坝高240m）均为土石坝。加拿大和美国为北水南调拟建的堆石坝高度分别达464m和476m。

一、土石坝的特点

（一）土石坝的优点

（1）可以就地取材，节约大量水泥、木材和钢材，减少工地的外线运输量。随着设计和施工技术的发展，放宽了对筑坝材料的要求，几乎任何土石料均可筑坝。

（2）能适应各种不同的地形、地质和气候条件。任何不良的坝址地基，经处理后均可筑坝。特别是在气候恶劣、工程地质条件复杂和高烈度地震区情况下，土石坝实际上是唯一可取的坝型。

（3）随着设计和施工技术的综合发展，施工技术简单，便于机械化快速施工。

（4）结构简单，便于管理、维修和加高扩建。

（二）土石坝的缺点

（1）稳定方面。由于填筑坝体的土石料为散粒体，抗剪强度低，上下游坝坡平缓，坝体体积和重量都较大，在水平水压力作用下一般不会产生水平整体滑动。土石坝失稳的形式，主要是坝坡滑动或坝坡连同部分坝基一起滑动。坝坡滑动会影响土石坝的正常工作，严重的将导致工程事故。

（2）渗流方面。土石坝必须采取防渗措施。土石坝挡水后，在坝体内形成由上游向下游的渗流。渗流不仅使水库损失水量，还易引起管涌、流土等渗透变形。坝体内渗流的水面线称为浸润线（图4-1）。浸润线以下的土料

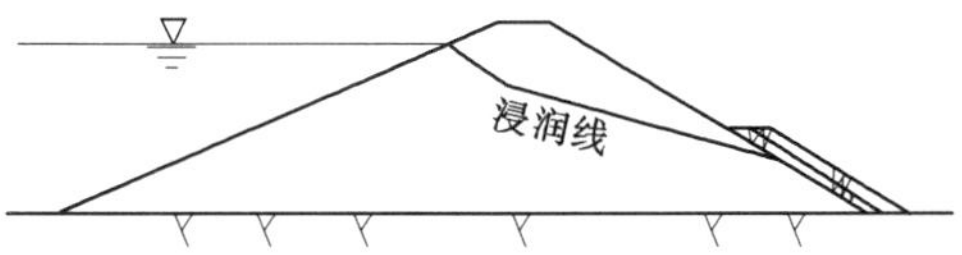

图4-1　浸润线

承受着渗透动水压力，并使土的内摩擦角和黏结力减小，对坝坡稳定不利。

(3) 冲刷方面。由于土石坝为散粒体结构，抗冲能力很低，所以坝顶一般不能溢流，需另设溢洪道；施工导流不如混凝土坝方便。

(4) 沉陷方面。由于土石料存在较大的孔隙，易产生相对的移动，在自重及水压力作用下，会有较大的沉陷或不均匀沉陷。为防止坝顶低于设计高程和产生裂缝，施工时应严格控制碾压标准并预留沉陷量，使竣工时坝顶高程高于设计高程。对于一般的中小型土石坝，如坝基没有压缩性很大的土层，可按坝高的1%～2%预留沉陷值。

(5) 当采用黏性土料填筑时受气候条件的影响较大；严寒地区水库水面冬季结冰膨胀对坝坡产生很大的推力，导致护坡的破坏；地震地区地震惯性力也会增加滑坡和液化的可能。

二、土石坝的类型

(一) 按坝高分类

土石坝按其高度可分为低坝、中坝和高坝。高度在30m以下的为低坝，高度在30～70m之间的为中坝，高度超过70m的为高坝。

土石坝的坝高均从清基后的地面算起。

(二) 按施工方法分类

(1) 碾压式土石坝。它是将土石料按设计要求分层填筑碾压而成，是土石坝中应用最多的一种坝型。碾压式土石坝可采用均质土坝［图4-2 (a)］、土质防渗体土石坝［图4-2 (b)、(c)、(d)、(f)、(g)、(h)、(i)］、非土质防渗体土石坝［图4-2 (e)、(j)、(k)、(l)］等型式。

(2) 水力冲填坝。它是用水力机械或水力方法完成土石料的开采、运输和填筑全部工序而修成的土石坝，其特点是土料的干容重较小，抗剪强度较低，剖面尺寸比碾压式土石坝大。

(3) 水中填土坝或水中倒土坝。这种坝是在填筑范围内用小捻围成畦格，在畦格内灌水填土，逐层填筑，利用上层土重、运输工具重以及排水固结而成。因施工期土料的抗剪强度较低，应控制施工速度和加强排水措施以防施工期滑坡。

(4) 定向爆破堆石坝。当坝址两岸地势较高、河谷狭窄及岩石结构较为紧密时，可利用定向爆破方法建造土石坝。定向爆破筑坝是按预定要求埋设炸药，使爆出的大部分岩石抛向预定的地点而形成的坝。这种方法节省人力、财力、物力，但对山体破坏作用大、防渗问题不易解决。

(三) 按坝体材料的组合和防渗体的相对位置分类

土石坝按坝体材料所占比例分类可以分为三种。

(1) 土坝。土坝的坝体材料以土和砂砾为主。又可分为均质坝、黏土心墙坝［图4-2 (b)、(c)、(f)、(h)、(i)］或黏土斜墙坝［图4-2 (d)、(g)］、人工材料心墙或面板坝［图4-2 (e)、(j)、(k)、(l)］、多种土质坝［图4-2 (f)、(h)、(i)］等。

(2) 土石混合坝。上述多种土质坝中，粗粒土改用砂砾石料筑成的坝，或用土石混合在一起的材料筑成的坝，称为土石混合坝［图4-2 (f)、(g)、(h)、(i)、(j)］。

(3) 堆石坝。除防渗体外，坝体的绝大部分或全部由石料堆筑起来的称为堆石坝［图

4-2（k)、(l)]。按防渗体的布置，同样也有斜墙坝、心墙坝两种。钢筋混凝土刚性斜墙堆石坝也称为钢筋混凝土面板堆石坝［图4-2（k)]。

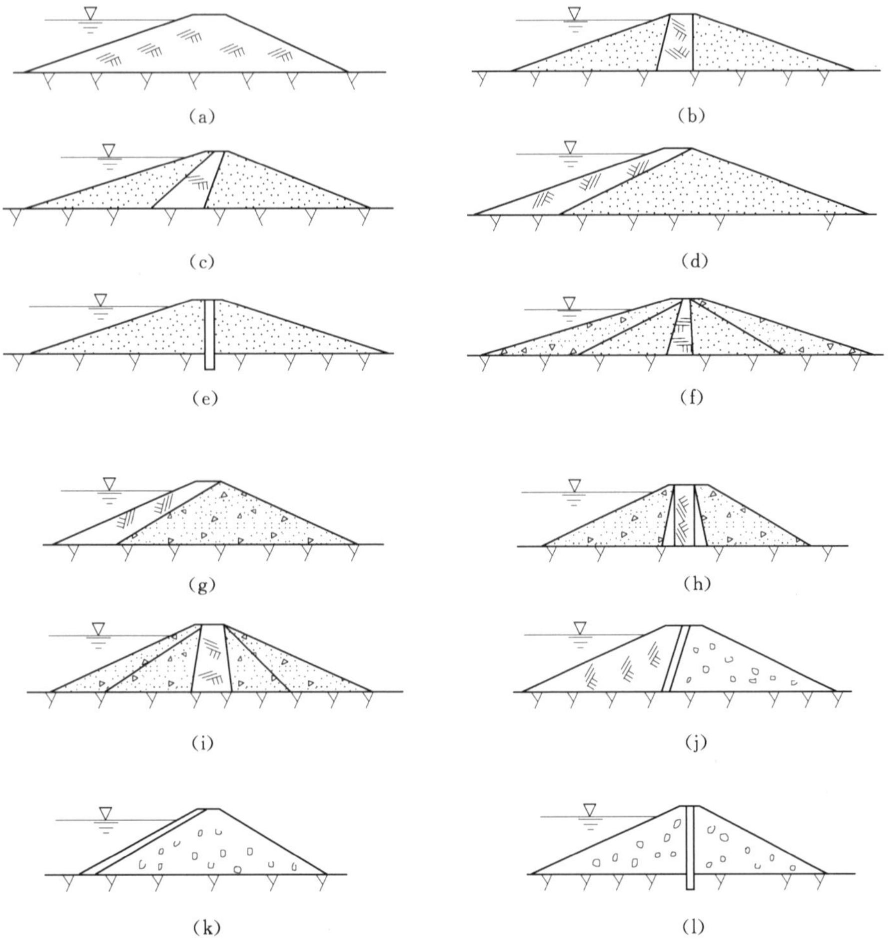

图4-2　土石坝的类型示意图

第二节　土石坝的剖面及构造

一、土石坝的剖面拟定

土石坝的基本剖面根据坝高和坝的等级、坝型和筑坝材料特性、坝基情况以及施工运行条件等，参照现有工程的实践经验初步拟定，然后通过渗流和稳定分析检验，最终确定合理的剖面形状。土石坝剖面的基本尺寸主要包括：上下游坝坡、坝顶宽度和坝顶高程等。

（一）坝坡

土石坝的坝坡确定，直接影响坝体稳定性和工程量大小。因此，应当结合实际，按以下几方面的规律综合进行选择。

（1）上游坝坡常比下游坝坡缓，但堆石坝上、下游坝坡坡率的差别要比砂土料小。

（2）土质防渗体斜墙坝上游坝坡的稳定受斜墙土料特性的控制，斜墙的上游坝坡较心墙坝为缓。而心墙坝，特别是厚心墙坝的下游坝坡，因其稳定性受心墙土料特性的影响，一般较斜墙坝为缓。

（3）黏性土料的稳定坝坡为一曲面，上部坡陡，下部坡缓，所以用黏性土料做成的坝坡，常沿高度分成数段，每段10～30m，从上而下逐渐放缓，相邻坡率差值取0.25或0.5。砂土和堆石的稳定坝坡为一平面，可采用均一坡率。由于地震荷载一般沿坝高呈非均匀分布，所以，砂土和石料有时也做成变坡形式。

（4）由粉土、砂、轻壤土修建的均质坝，透水性较大，为了保持渗流稳定，一般要求适当放缓下游坝坡。

（5）当坝基或坝体土料沿坝轴线分布不一致时，应分段采用不同坡率，在各段间设过渡区，使坝坡缓慢变化。

土石坝坝坡确定的步骤是：根据经验用类比法初步拟定，再经过核算、修改以及技术经济比较后确定。初拟坝坡时，可参考表4-1数据，砂性土取较陡值，黏性土取较缓值。

表4-1 土坝坝坡比参考值

坝高（m）	＜10	10～20	20～30
上游坝坡	1∶2.00～1∶2.50	1∶2.25～1∶2.75	1∶2.50～1∶3.00
下游坝坡	1∶1.50～1∶2.00	1∶2.00～1∶2.50	1∶2.25～1∶2.75

碾压式土石坝上下游坝坡常沿高程每隔10～30m设置一条马道，其宽度不小于1.5～2.0m，用以拦截雨水，防止冲刷坝面，同时也兼作交通、检修和观测之用，还有利于坝坡稳定。马道一般设在坡度变化处。

（二）坝顶宽度

坝顶宽度主要根据交通、运行、施工、坝高和人防等因素确定。当无特殊要求时，高坝的坝顶最小宽度可选用10～15m，中低坝可选用5～10m。坝顶宽度还应考虑心墙或斜墙顶部及反滤层布置的需要。在寒冷地区，坝顶还须有足够的厚度以保护黏性土料防渗体免受冻害。

（三）坝顶高程

坝顶高程根据正常运用和非常运用的静水位加相应的超高Y予以确定（图4-3）。选以下三项中的最大值为坝顶高程。

$$\nabla_{顶}=\nabla_{静水}+Y \qquad (4-1)$$

计算情况：

（1）正常蓄水位或设计洪水位＋正常运用情况的坝顶超高。

（2）校核洪水位＋非常运用情况的坝顶超高。

（3）正常高水位＋非常运用情况的坝顶超高＋地震安全加高。

坝顶设防浪墙时，超高值Y是指静水位与墙顶的高差。

计算的坝顶高程是指坝体沉降稳定后的数值。

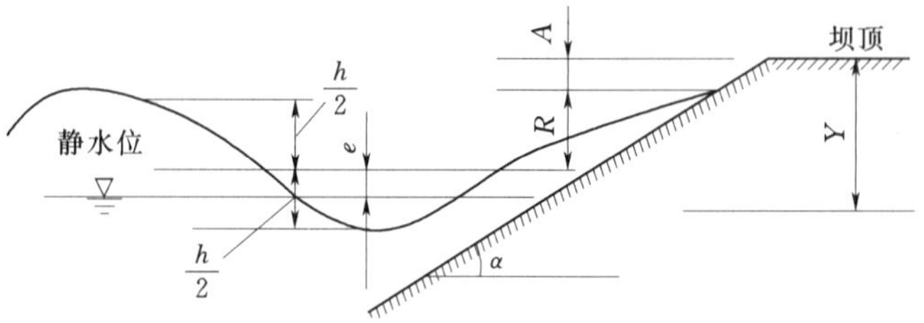

图 4-3 坝顶超高计算图

超高值 Y 通常按式（4-2）计算。

$$Y=R+e+A \tag{4-2}$$

$$e=\frac{Kv_0{}^2D}{2gH_m}\cos\beta \tag{4-3}$$

$$R=3.2K_\Delta(2h_l)\tan\alpha \tag{4-4}$$

式中 R——波浪在坝坡上的最大爬高，m；

e——最大风壅水面高度，即风壅水面超出原库水位高度的最大值，m；

A——安全加高，m；根据坝的等级和运用情况，查表 4-2；

H_m——坝前水域平均水深，m；

K——综合摩阻系数，其值变化在（1.5～5.0）$\times10^{-6}$之间，计算时一般取 $K=3.6\times10^{-6}$；

β——风向与水域中线（或坝轴线的法线）的夹角，(°)；

v_0——水面上 10 m 处的风速，m/s；正常运用条件下的 1、2 级坝，采用多年平均最大风速的 1.5 ～2.0 倍；正常运用条件下的 3、4、5 级坝，采用多年平均最大风速的 1.5 倍；非常运用条件下，采用多年平均最大风速；

D——风区长度即吹程，m；

$2h_l$——波高，m；

K_Δ——斜坡的糙率渗透性系数，查表 4-3；

α——静水位处坝的坡角，(°)。

表 4-2　　安 全 加 高 A

运用情况	坝的等级			
	1	2	3	4、5
正常	1.5	1.0	0.7	0.5
非常	0.7	0.5	0.4	0.3

表 4-3　　糙 率 渗 透 性 系 数 K_Δ

护面类型	K_Δ	护面类型	K_Δ
光滑不透水护面（沥青混凝土）	1.0	砌石护面	0.75～0.80
混凝土板护面	0.9	抛填两层块石（不透水基础）	0.60～0.65
草皮护面	0.85～0.9	抛填两层块石（透水基础）	0.50～0.55

二、土石坝的构造

（一）坝顶构造

坝顶一般都做护面。护面的材料应根据当地材料情况及坝顶用途而定，可采用砌石、砂砾石、草皮、油渣等。坝顶上游侧常设防浪墙，防浪墙可用混凝土或浆砌石修建。防浪墙的高度一般为1.0～1.2m，下游侧宜设缘石。为了排除雨水，坝顶应做成向一侧或两侧倾斜的横向坡度，坡度宜采用2%～3%（图4-4）。

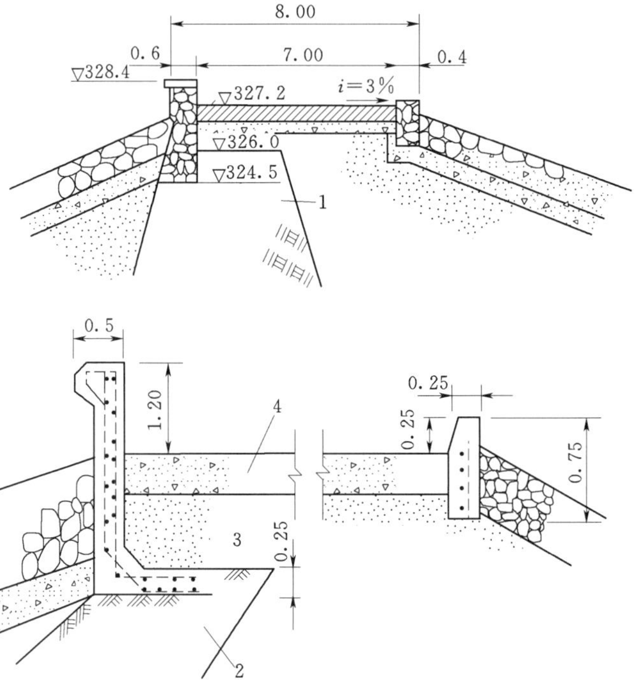

图4-4 坝顶构造（单位：m）
1—心墙；2—斜墙；3—回填土；4—碎石路面

（二）坝体防渗体

设置防渗体的目的是：减少坝体和坝基的渗流量；降低浸润线，增加下游坝坡的稳定性；降低渗透坡降，防止渗透变形。防渗体的主要形式是心墙、斜墙、铺盖、截水墙等。

1. 土质防渗体

防渗体分为土质防渗体和非土质防渗体两种。土质防渗体包括土质心墙或斜墙。

黏性土心墙一般布置在坝体中部，有时稍偏上游并稍为倾斜。心墙坝顶部厚度一般不小于3m。心墙厚度常根据土壤的允许渗透坡降而定。SL 274—2001《碾压式土石坝设计规范》规定心墙底部厚度不宜小于作用水头的1/4。黏土心墙两侧边坡多在1∶0.15～1∶0.3之间。心墙的顶部应高出设计洪水位0.3～0.6m，且不低于校核水位。当有可靠的防浪墙时，心墙顶部高程也不应低于设计洪水位。心墙顶与坝顶之间应设有保护层，厚度不小于该地区的冰冻或干燥深度，同时按结构要求不宜小于1m。心墙与坝壳之间应设置过渡层，以使整个坝体内应力传递均匀，并保证坝壳的排水效果良好。岩石地基上的心墙

(图 4-5)，一般还要设混凝土垫座，或修建 1～3 道混凝土齿墙。齿墙的高度约 1.5～2.0m，切入岩基的深度常为 0.2～0.5m，有时还要在下部进行帷幕灌浆。

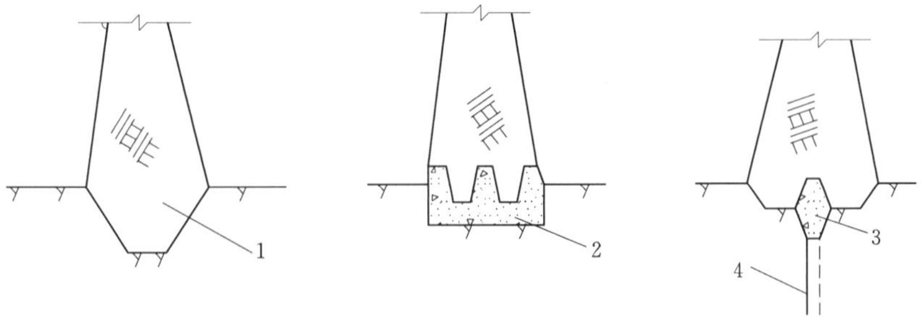

图 4-5 心墙与地基的连接
1—截水槽；2—混凝土垫座；3—混凝土齿墙；4—灌浆孔

黏性土斜墙顶厚（指与斜墙上游坡面垂直的厚度）也不宜小于 3m。底厚不宜小于作用水头的 1/5。墙顶应高出设计洪水位 0.6～0.8m，且不低于校核水位。同样，如有可靠的防浪墙，斜墙顶部也不应低于设计洪水位。斜墙顶部和上游坡都必须设保护层，厚度不得小于冰冻和干燥深度，一般用 2～3m。一般内坡不宜陡于 1：2.0，外坡常在 1：2.5 以上。斜墙与保护层以及下游坝体之间，应根据需要分别设置过渡层。

2. 非土质防渗体

非土质防渗体有钢筋混凝土、沥青混凝土、木板、钢板、浆砌块石和塑料薄膜等，较常用的是沥青混凝土和钢筋混凝土。在岩土工程中用于防渗的合成材料称为土工膜。防渗土工膜应与坝基、岸坡或其他混凝土建筑物形成封闭的防渗系统，应做好周边缝的处理，其结构尺寸应能满足渗透坡降和变形的要求。

（三）坝体排水设施

土石坝虽有防渗体，但仍有一定水量渗入坝体内。设置坝体排水设施，可以将渗入坝体内的水有计划地排出坝外，以达到降低坝体浸润线及孔隙水压力，防止渗透变形，增加坝坡的稳定性，防止冻胀破坏的目的。常见的形式有以下几种。

1. 棱体排水

在下游坝脚处用块石堆成棱体，顶部高程应超出下游最高水位，超出高度应大于波浪沿坡面的爬高，且对 1、2 级坝不小于 1.0m，3、4、5 级坝不小于 0.5m，并使坝体浸润线距坝坡的距离大于冰冻深度。堆石棱体内坡一般为 1：1.25～1：1.5，外坡为 1：1.5～1：2.5，或更缓。顶宽应根据施工条件及检查观测需要确定，但不得小于 1.0m，如图 4-6 所示。

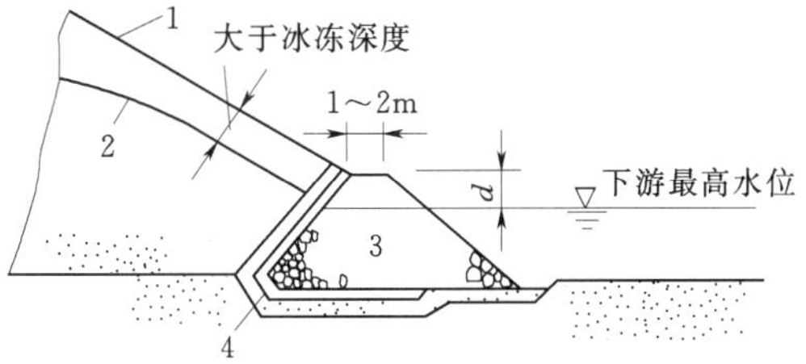

图 4-6 棱体排水
1—下游坝坡；2—浸润线；3—棱体排水；4—反滤层

棱体排水可降低浸润线，防止渗透变形，保护下游坝脚不受尾水淘刷，且有支撑坝体增加稳定的作用。但石料用量较大、费用较高，与坝体施工有干扰，检修也较困难。

2. 贴坡排水

紧贴下游坝坡的表面设置，它由1～2层堆石或砌石筑成，在石块与坝坡之间设置反滤层如图4-7所示。

顶部应高于坝体浸润线的逸出点，对1、2级坝不小于2.0m，3、4、5级坝不小于1.5m，并保证坝体浸润线位于冻结深度以下。贴坡排水底部必须设排水沟，其深度要满足结冰后仍有足够的排水断面。

贴坡排水构造简单、节省材料、便于维修，但不能降低浸润线。多用于浸润线很低和下游无水的情况。

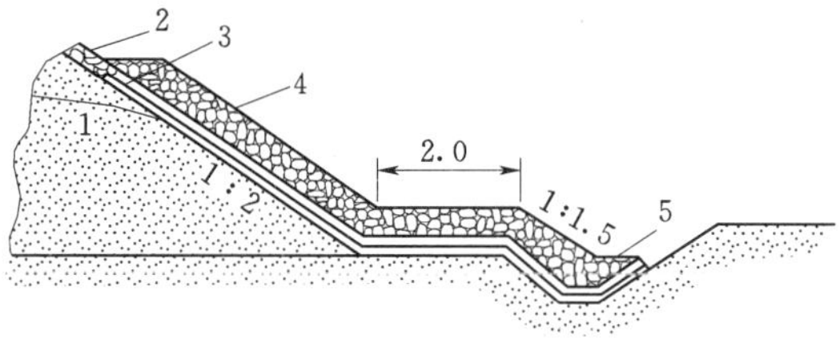

图4-7 贴坡排水（单位：m）

1—浸润线；2—护坡；3—反滤层；4—排水体；5—排水沟

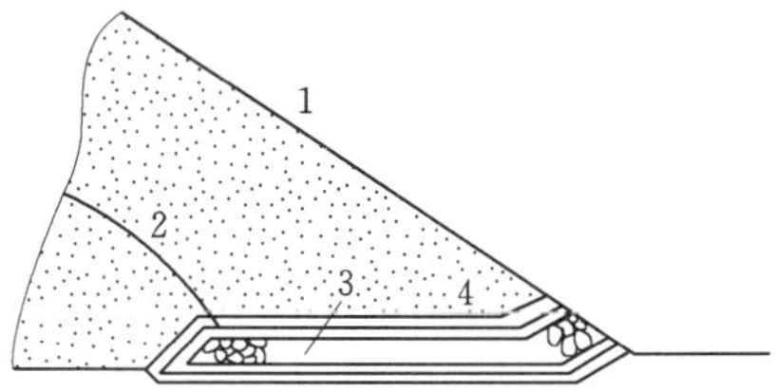

图4-8 褥垫排水

1—护坡；2—浸润线；3—排水体；4—反滤层

3. 褥垫排水

它是在坝基面上平铺一层厚约0.4～0.5m的块石，并用反滤层包裹，伸展到坝体内的排水设施。褥垫伸入坝体内的长度应根据渗流计算确定，对黏性土均质坝不大于坝底宽的1/2，对砂性土均质坝不大于坝底宽的1/3。

褥垫排水向下游方向设有0.005～0.01的纵坡。当下游水位低于排水设施时，降低浸润线的效果显著，还有助于坝基排水固结。但当坝基产生不均匀沉陷时，褥垫排水层易遭断裂，而且检修困难，施工时有干扰，如图4-8所示。

4. 管式排水

管式排水的构造如图4-9所示。埋入坝体的暗管可以是带孔的陶瓦管、混凝土管或钢筋混凝土管，还可以由碎石堆筑而成。平行于坝轴线的集水管收集渗水，经由垂直于坝轴线的横向排水管排向下游。横向排水管的间距为15～20m。管式排水的优缺点与褥垫式排水相似。排水效果不如褥垫式好，但用料少。一般用于土石坝岸坡及台地地段，因为这里坝体下游经常无水，排水效果好。

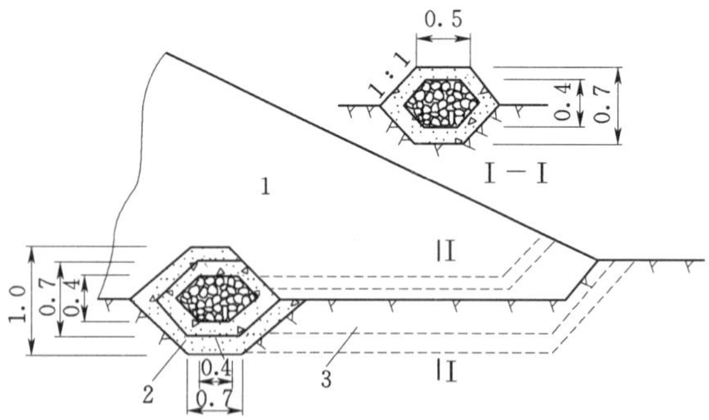

图4-9 管式排水（单位：m）

1—坝体；2—集水管；3—横向排水管

5. 综合式排水

为发挥各种排水型式的优点，在实际工程中常根据具体情况采用几种排水型式组合在一起的综合式排水。常见的有贴坡与棱体排水组合［图4-10（a）］、褥垫与棱体排水组合［图 4－10（b）］，贴坡棱体与褥垫式排水组合等综合式排水。

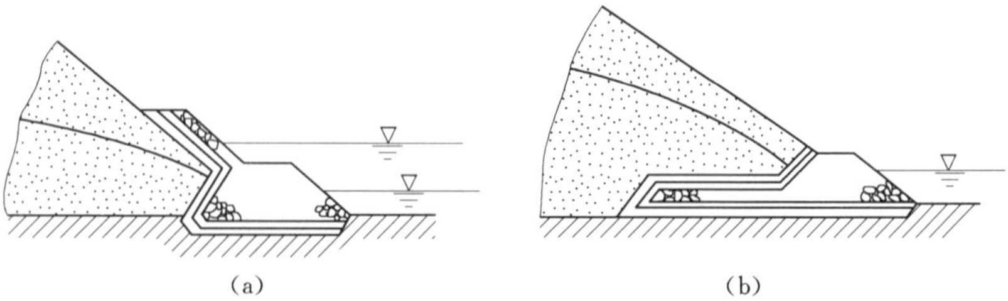

图 4－10 综合式排水

（四）护坡和坝面排水

1. 上游护坡

在土石坝的上游面，为防止波浪淘刷、冰层和漂浮物的损害、顺坝水流的冲刷等对坝坡的危害，必须设置护坡。在土石坝的下游面，为防止雨水、大风、水下部位的风浪、冰层和水流作用、动物穴居、冻胀干裂等对坝坡的破坏，也需设置护坡。

上游护坡范围从坝顶到最低水位以下 2.5m，或至坝底。常用形式有以下几种：

（1）抛石（堆石）护坡。它是将适当级配的石块倾倒在坝面垫层上的一种护坡。优点是施工进度快、节省人力，但工程量比砌石护坡大。

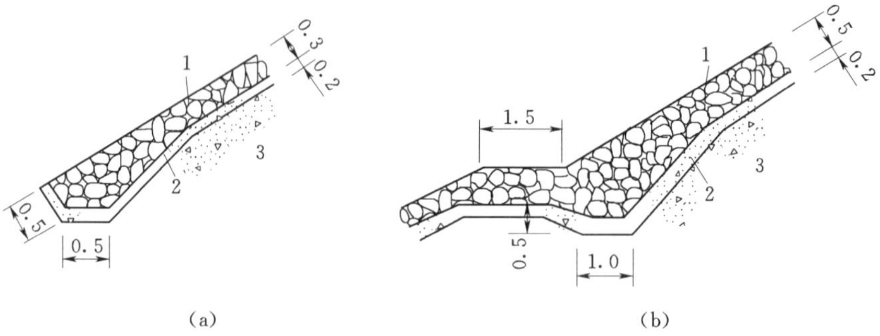

图 4－11 干砌石护坡（单位：m）

1—干砌石；2—垫层；3—坝体

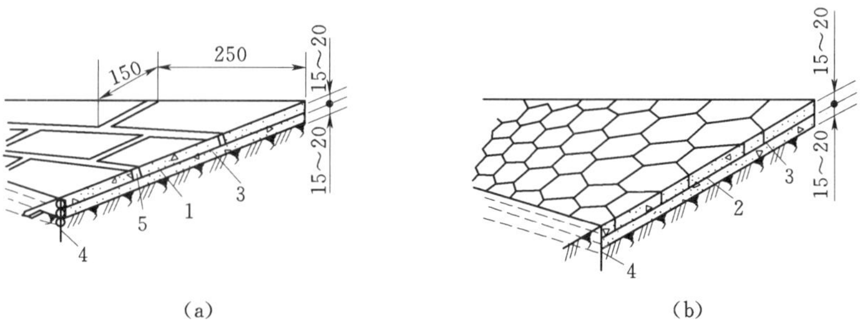

图 4－12 混凝土板护坡（单位：m）

（a）矩形板；（b）六角形板

1—矩形混凝土板；2—六角形混凝土板；3—碎石或砾石；4、5—结合缝

(2) 砌石护坡。它是用人工将块石铺砌在碎石或砾石垫层上，有干砌石（图 4-11）和浆砌石两种。要求石料比较坚硬并耐风化。

(3) 混凝土和钢筋混凝土板护坡（图 4-12）。当筑坝地区缺乏石料时可考虑采用此种型式。预制板的尺寸一般采用：方形板为 1.5m×2.5m、2m×2m 或 3m×3m，厚为 0.15～0.20m 预制板底部设砾石或碎石垫层。

2. 下游护坡

下游护坡主要是为防止被水冲蚀和人为破坏，一般宜采用简化型式。常用型式有堆石、卵石和碎石、草皮等。护坡范围为由坝顶护至排水棱体，无排水棱体时护至坝脚。

3. 坝面排水

为了防止雨水的冲刷，在下游坝坡上常设置纵横向连通的排水沟（图 4-13）。坝坡排水的形式有纵沟、横沟和岸坡排水沟。

纵沟：坝面上的纵向排水沟沿马道内侧布置，用浆砌石或混凝土板铺设成矩形或梯形。若坝较短，纵向排水沟拦截的雨水可引至两岸的排水沟排至下游。

横沟：若坝较长，则应沿坝轴线方向每隔 50～100m 左右设一横向排水沟，以便排除雨水。排水沟的横断面，一般深 0.2m，宽 0.3m。

岸坡排水沟：沿土石坝与岸坡的结合处，设置排水沟以拦截山坡上的雨水。

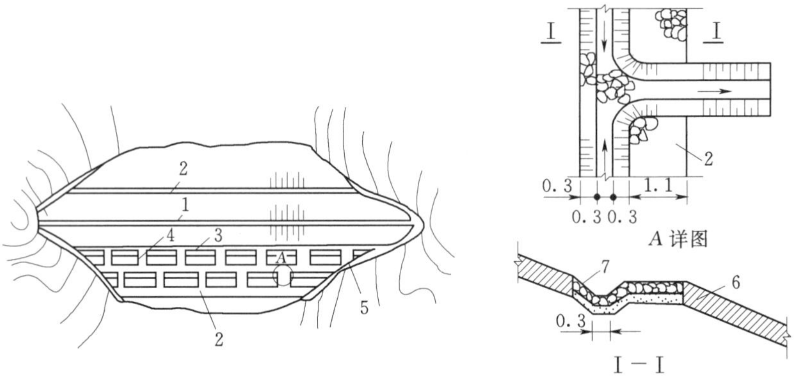

图 4-13 坝面排水（单位：m）

1—坝顶；2—马道；3—纵向排水沟；4—横向排水沟；
5—岸坡排水沟；6—草皮护坡；7—浆砌石护坡

(五) 反滤层

在任何渗流流入排水设施处一般都要设置反滤层。

(1) 反滤层的结构。反滤层一般是由 2～3 层不同粒径的非黏性土、砂和砂砾石组成的。层次排列应尽量与渗流的方向垂直，各层次的粒径则按渗流方向逐层增加，如图 4-14 所示。

(2) 反滤层的材料。反滤层的材料首先应该是耐久的、能抗风化的砂石料。为保证滤土排水的正常工作，材料的布置和要求应满足如下原则：

1) 被保护土壤的颗粒不得穿过反滤层。但对细小的颗粒（如粒径小于 0.1mm 的砂土），则可允许被带走。因为它的被带走不会使土的骨架破坏，不至于产生渗透变形。

2）各层的颗粒不得发生移动。

3）相临两层间，较细一层的颗粒不得穿过较粗一层的孔隙。

4）反滤层不能被堵塞，而且应具有足够的透水性，以保证排水畅通。

5）应保证耐久、稳定，其工作性能和效果应不随时间的推移和环境的改变而遭受破坏。

（3）反滤层的厚度。反滤层的厚度应根据材料的用途及施工方法等情况确定，水平反滤层每层的最小厚度可采用 30cm，竖向或倾斜的反滤层每层的最小厚度可采用 40cm。

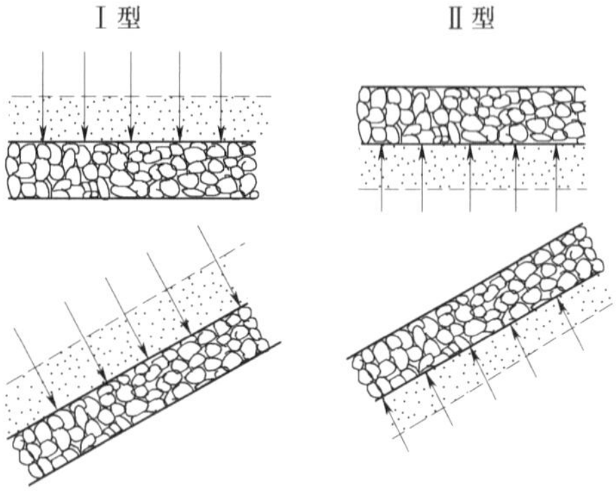

图 4－14　反滤层的结构

第三节　土石坝的渗流分析

一、渗流分析的目的和方法

（一）渗流分析的目的

（1）确定坝体浸润线和下游渗流出逸点的位置。

（2）确定坝体与坝基的渗流量，以便估计水库渗漏损失和确定坝体排水设备的尺寸。

（3）确定坝坡出逸段和下游地基表面的出逸坡降，以判断该处的渗透稳定性。

（4）确定库水位降落时上游坝壳内自由水面的位置，估算由此产生的孔隙水压力，供上游坝坡稳定分析之用。

（二）渗流分析的方法

土石坝渗流分析的方法，基本上可分为解析法（流体力学法和水力学法）、手绘流网法、实验法和数值法四种。

解析法分为流体力学法和水力学法。前者是从数学物理观点来考虑渗透水流运动的，可以求得任意点的渗流要素，理论上可以得到精确解答。但是，由于土石坝渗流的边界条件复杂，现在尚不能完全得到解答。后者是一种近似解法，计算简单，可满足工程要求，是一种常用的方法。但水力学法只能求得断面的平均渗透坡降和平均流速，不能求得任意点的渗流要素。本节主要介绍水力学法。

手绘流网法是一种简单易行的方法，能够求渗流场内任一点渗流要素，并具有一定的精度，但在渗流场内具有不同土质，且其渗透系数差别较大的情况下较难应用。

遇到复杂地基或多种土质坝，可用电模拟实验法，它能解决三维问题，但需一定设备。近年来由于计算机和有限元等数值分析法的发展，数值法在土石坝渗流分析中得到了广泛应用，对 1 级、2 级坝及高坝，规范提出用数值法求解。

（三）渗流分析的计算情况

（1）上游正常蓄水位与下游相应的最低水位。

（2）上游设计洪水位与下游相应的最高水位。

（3）上游校核洪水位与下游相应的最高水位。

(4) 库水位降落时上游坝坡稳定最不利的情况。

二、均质土坝的渗流分析

(一) 渗流计算基本公式

对于不透水地基上矩形土体内的渗流计算，如图 4-15 所示。

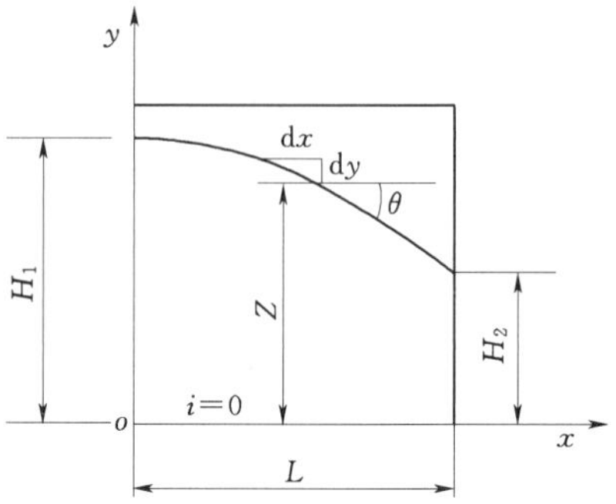

图 4-15 矩形土体渗流计算

$$q=\frac{K(H_1^2-H_2^2)}{2L} \tag{4-5}$$

$$q=\frac{K(H_1^2-y^2)}{2x} \tag{4-6}$$

即

$$y=\sqrt{H_1^2-\frac{2q}{K}x} \tag{4-7}$$

式中 K——坝体土料渗透系数，m/s，壤土为 $(1\sim10)\times10^{-5}$ cm/s；

H_1——上游水深，m；

H_2——下游水深，m；

q——单宽流量，$m^3/(s\cdot m)$；

L——如图 4-15 所示。

由式 (4-7) 可知，浸润线是一个二次抛物线。当渗流量 q 已知时，即可绘制浸润线，若边界条件已知，即可计算单宽渗流量 q。

(二) 不透水地基上均质土石坝的渗流计算

1. 土石坝下游有水而无排水设备

计算时将土坝剖面分为上游楔形体、中间段和下游楔形体三段，如图 4-16 所示。

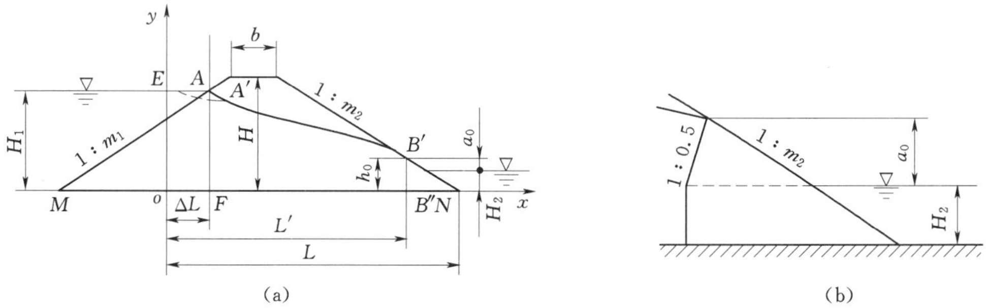

图 4-16 不透水地基均质坝下游有水而无排水设施渗流计算图

等效矩形宽度：$\Delta L=\lambda\Delta H$，λ 值由式 (4-18) 计算：

$$\lambda=\frac{m_1}{2m_1+1} \tag{4-8}$$

式中 m_1——上游坝面的边坡系数，如为变坡则取平均值。

计算对象：坝身段 $AMB''B'$ 及下游楔形体段 $B''B'N$。

坝身段的渗流量为：

$$q_1=K\,\frac{H_1^2-(H_2+a_0)^2}{2L'} \tag{4-9}$$

式中　a_0——浸润线出逸点在下游水面以上高度，m；

K——坝身土壤渗透系数，m/s；

L'——如图 4-16 所示。

通过下游楔形体的总渗流量为 q_2：

$$q_2 = K\frac{a_0}{m_2+0.5}\left(1+\frac{H_2}{a_0+a_m H_2}\right) \tag{4-10}$$

式中

$$a_m = \frac{m_2}{2(m_2+0.5)^2} \tag{4-11}$$

根据水流连续条件

$$q_1 = q_2 = q \tag{4-12}$$

用试算法或图解法，即可求出渗流量 q 和逸出点高度 a_0，进而求出浸润线。

上游坝面附近的浸润线需作适当修正：自 A 点作与坝坡 AM 正交的平滑曲线，曲线下端与计算求得的浸润线相切于 A'点。

当下游无水时，以上各式中的 $H_2=0$；当下游有贴坡排水时，因贴坡式排水基本上不影响坝体浸润线的位置，所以计算方法与下游不设排水时相同。

2. 有褥垫排水的均质坝

有褥垫排水的均质坝如图 4-17 所示。

$$y=\sqrt{H_1^2-\frac{2q}{k}x} \tag{4-13}$$

$$q=\frac{K}{2L'}(H_1^2-h_0^2) \tag{4-14}$$

$$h_0=\sqrt{L'^2+H_1^2}-L' \tag{4-15}$$

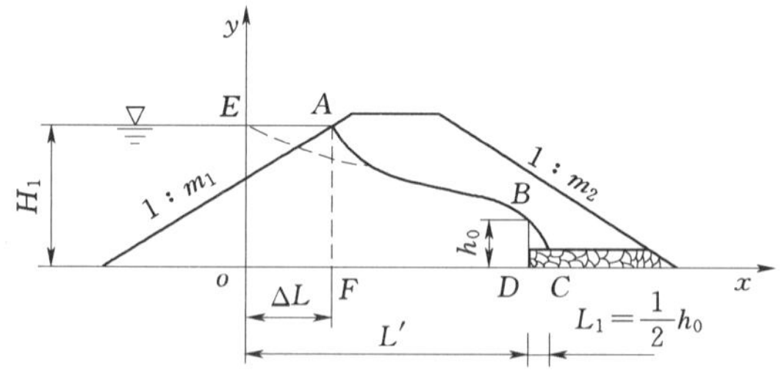

图 4-17　设褥垫排水的渗流计算

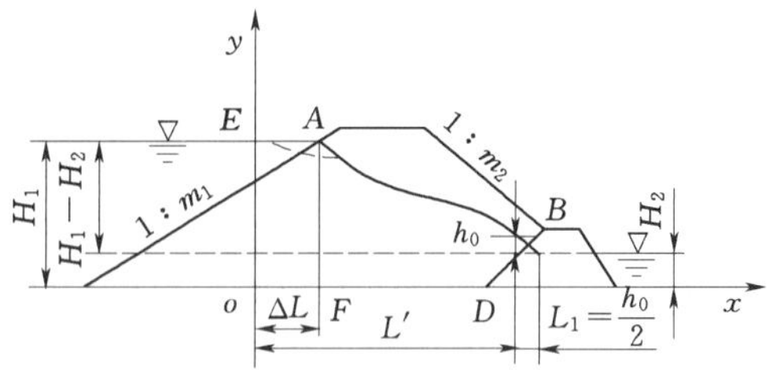

图 4-18　设棱体排水的渗流计算

3. 有棱体排水的均质坝

有棱体排水的均质坝如图 4-18 所示。

$$y=\sqrt{H_1^2-\frac{2q}{k}x} \tag{4-16}$$

$$q=\frac{K}{2L'}[(H_1^2-(H_2+h_0)^2] \tag{4-17}$$

$$h_0=\sqrt{L'^2+(H_1-H_2)^2}-L' \tag{4-18}$$

当下游无水时，按上述褥垫式排水情况计算。

（三）有限深透水地基上均质土石坝的渗流计算

对于坝体和坝基渗透系数相近的均质土坝，可先假定地基不透水，按上述方法确定坝

体的渗流量 q_1 和浸润线；然后再假定坝体不透水，计算坝基的渗流量 q_2；最后将 q_1 和 q_2 相加，即可近似地得到坝体和坝基的渗流量。当坝体的渗透系数是坝基渗透系数的 1% 时，认为坝体是不透水的。

坝体浸润线，可不考虑坝基渗透的影响，仍用地基不透水情况下的结果。

对于有褥垫排水的情况，因地基渗水而使浸润线稍有下降，可近似地假定浸润线与排水起点相交。由于渗流渗入地基时要转一个 90°的弯，流线长度比坝底长度 L' 要增大些。根据实验和流体力学分析，增大的长度约为 $0.44T$（T 为地基透水层的厚度）。这时，通过坝体和坝基的渗流量可按式（4－19）计算：

$$q=q_1+q_2=K\frac{H_1^2}{2L'}+K_T\frac{TH_1}{L'+0.44T} \tag{4-19}$$

式中的 q 用坝身的渗流量 q_1 即可。

（四）总渗流量计算

计算总渗流量时，应根据地形及透水层厚度的变化情况，将土石坝沿坝轴线分为若干段，如图 4－19 所示，然后分别计算各段的平均单宽渗流量，则全坝的总渗流量 Q 可按式（4－20）计算：

$$Q=q_1l_1+q_2l_2+\cdots+q_nl_n=\sum_{i=1}^{n}q_il_i \tag{4-20}$$

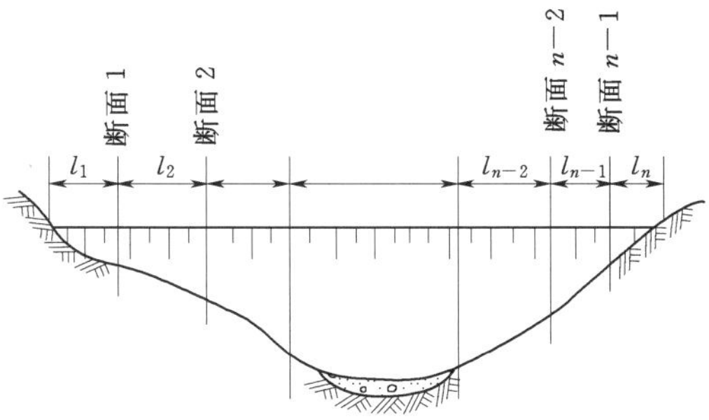

图 4－19 总渗流量计算图

式中 q_i——各段每米坝长的渗流量，$m^3/(s\cdot m)$；

l_i——与各段 q_i 相对应的分段长度，m。

三、土石坝的渗透变形及其防止措施

（一）渗透变形的型式

（1）管涌。在渗流作用下，坝体或坝基中的细小颗粒被渗流带走逐步形成渗流通道的现象称为管涌，常发生在坝的下游坡或闸坝下游地基面渗流逸出处。没有凝聚力的无黏性砂土、砾石砂土中容易出现管涌；黏性土的颗粒之间存在有凝聚力（或称黏结力），渗流难以把其中的颗粒带走，一般不易发生管涌。

（2）流土。在渗流作用下，成块土体被掀起浮动的现象称为流土。它主要发生在黏性土及均匀非黏性土体的渗流出口处。发生流土时的水力坡降称为流土的破坏坡降。

（3）接触冲刷。当渗流沿两种不同土壤的接触面流动时，把其中细颗粒带走的现象，称为接触冲刷。接触冲刷可能使临近接触面的不同土层混合起来。

（4）接触流土和接触管涌。渗流方向垂直于两种不同土壤的接触面时，例如在黏土心墙（或斜墙）与坝壳砂砾料之间，坝体或坝基与排水设施之间，以及坝基内不同土层之间的渗流，可能把其中一层的细颗粒带到另一层的粗颗粒中去，称为接触管涌。当其中一层为黏性土，由于含水量增大凝聚力降低而成块移动，甚至形成剥蚀时，称为接触流土。

（二）渗透变形型式的判别

试验研究表明，土壤中的细颗粒含量是影响土体渗透性能和渗透变形的主要因素。南京水利科学研究院进行大量研究，结论是粒径在 2mm 以下的细粒含量 $P>35\%$ 时，孔隙填充饱满，易产生流土；$P<25\%$ 时，孔隙填充不足，易产生管涌；$25\%\leqslant P\leqslant 35\%$ 时，可能产生管涌或流土。

（三）渗透变形的临界坡降

（1）管涌的临界坡降。对中小型工程及初步设计时，当渗流方向为由下向上时，可用南京水利科学研究院的经验公式推算：

$$J_c=\frac{42d_3}{\sqrt{\frac{K}{n^3}}} \tag{4-21}$$

式中　d_3——相应于粒径曲线上含量为 3% 的粒径，cm；

K——渗透系数，cm/s；

n——土壤孔隙率，%。

容许渗透坡降 $[J]$，可根据建筑物的级别和土壤的类型选用安全系数 2～3。$[J]$ 值还可参照不均匀系数 η 值选用：$10<\eta<20$ 的非黏性土，$[J]=0.20$；$\eta>20$ 的非黏性土，$[J]=0.10$。

（2）流土的临界坡降。当渗流自下向上作用时，常采用根据极限平衡条件得到的太沙基公式计算，即

$$J_B=(G-1)(1-n) \tag{4-22}$$

式中　G——土粒比重；

n——土的孔隙率。

J_B 一般在 0.8～1.2 之间变化。南京水利科学研究院建议把上式乘以 1.17。容许渗透坡降 $[J_B]$ 也要采用一定的安全系数，对于黏性土，可用 1.5；对于非黏性土，可用 2.0～2.5。

（四）防止渗透变形的工程措施

防止渗透变形的工程措施有：

（1）设置防渗设施。在上游设置水平与垂直防渗体，延长渗径，降低渗透坡降或截阻渗流。

（2）设置减压设备或盖重。在下游设置排水沟或减压井，降低渗流出口处的渗流压力。

（3）设置反滤层。设置反滤层是提高抗渗破坏能力、防止各类渗透变形特别是防止管涌的有效措施。在任何渗流流入排水设施处一般都要设置反滤层。

有防渗体的土石坝，为避免因渗透系数和材料级配的突变而引起渗透变形，都要向上、下游方向分别设置 2～3 层逐层加粗的材料作为过渡层或反滤层。

第四节　土石坝的稳定分析

土石坝稳定分析的目的是为了核算所拟坝的剖面是否安全经济。

一、坝坡滑裂面形状

坝坡稳定分析时，应首先确定滑裂面的形状。根据实验和大量实际工程资料的研究和

简单的理论分析，滑裂面的形状大体可归纳为如下几种：

(1) 曲线滑裂面。当滑裂面通过黏性土的部位时，其形状常是上陡下缓的曲面，由于曲线近似圆弧，因而在实际计算中常用圆弧代替［图 4-20 (a)、(b)］。

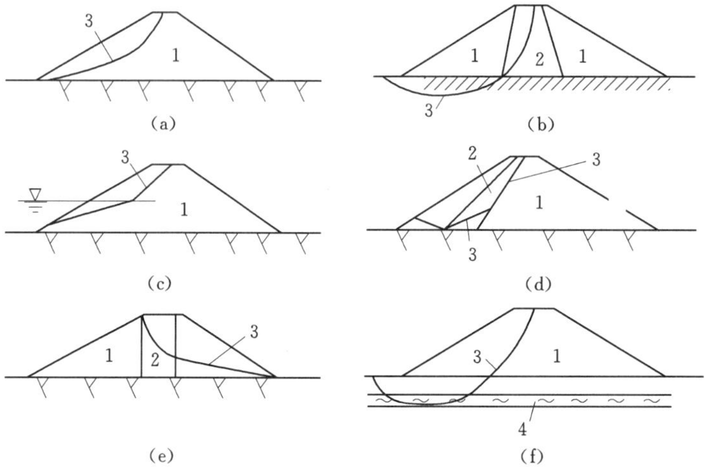

图 4-20 坝坡滑裂面形状

1—坝壳；2—防渗体；3—滑裂面；4—软弱层

(2) 直线或折线滑裂面。滑裂面通过无黏性土时，滑裂面的形状可能是直线或折线形。当坝坡干燥或全部浸入水中时呈直线形；当坝坡部分浸入水中时呈折线形［图 4-20 (c)、(d)］。斜墙坝的上游坡失稳时，通常是沿着斜墙与坝体交界面滑动。

(3) 复合滑裂面。当滑裂面通过性质不同的几种土料时，可能是由直线和曲线组成的复合形状滑裂面［图 4-20 (e)、(f)］。

二、稳定分析情况

(一) 正常运用情况下

(1) 上游为正常蓄水位，下游为相应的最低水位或上游为设计洪水位，下游为相应的最高水位时，在稳定渗流情况下的上、下游坝坡的稳定分析。

(2) 水库水位正常降落时，上游坝坡的稳定分析。

(3) 上游库水位最不利时上游坝坡的稳定分析。

(二) 非常运用情况Ⅰ

(1) 施工期到竣工期，坝坡连同黏性土坝基一起滑动的稳定分析。

(2) 水库水位骤降时，如自校核洪水位降落至死水位以下，大流量泄空等情况下的上游坝坡稳定计算。

(3) 校核洪水位下有可能形成稳定渗流时的下游坝坡稳定计算。

(三) 非常运用情况Ⅱ

正常运用情况遇地震时上、下游坝坡稳定分析。

三、稳定安全系数标准

采用计入条块间作用力的计算方法时，坝坡的抗滑稳定安全系数应不小于表 4-4 所规定的数值。采用不计条块间作用力的瑞典圆弧法计算时，对 1 级坝，正常运用条件下最小安全系数应不小于1.30，其他情况应比表4-4中规定的值降低8%。

表4-4　　容许最小抗滑稳定安全系数

运用条件	工程等级			
	1	2	3	4、5
正常运用	1.50	1.35	1.30	1.25
非常运用Ⅰ	1.30	1.25	1.20	1.15
非常运用Ⅱ	1.20	1.15	1.15	1.10

四、圆弧滑动法

圆弧滑动法是目前应用最广泛的一种方法。

（一）基本原理

该方法假定滑动面为圆柱面，将滑动面内土体视为刚体，边坡失稳时该土体绕滑弧圆心 O 作旋转运动，计算时沿坝轴线取单宽按平面问题进行分析。由于土石坝工作条件复杂，滑动体内的浸润线又呈曲线状，而且抗剪强度沿滑动面的分布也不一定均匀，因此，为了简化计算和得到较为准确的结果，实践中常采用条分法，即将滑动面上的土体按一定宽度分为若干个铅直土条，分别计算各土条对圆心 O 的抗滑力矩 M_r 和滑动力矩 M_s，再分别取其总和，其比值即为该滑动面的稳定安全系数 K，即

$$K=\frac{M_r}{M_s} \tag{4-23}$$

（二）分析方法

不计条块间作用力的瑞典圆弧法。现以渗流稳定期，用总应力法计算为例分析如下。

首先根据渗流计算结果，在土坝最大横剖面图上绘出浸润线，再任选一点 O 为圆心，R 为半径，画出滑动圆弧，然后按如下步骤进行。

（1）将土条编号。土条宽度常取半径 R 的1/10，即 $b=0.1R$。各块土条编号的顺序为：零号土条位于圆心之下，向上游（对下游坝坡而言）各土条的顺序为1，2，3，…，n，往下游的顺序为-1，-2，…，$-m$。

（2）分别计算各土条上的作用力，将有关数据代入式（4-24），求稳定安全系数 K。

$$K=\frac{\sum W_i\cos\beta_i\tan\varphi_i+\sum c_i l_i}{\sum W_i'\sin\beta_i} \tag{4-24}$$

其中

$$W_i=\gamma_1 h_1+\gamma_3(h_2+h_3)+\gamma_4 h_4$$

$$W_i'=\gamma_1 h_1+\gamma_2 h_2+\gamma_3 h_3+\gamma_4 h_4$$

式中　i——土条编号；

$h_1\sim h_4$——土条各分段的中线高度；

$\gamma_1\sim\gamma_4$——坝体土的湿容重、浮容重、饱和容重和坝基土的浮容重，kN/m^3；

φ_i——i 号土条底部的内摩擦角，(°)；

c_i——i 号土条底部的黏聚力，kPa；

l_i——i 号土条底部圆弧的长度，m；

式中其他符号的含义如图4-21所示。

现以土条 i 为例说明稳定安全系数 K 的计算方法：

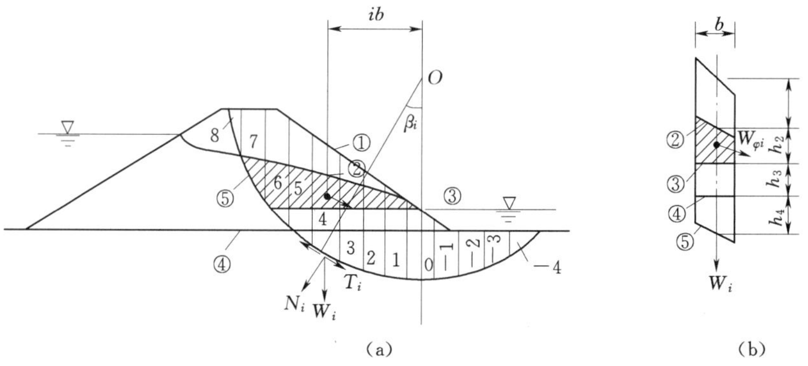

图 4-21 圆滑滑动计算简图

（a）滑动圆弧及土条编号；（b）土条

①—坝坡线；②—浸润线；③—下游水面；④—地基面；⑤—滑裂面

1）将土条自重在土条底面中点处分解为两个分力：

切线方向分力 $$T_i = W_i \sin\beta_i$$

法线方向分力 $$N_i = W_i \cos\beta_i$$

注意：β_i 在图示垂线左边为正，右边为负。N_i 通过圆心，对圆心不产生力矩，故该土条自重对圆心产生的力矩 M_s 为：

$$M_s = RT_i = RW_i \sin\beta_i$$

2）根据库仑定律可求得土条底部的抗剪力 $S_i = C_i L_i + N_i \tan\varphi_i$。其对圆心的抗滑力矩为：

$$M_r = RS_i = R(C_i L_i + N_i \tan\varphi_i) = R(C_i L_i + W_i \cos\beta_i \tan\varphi_i)$$

当土条底部为无黏性土时，$C_i = 0$。

3）求稳定安全系数。按上述方法可求得每个土条的 Ms 、Mr，由式（4-23）可得。

应用式（4-23）时应注意以下几点：如果两端土条的宽度 b' 不等于 b，可将其高度 h' 换算成宽度为 b 的高度 $h = b'h'/b$；若取 $b = 0.1R$，则 $\sin\beta_i = ib/R = 0.1i$，$\cos\beta_i = \sqrt{1-(0.1i)^2}$，对每个滑弧都是固定数，不必每次计算。

（3）求最小稳定安全系数。因上述滑动圆弧是任意假定的，求出的 K 值不一定是最小值。最危险滑弧圆心的位置范围，可按下述方法确定（图 4-22）。

1）B. B. 方捷耶夫法。首先由下游坝坡中点 a 作两条直线，一条是铅直线，另一条与坝坡线成 85°角，再以 a 点为圆心，以 $R_{内}$、$R_{外}$（由表 4-5 查得）为半径作两个圆弧，得到扇形 $bcdf$，方捷耶夫法认为最小安全系数的滑弧圆心在扇形 $bcdf$ 范围内。

表 4-5 **$R_{内}$ 和 $R_{外}$ 值**

坝 坡	1∶1	1∶2	1∶3	1∶4	1∶5	1∶6
$R_{内}/H$	0.75	0.75	1.0	1.5	2.2	3.0
$R_{外}/H$	1.5	1.75	2.3	3.75	4.8	5.5

2）费兰钮斯法。如图 4－22 所示，H 为坝高，定出距坝顶为 $2H$，距坝趾为 $4.5H$ 的 M_1 点；再从坝趾 B_1 和坝顶 A 引出 B_1M_2 和 AM_2，它们分别与下游坡及坝顶成 β_1、β_2，角并相交于 M_2 点，连接 M_1M_2 线，费兰钮斯认为最危险滑弧的圆心位于 M_1M_2 的延长线附近。

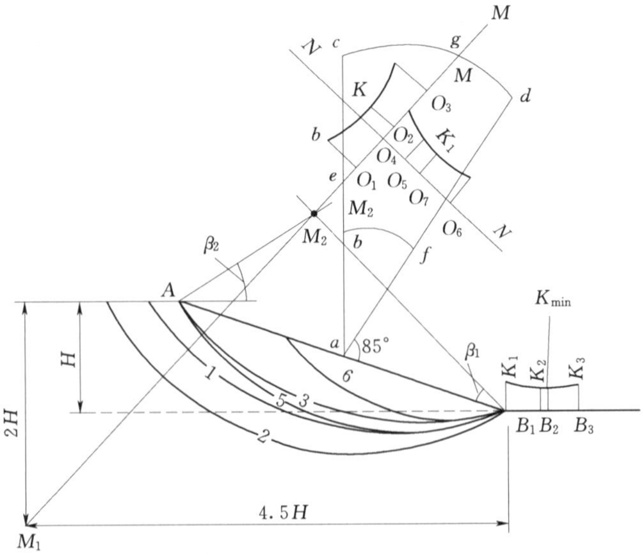

图 4－22 求最小稳定安全系数示意图

以上两种方法适用于均质坝，其他坝型也可参考。实际运用时，常将二者结合应用，即认为最危险的滑弧圆心在扇形中 eg 线附近。

求最小稳定安全系数的步骤为：

首先在 eg 线上假定几个圆心 O_1、O_2、O_3 等，从每个圆心作滑弧通过坝脚点，按公式分别计算 K 值，并按比例将 K 值画在相应的圆心上，绘制 K 值的变化曲线，可找到该曲线上最小 K 值，假设为 O_2 点。

再通过 eg 线上 K 值最小的点 O_2，作 eg 的垂线 $N—N$。在 $N—N$ 线上取数点为圆心，画弧仍通过 B 点，求出 $N—N$ 线上最小的 K 值。一般认为该 K 值即为通过 B 点的最小安全系数，并按比例画在 B 点。

根据坝基土质情况，在坝坡上或坝脚外，再选数点 B_1、B_2、B_3 等，按照上述方法，求出相应的最小安全系数，并按比例画在相应点上，与 B 点的 K 连成曲线找到 K_{min}。一般至少要计算 15 个圆弧，才能得到答案。

第五节 土石坝的地基处理

土石坝对地基的要求虽然比混凝土坝低，可不必挖除地表面透水土壤和砂砾石等，但地基的性质对土石坝的构造和尺寸仍有很大影响。据资料统计，土石坝失事约有 40%是由于地基问题引起的，由此可见地基处理的重要性。

土石坝地基处理的目的是：①控制渗流，使地基以至坝身不产生渗透变形，并把渗流流量控制在允许的范围内；②控制稳定，使坝基具有足够的强度，避免坝体及坝基发生整体或局部滑动；③控制变形，防止过大沉降与不均匀沉降，以限制坝体裂缝的发生。

一、砂砾石地基处理

砂砾石地基的承载力一般能满足要求，砂砾石地基的地基处理主要是解决渗流问题。处理的目的是减少坝基的渗流量，保证坝体及坝基的抗渗稳定。处理的措施是“上堵下排”，“上堵”包括水平和铅直防渗措施，即在上游设置水平防渗铺盖，或采用黏土截水槽（墙）等。“下排”主要是排水减压，即在下游设置反滤排水沟、堆石棱体排水等，必要时可设置减压井、透水盖重等。

砂砾石地基的地基处理主要应根据地基情况，工程运用要求和施工条件选定。垂直防渗措施能够截断地基渗流，可靠而有效地解决地基渗流问题，在技术条件可能而又经济合理时应优先采用。

（一）垂直防渗措施

1. 黏土截水槽（墙）

截水槽是均质坝体、斜墙或心墙向透水地基中的延伸部分，它是最简单和最有效的一种坝基防渗措施。

截水槽底宽通常根据回填土料的允许渗透坡降及施工条件确定。回填土料的允许渗透坡降：一般轻壤土为2～4，壤土为3～5，黏土为5～7。底宽一般不小于3m，以利于施工。边坡应根据开挖后坝基的稳定性确定，一般不陡于1∶1，多采用1∶1.5～1∶2.0。截水槽的回填土料应与其上部的心墙或斜墙一致。均质土坝截水槽所用土料应与坝体相同，其截水槽的位置宜设于距上游坝脚1/3～1/2坝底宽处，如图4-23所示。

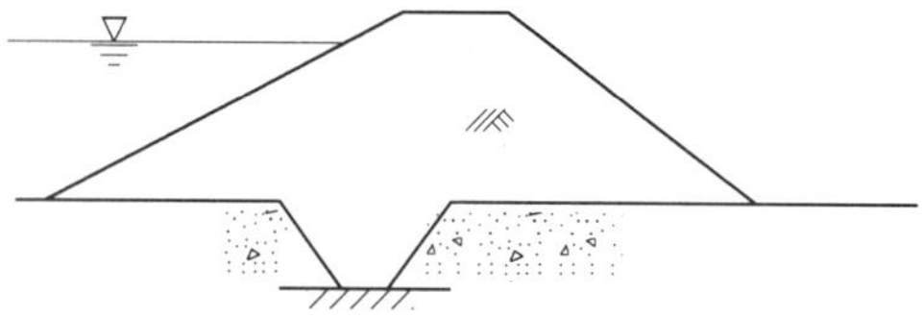

图4-23 均质坝截水槽

当覆盖层深度在15m以内时，可开挖深槽直达不透水层或基岩，槽内回填黏性土而成截水槽，心墙坝、斜墙坝常将防渗体向下延伸至不透水层而成截水墙。截水墙底部应嵌入相对不透水层或弱风化层0.5～1.0m。

截水槽结构简单、工作可靠、防渗效果好，得到了广泛的应用。缺点是槽身挖填和坝体填筑不便同时进行，若汛前要达到一定的坝高拦洪度汛，工期较紧。

2. 板桩

当透水的冲积层较厚时，可采用板桩截水，或先挖一定深度的截水槽，槽下打板桩，槽中回填黏土，即合并使用板桩和截水墙。通常采用的是钢板桩，木板桩一般只用于围堰等临时性工程。

钢板桩可以穿过砾石类土和软弱或风化的岩石，在砂卵石层中打钢板桩时，由于孤石的阻力，可能使板桩歪斜，显著地增加透水性，加之造价较高，在我国用得不多。

透水地基截水槽如图4-24所示。

3. 混凝土防渗墙

用钻机或其他设备在土层中造成圆孔或槽孔，在孔中浇混凝土，最后连成一片，成为

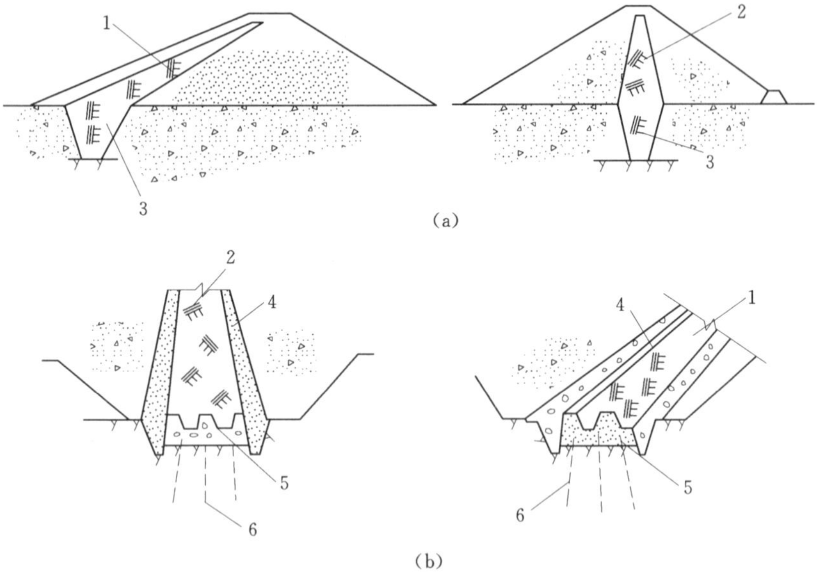

图 4-24 透水地基截水槽

1—黏土斜墙；2—黏土心墙；3—截水槽；4—过渡层；5—垫层；6—固结灌浆

整体的混凝土防渗墙，适用于地基渗水层较厚的情况。

防渗墙厚度根据防渗和强度要求确定。按施工条件可在 0.6～1.3m 之间选用（一般为 0.8m），因受钻孔机具的限制，墙厚不能超过 1.3m。混凝土防渗墙的允许坡降一般为 80～100，混凝土强度等级为 C10，抗渗等级 P6～P8，坍落度 8～20cm，水泥用量为 300kg/m^3 左右。墙底应嵌入半风化岩内 0.5～1.0m，顶端插入防渗体，插入深度应为坝前水头的 1/10，且不得小于 2m。

4. 灌浆帷幕

当砂卵石层很厚时，用上述 3 种处理方法都较困难或不够经济，可采用灌浆帷幕防渗。

灌浆帷幕的优点是灌浆深度大，这种方法的主要问题是对地基的适应性较差，有的地基如粉砂、细砂地基，不易灌进，而透水性太大的地基又往往耗浆量太大。

（二）防渗铺盖

这是由黏性土做成的水平防渗设施，是斜墙、心墙或均质坝体向上游延伸的部分。当采用垂直防渗有困难或不经济时，可考虑采用铺盖防渗。防渗铺盖构造简单，造价一般不高，但它不能完全截断渗流，只是通过延长渗径的办法，降低渗透坡降，减小渗透流量，所以对解决渗流控制问题有一定的局限性，其布置形式如图 4-25 所示。

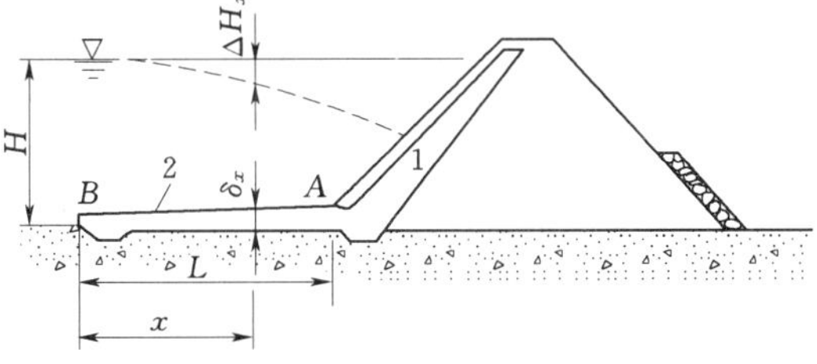

图 4-25 水平防渗铺盖

1—斜墙；2—铺盖

铺盖常用黏土或砂质黏土材料，渗透系数应小于砂砾石层渗透系数的 1/100。铺盖长度一般为 4～6 倍水头，铺盖厚度主要取决于各点顶部和底部所受的水头差

ΔH_x 和土料的允许坡降 $[J]$，即距上游端为 x 处的厚度应不小于 $\delta x=\Delta H_x/[J]$，$[J]$ 值对于黏土可取 5～10，对壤土可取 3～5。上游端部厚度不小于 0.5m，与斜墙连接处常达 3～5m。铺盖表面应设保护层，铺盖与砂砾石地基之间应根据需要设置反滤层或垫层。

（三）排水减压措施

坝基中的渗流有可能引起坝下地层的渗透变形，或使坝体的浸润线过高时，宜设坝基排水设施。常用的排水减压设施有排水沟和排水减压井。

透水性均匀的单层结构坝基以及上层渗透系数大于下层的双层结构坝基，可采用水平排水垫层，也可在坝脚结合贴坡排水体做反滤排水沟；双层结构透水坝基，当表层为不太厚的弱透水层，且其下的透水层较浅，透水性较均匀时，宜将坝体表层挖穿做反滤排水暗沟，并与坝底的水平排水垫层相连，将水导出，也可在下游坝脚做反滤排水沟；当表层弱透水层太厚，透水层成层性较显著时，宜采用减压井深入强透水层。

排水沟在坝趾稍下游平行坝轴线设置，沟底深入到透水的砂砾石层内，沟顶略高于地面，以防止周围表土的冲淤。按其构造，可分为暗沟和明沟两种。坝基排水暗沟的位置宜设在距离下游坝脚 1/4 坝底宽度以内，坝外的反滤排水沟及减压井应设在坝脚（图 4-26）。坝外反滤排水沟宜采用明式，并与地面排水沟分开，避免冲刷和泥沙淤塞。两者都应沿渗流方向按反滤层布置，明沟沟底应有一定的纵坡与下游的河道连接。

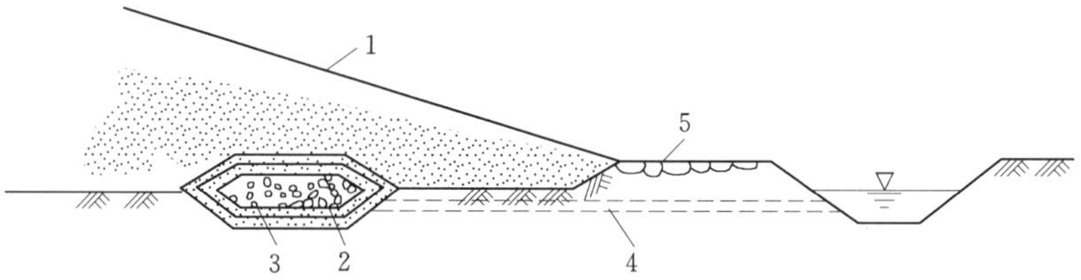

图 4-26 排水暗沟

1—坝体；2—反滤层；3—坝身排水；4—暗沟；5—堆石盖重

排水减压井常用于不透水层较厚的情况，将深层承压水导出水面，然后从排水沟中排出，它是在钻孔中插入带有孔眼的井管，周围包以反滤料，管的直径一般为 20～30cm，井距一般为 20～30m。

二、细砂与淤泥地基处理

（一）细砂与淤泥地基处理

饱和的均匀细砂地基在动力作用下，特别是在地震作用下易于液化，应采取工程措施加以处理。当厚度不大时，可考虑将其挖除。当厚度较大时，可首先考虑采取人工加密措施，使之达到与设计地震烈度相适应的密实状态，然后采取加盖重，加强排水等附加防护设施。

（二）淤泥层的地基处理

淤泥层地基天然含水量大，重度小，抗剪强度低、承载能力小。当埋藏较浅且分布范围不大时，一般应把它全部挖除；当埋藏较深，分布范围又较宽时，则常采用压重法或设置砂井加速排水固结。压重施加于坝趾处，它与放缓坝坡所起的效果类似，但更为有效。

砂井排水法，是在坝基中钻孔，然后在孔中填入砂砾，在地基中形成砂桩的一种方法。设置砂井后，地基中排除孔隙水的条件大为改善，可有效地增加地基土的固结速度。

三、软黏土和黄土地基处理

软黏土层较薄时，一般全部挖除。当土层较薄而其强度并不太低时，可只将表面较薄的可能不稳定的部位挖除，换填较高强度的砂，称为换砂法。有时只在表面上填筑一层砂，以改善坝基的排水条件，加快软黏土的固结。

黄土地基在我国西北部地区分布较广，其主要特点是浸水后沉降较大。处理的方法一般有：预先浸水，使其湿陷加固；将表层土挖除，换土压实；夯实表层土，破坏黄土的天然结构，使其密实等。

第六节　土石坝与两岸及其他建筑物的连接

土石坝与坝基、岸坡及其他建筑物的接触面都是防渗的薄弱部位，必须妥善处理，使其结合紧密，避免产生集中渗流；保证坝体与河床及岸坡结合面的质量，不使其形成影响坝体稳定的软弱层面，并不致因岸坡形状或坡度不当引起坝体不均匀沉降而产生裂缝。

一、坝体与土质地基及岸坡的连接

坝体与土质地基及岸坡的连接必须做到：①清除坝体与地基、岸坡接触范围内的草皮树干、树根、含有植物的表土、蛮石、垃圾及其他废料，并将清理后的地基表面土层压实；②对坝断面范围内的低强度、高压缩性软土及地震时易于液化的土层，进行清除或处理；③防渗体必须坐落在相对不透水土基上，否则应采取适当的防渗处理措施；④地基覆盖层与下游坝壳粗粒料（如堆石）接触处，应符合反滤层要求，否则必须设置反滤层，以防止地基土流失到坝壳中。

为使防渗体与岸坡紧密结合，防止发生不均匀沉陷而导致裂缝，岸边开挖时应大致平顺，不应成台阶状或突然变坡。土质岸坡的坡度一般不陡于 1∶1.5，如图 4－27 所示。

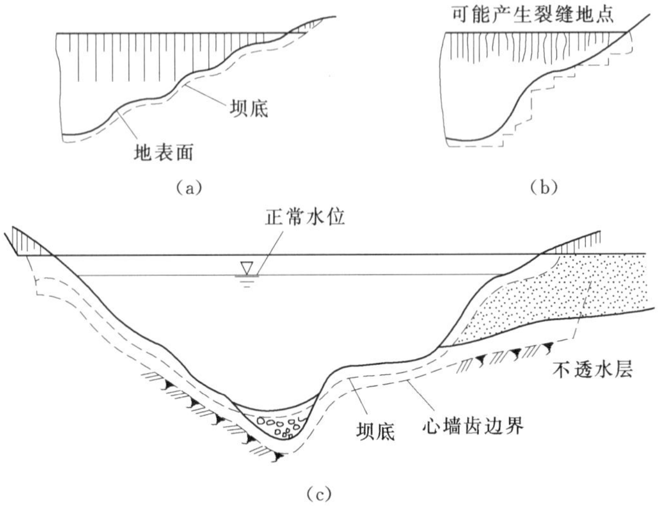

图 4－27　坝体与土质地基及岸坡的连接

（a）正确的削坡；（b）不正确的削坡；（c）心墙落在不透水层上

心墙和斜墙在与两端岸坡连接处应扩大其断面，加强连接处防渗性，扩大断面与正常断面之间应以渐变的形式过渡。

二、坝体与岩石地基及岸坡的连接

坝体与岩石地基及岸坡的连接必须做到：①坝断面范围内的岩石地基与岸坡，应清除表面松动石块、凹处积土和突出的岩石；②土质防渗体和反滤层应与相对不透水的新鲜或弱风化岩石相连接。基岩面上一般宜设混凝土盖板、喷混凝土层或喷浆层，将基岩与土质防渗体分隔开来，以防止接触冲刷；③对失水时很快风化变质的软岩石（如页岩、泥岩等），开挖时应预留保护层（厚约 10～15cm），待开始回填时，随挖除、随回填；④土质防渗体与岩石或混凝土建筑物相接处，如防渗土料为细粒黏性土，则在邻近接触面 0.5～1.0m 范围内，应控制在高于最优含水量不大于 3%的情况下填筑，在填土前用黏土浆抹面。如防渗土料为砾石土，临近接触面应采用纯黏性土或砾石含量少的黏性土，在略高于最优含水量下填筑，使其结合良好并适应不均匀沉陷。

岩石岸坡一般不陡于 1：0.5，陡于此坡须采取措施，做好结合处的湿黏土回填，加强结合面下游的反滤层等。岩石岸坡的其他要求与土质岸坡相同。

三、坝体与混凝土建筑物的连接

土石坝与混凝土坝、溢洪道、涵管等混凝土建筑物的连接，必须防止接触面的集中渗流、因不均匀沉陷而产生的裂缝及因水流对上下游坝坡和坝脚的冲刷而造成的危害。

1. 土石坝与重力坝的连接

土石坝与混凝土重力坝常采用插入式连接。这种连接形式结构简单，从混凝土坝与土石坝的连接部位开始，混凝土坝的断面逐渐缩小，最后成为刚性心墙插入土石坝心墙内。土石坝的坡脚要向混凝土坝方向延伸较长，故对中高坝不适于直接与混凝土溢流坝相连接。

2. 土石坝与溢流坝（或船闸）的连接

土石坝与船闸、混凝土溢流坝和溢洪道连接时常采用翼墙式连接，如图 4－28 所示。图 4－28（a）的上、下游翼墙在平面上为圆弧形，其顶部高出上游水位。这种方式渗径较长、水流条件好，但工程量较大。图 4－28（b）是上游为圆弧翼墙，下游为斜降翼墙。该方式下游节省了工程量，但渗径较短。图 4－28（c）为上下游翼墙均是斜降式，为了增加渗径，通常在翼墙背面设一至数道刺墙，要求刺墙必须有足够的强度，不能发生断裂。

为使接触面结合紧密，并具有良好的抗震性能，可采取以下措施：①混凝土挡土墙宜采用 1：0.5 左右的坡度，使填土高度缓慢变化，避免裂缝；②为避免土和混凝土两种不同类型结构地震时变形不协调，在结合部位脱开或产生间隙，宜尽可能增大接触面积，将土石坝的防渗体适当扩大；③在结合部位数米范围内设置良好的反滤层，一旦出现裂缝后使其可以自愈。同时，在寒冷地区，要防止因翼墙厚度和保护层厚度不足而使填土冻结。

3. 土石坝与坝下埋管的连接

为了泄洪、灌溉、发电和供水等需要，可在土石坝的岩基或压缩性很小的土基上埋设涵管。土质防渗体与坝下埋管连接处，应适当扩大防渗体断面，以延长渗径。在防渗体下游面与坝下涵管接触处，一定要做好反滤层，将涵管包起来，使接触面上的渗水通过反滤

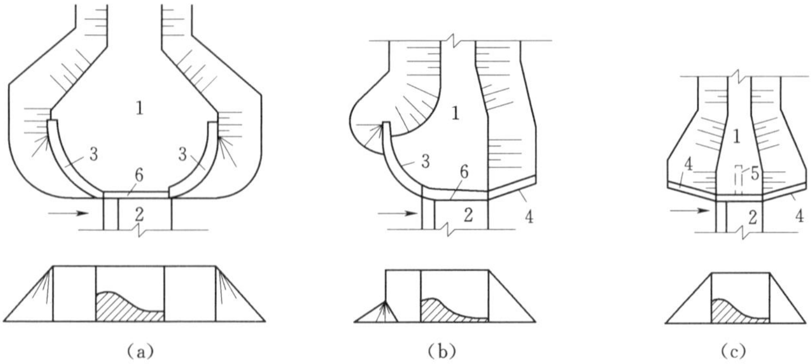

图 4-28 翼墙式连接

(a) 上、下游圆弧翼墙；(b) 上游圆弧翼墙，下游斜降翼墙；(c) 上、下游斜降翼墙

1—土石坝；2—溢流重力坝；3—圆弧翼墙；4—斜降翼墙；5—刺墙；6—边墩

层逸出而不带走土料。

坝下埋管周围均应仔细回填不透水土料，分层夯实。涵管本身必须设沉陷缝，作好止水，防止渗水冲刷坝体土料。对于地震区的土石坝以及高中土石坝，不得在软基上布置坝下埋管，低坝采用软基上的坝下埋管时，必须有充分的技术论证。

本 章 小 结

本章从土石坝的基本特点入手，围绕剖面设计，介绍了土石坝的分类、特征、基本剖面与构造、渗流分析、稳定分析、地基处理等内容。

土石坝的基本剖面根据坝高和坝的等级、坝型和筑坝材料特性、坝基情况以及施工运行条件等，参照现有工程的实践经验初步拟定，然后通过渗流和稳定分析检验，最终确定合理的剖面形状。

土石坝渗流分析的目的是确定坝体浸润线和下游渗流出逸点的位置；确定坝体与坝基的渗流量，以便估计水库渗漏损失和确定坝体排水设备的尺寸；确定坝坡出逸段和下游地基表面的出逸坡降，以判断该处的渗透稳定性；确定库水位降落时上游坝壳内自由水面的位置，估算由此产生的孔隙水压力，供上游坝坡稳定分析之用。土石坝渗流分析的方法，基本上可分为解析法（流体力学法和水力学法）、手绘流网法、实验法和数值法四种。

土石坝稳定分析的目的是为了核算所拟坝的剖面是否安全经济。

土石坝地基处理的目的是控制渗流、控制稳定、控制变形。

复 习 思 考 题

一、填空题

1. 土石坝按施工方法可分为________、________和________等形式。

2. 土坝按防渗体的位置分为________、________、________、________。

3. 当有可靠防浪墙时，心墙顶部高程应________，否则，心墙顶部高程应不低于________。

4. 土石坝挡水后，在坝体内形成由上游向下游的渗流。坝体内渗流的水面线叫做________。其下的土料承受着________，并使土的内摩擦角和黏结力减小，对坝坡稳定________。

5. 由于填筑土石坝坝体的材料为________，抗剪强度低，下游坝坡平缓，坝体体积和重量都较大，所以不会产生________。

6. 土石坝可能滑动面的形式有________、________和复合滑裂面。

二、名词解释

1. 土石坝；2. 流土；3. 管涌；4. 反滤层；5. 浸润线；6. 褥垫排水；7. 黏土截水槽；8. 灌浆帷幕

三、问答题

1. 土石坝有哪些特点？对土石坝的要求有哪些？

2. 如何确定土石坝的坝顶高程？影响土坝坝坡的因素有哪些？

3. 常见的防渗体有哪几种型式，各有何要求？

4. 土石坝为何需要设排水设备？常见的排水设备有哪几种型式，各有何要求？

5. 土石坝各组成部分对土料要求有何不同？黏性土料和非黏性土料填筑标准用什么指标控制？如何确定这些指标？

6. 什么叫渗透变形？防止渗透变形的工程措施有哪些？反滤层的作用是什么？均质坝、心墙坝以及斜墙坝在哪些部位需设置反滤层？

7. 土石坝失稳的原因有哪些？提高土石坝坝坡抗滑稳定性的工程措施有哪些？

8. 土石坝地基处理要解决哪些问题？各种地基存在的问题是什么？

第五章　橡　胶　坝

【本章学习要点】 掌握橡胶坝的类型和组成，了解其特点和工程布置。

第一节　橡胶坝的类型及特点

一、概述

橡胶坝是以高强度合成纤维做胎体，用合成橡胶黏合成袋，锚固在闸底板上，用水或气充胀挡水的建筑物，亦可称为橡胶水闸，如图 5-1 所示。橡胶水闸是 20 世纪 50 年代末，随着高分子合成材料的发展而出现的一种新型水工建筑物，并于 1957 年建成了世界上第一座橡胶水闸。我国自 1965 年开始组织跨行业联合攻关，1966 年建成第一座橡胶坝，至今已建成 400 余座。已建成的橡胶水闸高度一般为 0.5～3.0m，少数为 4～7m，在我国，最高已达 5.0m。经过 40 多年的实践，我国橡胶坝在设计、坝袋制造、安装及运行管理等方面形成了自己的特色，工程技术已达到世界先进水平。

图 5-1　某城区橡胶坝

二、橡胶坝的适用范围

橡胶坝主要适用于低水头，大跨度的闸坝工程。如用于水库溢洪道上作为闸门或活动溢流堰，可增加水库库容及发电水头；用于河道上作为低水头、大跨度的滚水坝或溢流堰，可省去常规水闸的启闭机、工作桥等；用于渠系上作为进水闸、分水闸、节制闸，能够方便地蓄水和调节水位及流量；用于沿海海岸作防浪堤或挡潮坝，由于不受海水侵蚀和海生生物的影响，比金属闸门耐久性好；用于跨度较大的孔口船闸的上下游闸门；用于施工围堰或活动围堰，橡胶活动围堰高度可升可降，并且可从堰顶溢流，不需取土筑堰可保持河道清洁，节省劳力并缩短工期；用于城区园林工程，采用彩色坝袋，造型优美，线条流畅，可为城市建设增添一道优美的风景。

三、橡胶坝的类型

（1）按充胀介质不同分为充气坝和充水坝，如图 5－2 所示。

由于目前受坝袋结构形式的影响，充气式由于其自密性不好，以及其充排系统自动化程度不高，造成管理不善，未能受到市场的青睐。根据不完全统计，充水式结构的坝袋占市场上份额的 95%。

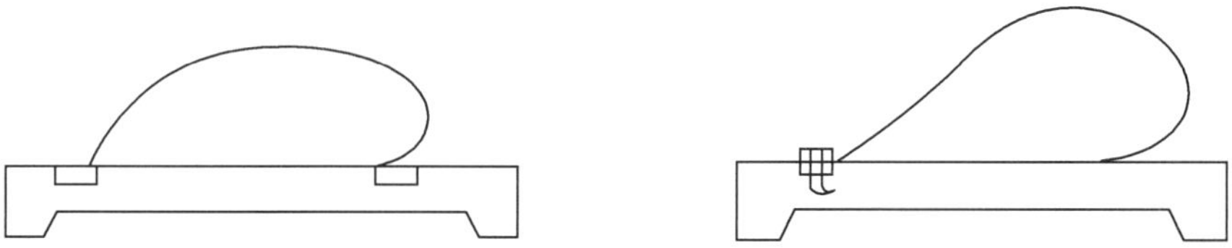

(a) (b)

图 5－2 按充胀介质分类图

(a) 充水坝；(b) 充气坝

（2）按岸墙结构形式不同分为枕式坝和斜坡坝，如图 5－3 所示。一般情况下，岸墙和河床成 90°角时，选用枕式坝袋（也可选用和岸墙直接锚固）；0～90°之间时，选用斜坡坝袋。

(a) (b)

图 5－3 按岸墙结构分类图

(a) 斜坡坝；(b) 枕式坝

（3）按锚固方式不同分为楔块挤压锚固式和螺栓压板锚固式，如图 5－4 所示。

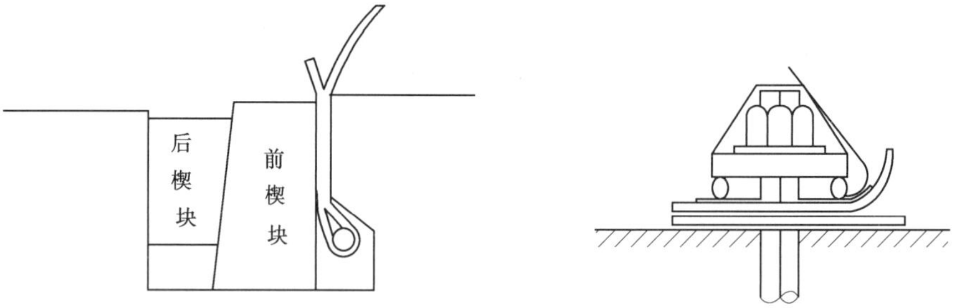

(a) (b)

图 5－4 按锚固方式分类图

(a) 楔块挤压锚固式；(b) 螺栓压板锚固式

（4）按坝袋接缝形式不同分为有接缝坝和无接缝坝。有接缝橡胶坝和无接缝橡胶坝的区别：从表面上看，有接缝坝能看出每幅的位置。另外，有接缝坝是经过橡胶的二次硫化（热黏合）；无接缝坝是一次成型，一次硫化，有其突出优点。

四、橡胶坝的特点

橡胶坝运用条件与水闸相似，与常规闸坝相比有以下特点：

(1) 造价低。可减少投资30%～70%，可节省钢材30%～50%，水泥50%左右，木材60%以上。

(2) 施工工期短。坝袋只需3～15d即可安装完毕，多数橡胶坝工程当年施工当年受益。

(3) 坝体为柔性壳体结构，能抵抗地震，波浪等冲击；且止水效果好，适应变形能力强，适用于大跨度的闸坝工程。

(4) 结构简单，操作灵活。无需闸门、工作桥，可根据需要确定挡水高度或放空。

(5) 管理方便。

橡胶坝的缺点：橡胶材料易老化，要经常维修，易磨损，不宜在多泥沙河道上修建。橡胶坝袋的适用寿命一般为15～25a。与常规闸门相比，寿命较短。

第二节　橡胶坝的构造及布置

一、橡胶坝的构造

橡胶坝由以下三部分组成。

1. 土建部分

土建部分包括基础底板、边墩（岸墙）、中墩（多跨式）、上下游翼墙、上下游护坡、上游防渗铺盖或截渗墙、下游消力池、海漫等。基础底板：常做成宽顶堰式，具有安装固定坝袋、防冲防渗、承受和传递荷载的作用；边墩（岸墙）：常做成悬臂式、扶臂式、重力式或空箱式挡土墙，具有连接岸坡、挡土、防侧向绕渗的作用；中墩（多跨度）：常做成中部为矩形，两端为半圆形或流线形的形式，具有分隔闸孔，固定坝袋的作用；上下游翼墙：常做成圆弧形、扭曲面型、八字形、反翼墙等形式，具有引导水流平顺进出闸室和防止侧向绕渗的作用；上下游护坡：常做成草皮护坡、抛石护坡、砌石护坡、混凝土护坡、喷浆护坡等形式，具有防冲保护岸坡的作用；上游防渗铺盖或截渗墙：常做成黏土铺盖、钢筋混凝土铺盖或钢筋混凝土截渗墙，具有防冲防渗和提高底板抗滑稳定性的作用；下游消力池：常做成底流式、挑流式、面流式、或消力戽式，具有消能防冲保护河床的作用；海漫：常做成砌石海漫，具有防冲，消除水流余能，扩散水流的作用。

2. 闸体（即橡胶坝袋）部分

坝袋有单袋、多袋、单锚固、双锚固等形式，如图5-5所示。坝袋设计主要是根据给定的挡水高度和挡水长度，拟定闸袋充水（气）所需的内水（气）压力，进而计算闸袋周长、充胀容积和袋壁拉力，并据以选定橡胶帆布的型号。

作用在坝袋上的主要设计荷载为坝袋外的静水压力和坝袋内的充水（气）压力。设计内外压比值的选用应经技术经济比较后确定。充水橡胶坝内外压比值宜选用1.25～1.60；充气橡胶坝内外压比值宜选用0.75～1.10。

坝袋强度设计安全系数充水坝应不小于6.0，充气坝应不小于8.0。

坝袋壁承受的径向拉力应根据薄膜理论按平面问题计算。坝袋袋壁强度、坝袋横断面

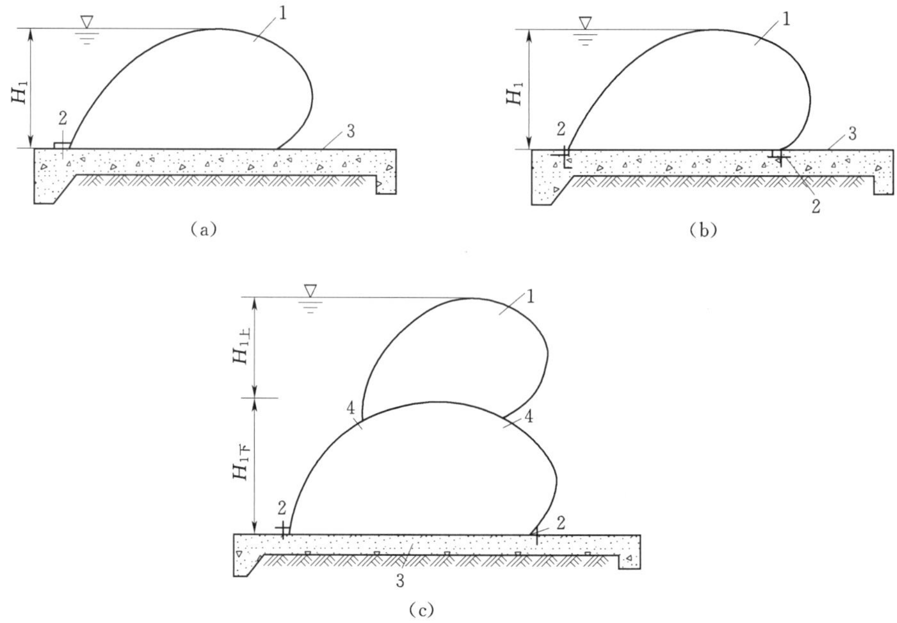

图 5-5 橡胶闸袋的形式

(a) 单袋单锚固；(b) 单袋双锚固；(c) 双袋双锚固

1—闸袋；2—锚固点；3—混凝土底板；4—锚接点

形状、尺寸及坝体充胀容积的计算，可按 SL 227—98《橡胶坝技术规范》附录 B 进行。

坝袋胶布除必须满足强度要求外，还应具有耐老化、耐腐蚀、耐磨损、抗冲击、抗屈挠、耐水、耐寒等性能。坝袋使用的胶布应符合 SL 227—98《橡胶坝技术规范》附录 C 的技术要求。

3. 充排及安全观测系统

充排及安全观测系统包括充胀和排空闸体的充排系统、安全设备及观测装置。

（1）充排系统：为了保证坝袋的充胀与排放所需时间与工程运用的要求相适应，就要采取合适的充排系统。坝袋的充排有动力式和混合式，可根据工程现场条件和使用要求等确定。充排系统包括动力设备、管路、进出水（气）口装置等。

（2）安全设备：充水坝设置安全溢流设备和排气闸，排气阀装设在坝袋两端顶部；充气坝设置安全阀，水封管或 U 形管等充气压力监测设备。对建在山区河道、溢流坝上或有突发洪水情况出现的充水式橡胶坝，宜设自动坍坝装置。

（3）观测装置：主要包括上下游水位观测；坝袋内压力观测；土建工程的沉降、位移及渗流观测装置等。水位观测装置常用连通管或水位标尺，必要时亦可采用水位传感器；袋内压力观测装置：充水坝采用坝内连通管，充气坝安装压力表，重要工程应安装自动监测设备；土建工程观测装置的设置可按照 SL 265—2001《水闸设计规范》的规定进行。

二、橡胶坝的工程布置

工程布置应综合考虑土建、坝体、充排和安全观测系统等，如图 5-6 所示。要做到布局合理，结构简单，安全可靠，运行方便，造型美观。坝轴线应与坝址河段水流方向相垂直。

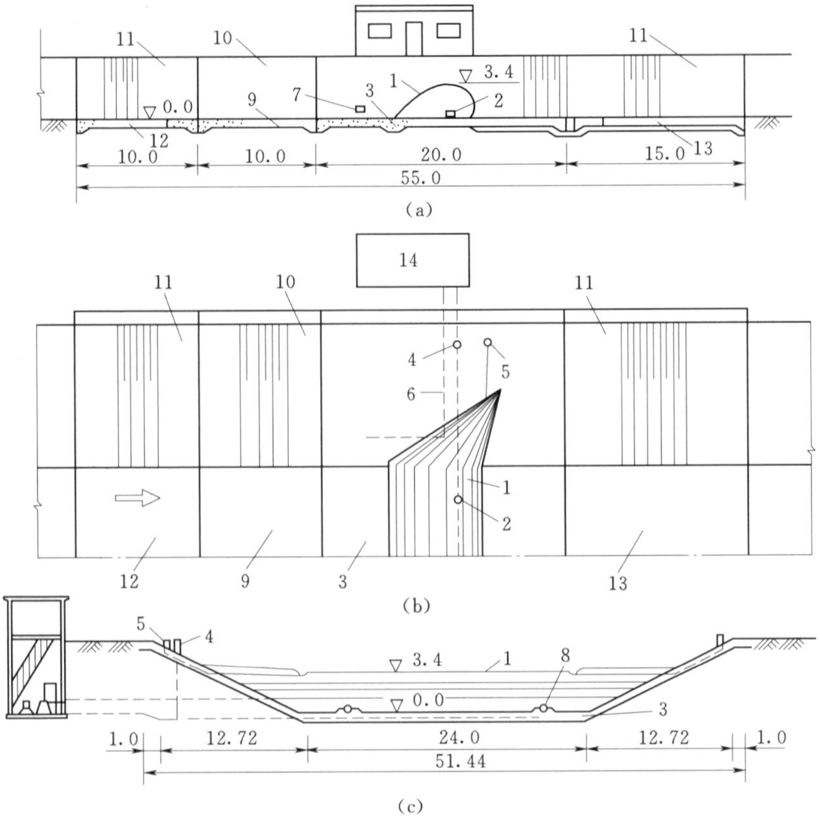

图 5-6 橡胶水闸布置图（单位：m）

(a) 横剖面图；(b) 平面图；(c) 纵剖面图

1—闸袋；2—进、出水口；3—钢筋混凝土底板；4—溢流管；5—排气管；6—泵吸排水管；7—泵吸排水口；8—水帽；9—钢筋混凝土防渗板；10—钢筋混凝土板护坡；11—浆砌石护坡；12—浆砌石护底；13—铅丝石笼护底；14—泵房

坝长应与河（渠）宽度相适应，坍坝时应能满足河道设计行洪要求，单跨坝长度应满足坝袋制造、运输、安装、检修以及管理要求。

取水工程应保证进水口取水和防沙的可靠性。

坝袋设计高度应根据工程规划，满足综合用水要求确定。坝顶高程宜高于上游正常水位 0.1～0.2m，坝顶泄洪能力可按 SL 227—98《橡胶坝技术规范》附录 A 计算。

坝底板尺寸布置包括底板高程，厚度及顺水流方向上宽度等。底板高程应根据地形、地质、水位、流量、泥沙、施工及检修条件等确定，宜比上游河床地形平均高程适当提高 0.2～0.4m；底板厚度应满足充排水（气）管路及锚固结构布置要求；顺水流方向上的底板宽度应按照坝袋坍平宽度以及安装和检修的要求确定。防渗排水布置应根据坝基地质条件和坝上下游水位差等因素，结合底板、消能和两岸布置综合考虑，构成完整的防渗排水系统。承受双向水头的橡胶坝，其防渗排水布置应以水位差较大的一方为控制条件，合理选择双向布置形式。消能防冲设施的布置，应根据地基情况、运行工况等因素确定。

坝袋与两岸连接布置，应使过坝水流平顺。上下游翼墙与岸墙两端应平顺连接，其顺水流方向的长度应根据水流和地质条件确定。边墙顶高程应根据校核洪水位加安全超高确定。

坝袋充排控制设备及安全观测装置均应设在控制室内，控制室布置应考虑运行管理方便，严寒或潮湿地区应有防冲、防潮措施。

多跨橡胶坝之间应设隔墩，墩高应不小于坝顶溢流水头，墩长应大于坝袋工作状态时的宽度。在枯水期流量较大河流上的橡胶坝工程，应考虑检修时的导流方式。

本 章 小 结

橡胶坝是以高强度合成纤维做胎体，用合成橡胶黏合成袋，锚固在闸底板上，用水或气充胀挡水的建筑物。本章重点讲述了橡胶坝的类型、特点以及适用范围，阐述了橡胶坝的组成和工程布置原则。

复 习 思 考 题

1. 何谓橡胶坝？其有哪些类型和工作特点？
2. 橡胶坝主要适用于什么工程？
3. 橡胶坝有哪几部分构成？各部分有什么作用？
4. 橡胶坝的布置应考虑哪几方面的影响因素？如何布置？

第六章　水　　闸

【本章学习重点】 掌握水闸的类型、工作特点及组成；掌握水闸孔口尺寸的确定方法；了解底流消能防冲设施、防渗排水的布置以及闸室各部分的布置与构造；熟悉两岸连接建筑物的布置形式以及提高闸室稳定性的措施。

第一节　水闸的类型、特点及组成

一、水闸的作用及类型

水闸是一种低水头的水工建筑物，既能挡水，又能泄水，用以调节水位，控制泄流量。多修建于河道、渠系及水库、湖泊岸边，在水利工程中的应用十分广泛。

（一）按所承担的任务来分

水闸按其所承担的任务，可分为6种，如图6-1所示。

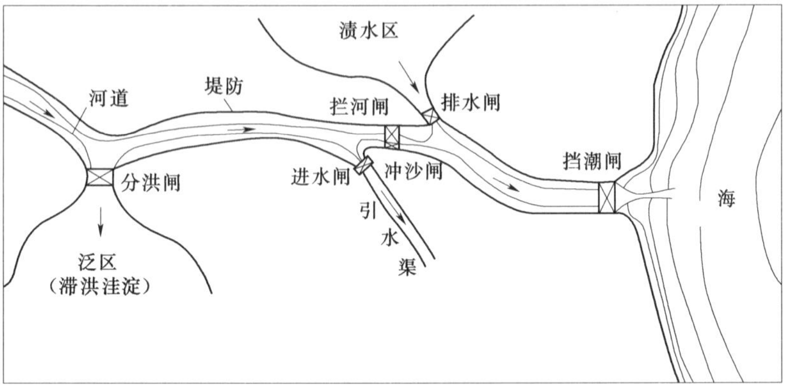

图6-1　水闸分类示意图

1. 进水闸（取水闸）

在河道、水库或湖泊的岸边，建闸引水，并控制入渠流量，谓之进水闸（取水闸）。这种水闸有开敞式及涵洞式两种，常建在渠首。

2. 节制闸（拦河闸）

节制闸一般拦河而建，枯水期截断河道，抬高水位，以利于上游航运，或进水闸引水，洪水期用以控制下泄流量。灌溉渠系中此闸位于干、支渠分水口附近。

3. 排水闸

排水闸常建于江河沿岸，防江河洪水倒灌；河水退落时又可开闸排洪。本闸特点是受双向水头作用，闸底板高程极低，而闸身较高。

4. 挡潮闸

挡潮闸的作用：一是阻止海潮沿河流上溯，免使土地盐碱化；二是汛期受潮水顶托，易造成内涝（可抽排）；三是低潮时免使淡水流失。其特点是受双向水头作用。

5. 分洪闸

分洪闸利用河道旁预定的洼地或湖泊分洪区，及时削减洪峰，确保下游安全。如荆江分洪闸，1952 年建成。

6. 冲沙闸（排沙闸）

冲沙闸建在多泥沙河流上，用于排除进水闸、节制闸前或渠系中沉积的泥沙，减少引水水流的含沙量，防止渠道和闸前河道淤积。冲沙闸常建在进水闸一侧的河道上与节制闸并排布置或设在引水渠内的进水闸旁。

（二）按闸室结构形式分

按闸室结构形式来分，水闸可分为开敞式和封闭（涵洞）式两种，如图 6-2 所示。

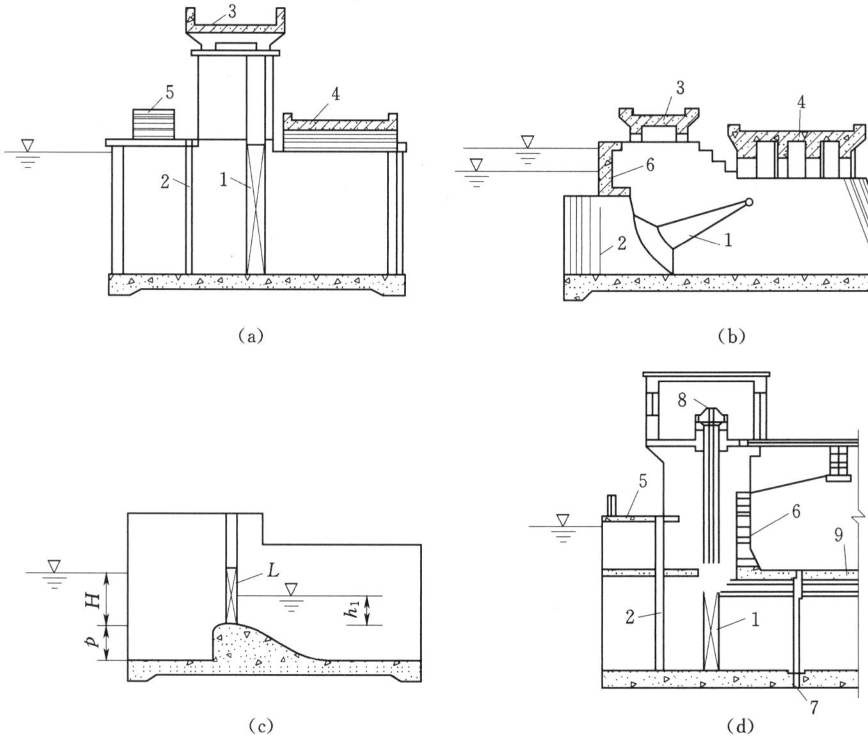

图 6-2 闸室结构形式

(a)、(c) 开敞式；(b) 胸墙式；(d) 涵洞式

1—闸门；2—检修门槽；3—工作桥；4—交通桥；5—便桥；6—胸墙；7—沉降缝；8—启闭机室；9—回填土

1. 开敞式水闸

开敞式水闸闸室是露天的，上面没有填土。这种水闸又分为有胸墙和无胸墙两种。前者用于上游水位变幅较大，水闸净宽又为低水位过闸流量所控制，在高水位时尚需用闸门控制流量的水闸。后者用于上游水位变幅不大或有通航、排冰、排污等特殊要求的水闸。

2. 封闭（涵洞）式水闸

封闭式水闸多用于穿堤取水或排水，闸室后有洞身段，洞身上面填土作为路基，两岸连接建筑物较开敞式简单。

（三）其他分类法

按过闸流量大小水闸分为：大、中、小型，如过闸流量在 1000m^3/s 以上的为大型水闸，100～1000m^3/s 的为中型水闸，100m^3/s 以下为小型水闸。

按施工方法不同水闸可分为：装配式、浮运式等。

按设计水头高低不同水闸可分为高水头、低水头水闸。

二、水闸的工作特点

水闸可以修建在土基或岩基上，但大多数修建在河流或渠身的软土地基上。建在软土地基上的水闸具有以下工作特点：

（1）软土地基的压缩性大，承载能力低，在闸室自重和外荷载作用下，地基易产生较大的沉降或沉降差，造成闸室倾斜，闸底板断裂，甚至发生塑性破坏，引起水闸失事。

（2）水闸泄流时，水流具有较大的能量，而土壤的坑冲能力较低，可能引起水闸下游的冲刷。

（3）在上下游水头差作用下，将在闸基及两岸连接部分产生渗流，渗流对闸室及两岸连接建筑物的稳定不利，而且还可能产生有害的渗透变形。

基于上述特点，设计中需要解决好以下几个问题：

（1）选择与地基条件相适应的闸室结构形式，保证闸室及地基的稳定。

（2）做好防渗设计，特别是上游两岸连接建筑物及其与铺盖的连接部分，要在空间上形成防渗整体。

（3）做好消能、防冲设计，避免危害性的冲刷。

三、水闸的组成部分

水闸由闸室段、上游连接段、下游连接段三大部分组成，如图 6－3 所示。

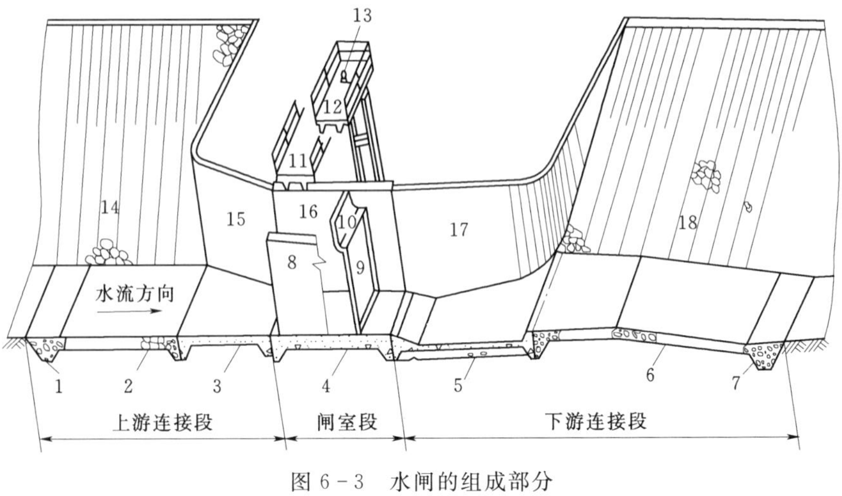

图 6－3　水闸的组成部分

1—上游防冲槽；2—上游护底；3—铺盖；4—底板；5—护坦（消力池）；6—海漫；7—下游防冲槽；8—闸墩；9—闸门；10—胸墙；11—交通桥；12—工作桥；13—启闭机；14—上游护坡；15—上游翼墙；16—边墩；17—下游翼墙；18—下游护坡

（一）闸室段

闸室是水闸的主体，起着控制水流和连接两岸的作用。包括：闸门、闸墩、底板、工作桥、交通桥、启闭机等几个部分。底板是闸室的基础，闸室的稳定主要由底板与地基间的摩擦力来维持。底板同时还起着防冲防渗的作用。闸门则用于控制水流。闸墩用以分隔闸孔和支承闸门、胸墙、工作桥、交通桥。工作桥用以安装启闭机械，交通桥用以沟通河、渠两岸的交通。

（二）上游连接段

上游连接段处于水流行近区，其主要作用是引导水流平稳地进入闸室，保护上游河床及两岸免于冲刷，并有防渗作用。一般包括：上游翼墙、铺盖（护底）、上游防冲槽、两岸护坡等。

（三）下游连接段

下游连接段的主要作用是消能、防冲和安全排出经闸基及两岸的渗流。通常包括：护坦（消力池）、海漫、下游防冲槽、下游翼墙、两岸护坡等。

第二节 水闸孔口尺寸的确定

闸孔设计的任务是确定闸孔的形式、尺寸和堰顶高程。闸孔形式是指闸底板的形式（堰形）和是否设置胸墙。闸孔尺寸包括孔口的净宽、孔数和孔高。不设胸墙的孔高是指闸门的高度；设置胸墙的孔高为胸墙底缘到闸底板顶面（堰顶）的高度。

一、闸孔形式的选择

常用的闸孔形式有宽顶堰、低实用堰和孔口泄流三种，分别如图 6－2（a)、(b)、(c）所示。

宽顶堰是水闸中最常采用的一种形式。它有利于泄洪、冲沙、排污、排冰、通航，且泄流能力比较稳定，结构简单，施工方便，但自由泄流时流量系数较小，容易产生波状水跃。

低实用堰有梯形、曲线形和驼峰形。实用堰自由泄流时流量系数较大，水流条件较好，选用适宜的堰面曲线可以消除波状水跃，但泄流能力受尾水位变化的影响较为明显，同时施工也较宽顶堰复杂。当上游水位较高，为限制过闸单宽流量，需要抬高堰顶高程时，常选这种形式。

孔口泄流适用于上游水位变幅较大，且高水位需控制下泄流量的情况，此时孔口顶部设置胸墙挡水，可减小闸门的高度。

二、闸孔高程的确定

底板高程与水闸承担的任务，泄流（引水）流量，上下游水位，河床地质条件等因素有关。

闸底板应置于较为坚实的土层上，并应尽量利用天然地基。在地基强度能满足要求的条件下，底板高程定得高些，闸室宽度大，两岸建筑物相对较低。对于小型水闸，由于两岸连接建筑在整个工程量中所占比重较大，因而总的工程造价可能是经济的。在大、中型水闸中，由于闸室工程量所占比重较大，因而适当降低底板高程，常常是有利的。当然，底板高程也不能定得太低，否则，由于单宽流量加大，将会增加下游防冲的工程量；闸门高度增加，启闭设备容量也随之加大；另外，还可能给基坑开挖带来困难。

一般情况：拦河闸和冲砂闸的底板顶面与河底平齐；进水闸的底板顶面在满足引用设计流量的条件下，应尽可能高一些，防推移质泥沙进入渠道；分洪闸的底板顶面也应较河床稍高；排水闸的底板顶面尽量定得低些，以保证将渍水迅速降至计划高程，但要避免排水出口被泥沙淤塞；挡潮闸兼有排水闸作用时，其底板顶面也应尽量低一些。

三、计算闸孔总净宽

根据规划给定的设计流量、上下游水位和初拟的底板高程及闸孔形式，分别对不同的水流流态计算闸孔总净宽。

（一）当水流呈堰流时

$$L_0=\frac{Q}{\sigma\varepsilon m\sqrt{2g}H_0^{3/2}} \tag{6-1}$$

式中　Q——设计流量，m^3/s；

L_0——闸孔总净宽，m；

H_0——计入行近流速水头在内的堰顶水头，m；

σ，ε，m——淹没系数、侧收缩系数和流量系数，可由 SD 133—84《水闸设计规范》的附表中查得；

g——重力加速度，m/s^2。

（二）当水流为孔流时

当闸门开度（或胸墙下孔口高度）α 和堰上水头 H 的比值小于 0.65 时，即为闸孔出流。

$$L_0=\frac{Q}{\sigma'\mu\alpha\sqrt{2gH_0}}$$

式中　α——闸门开度或胸墙下孔口高度，m；

σ'，μ——孔流的淹没系数和流量系数，可由上述规范的附表中查得。

闸孔总净宽 L_0 的增大或缩小，意味着过闸单孔流量 q 的减小或加大，而过闸单宽流量将直接影响消能防冲的工程量和工程造价。为此，需结合河床或渠道的土质情况、上下游水位差、下游水深等因素，选用适宜的最大过闸单宽流量。根据我国的经验，对粉砂、细砂地基，可选取 5～10$m^3/(s\cdot m)$；砂壤土地基，取 10～15$m^3/(s\cdot m)$；壤土地基，取 15～20 $m^3/(s\cdot m)$；坚硬黏土地基，取 20～25$m^3/(s\cdot m)$。

四、确定闸室单孔宽度和闸室总宽度

闸室单孔宽度 b，根据闸门形式、启闭设备条件、闸孔的运用要求和工程造价，并参照闸门系列综合比较选定。我国大中型水闸的单孔宽度一般采用 8～12m。

闸孔孔数 $n=L_0/b$，设计中应取略大于计算要求值的整数，但总净宽不宜超过计算值的 3%～5%。当孔数较少时，为便于闸门对称开启，使过闸水流均匀，避免由于偏流造成闸下的局部冲刷和使闸室结构受力对称，孔数宜采用单数。当孔数较多，如多于 6～8 孔时，采用单数或双数孔，差别不大。

闸室总宽度为：

$$L_1=nL_0+(n-1)d \tag{6-2}$$

式中　d——闸墩厚度。

闸室总宽度拟定后，尚需要考虑闸墩等的影响，进一步验算水闸的过水能力。

第三节 水闸的消能防冲布置

一、水闸冲刷原因及消能方式

（一）水闸冲刷原因

水闸泄水时，水流具有较大的动能，而河、渠床土壤抗冲能力很低，因此闸下冲刷是一种普遍现象。形成闸下冲刷的原因很多，有设计不当造成的，有的则是运用管理不善造成的。对于拦河闸，一般闸宽较原河道窄，水流过闸时先收缩，出闸后再扩散，如闸身布置不当，出闸水流往往不能均匀扩散，形成主流集中，蜿蜒冲撞，形成折冲水流，冲刷河岸及河床。此外，当水闸的上、下游水位差较小，相应的弗劳德数很小（$Fr=1.0\sim1.7$），共轭水深比值小于2时，还会出现波状水跃。波状水跃消能效果甚微，水流不能随翼墙扩散，仍保持急流前进，致使两侧产生回流，因而缩窄了河槽过水有效宽度，局部单宽流量加大，严重冲刷河床及河岸。

综上所述，为了保证水闸安全使用，防止水流对河床及河岸的有害冲刷，应采取两方面的措施：①消能，尽可能消减水流的动能，消除波状水跃，并防止产生折冲水流；②防冲与防护，保护河床及河岸不受水流冲刷。

（二）水闸的消能方式

水闸的消能方式一般为底流消能。对于平原地区的水闸来说，由于水头低，下游水深大，加之土壤抗冲能力较小，所以无法采用挑流消能。又因闸下游水深变化大，在一般情况下，难以形成稳定的面流式水跃。

二、消能防冲设施的形式、布置和构造

底流消能防冲设施，一般采用护坦、海漫和防冲槽。

（一）护坦

为了利用水跃消减水流的动能，大都采用护坦使出闸水流发生水跃。当下游水深不足时，常将护坦高程降低，形成消力池。如果地下水位较高而开挖困难，或者开挖太深会影响闸室的稳定，则采用在护坦上建造消力墙来壅高水位，或者采用消力池与消力墙相结合的综合消力池，如图6-4所示。

1. 护坦长度

护坦长度与水跃长度有关，对于无消力池护坦可按式（6-3）计算。

$$L_{sj}=\alpha L_j \tag{6-3}$$

$$L_j=6.9(h''-h_c)$$

对于有消力池护坦，其长度应为斜坡段水平投影长度与消力池水平段长度之和，如图6-4（a）所示。

$$L_{sj}=L_s+\alpha L_j$$

式中 L_j——水跃长度，m；

h_c——跃前水深，m；

h''——跃后水深，m；

α——水跃长度校正系数，可采用0.7～0.8；

L_s——斜坡段水平投影长度，m。

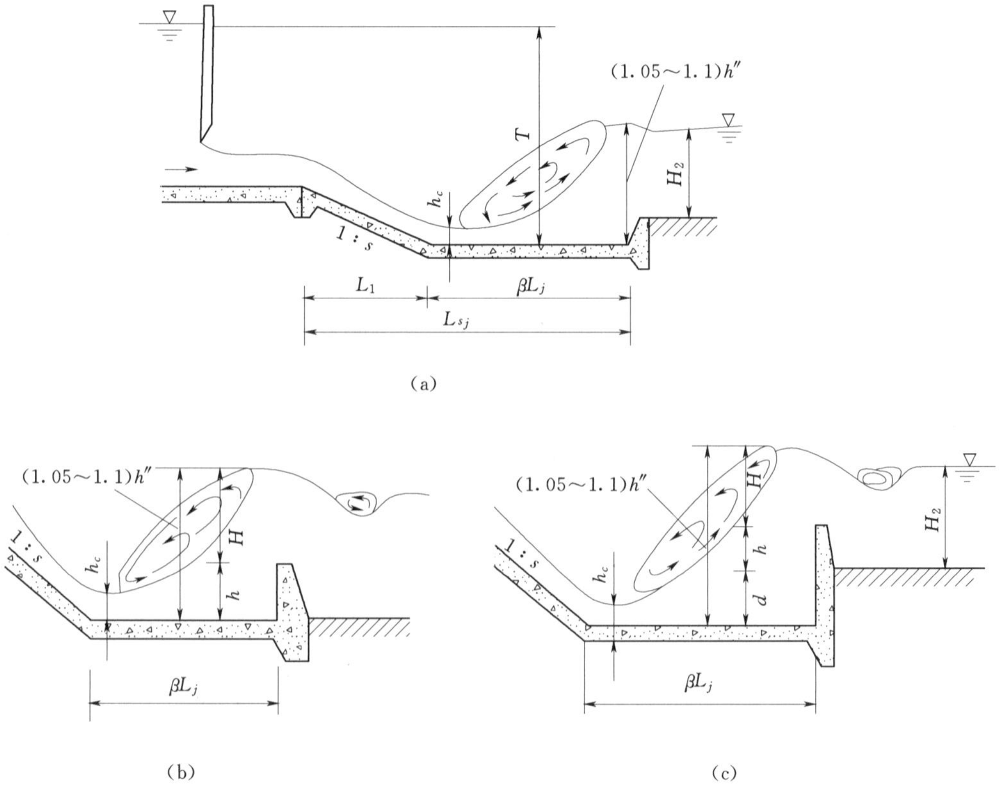

图6-4　护坦的形式

(a) 消力池；(b) 消力墙式消力池；(c) 综合式消力池

2. 护坦厚度

在一般情况下是等厚的，也可采用不同的厚度，靠近闸室的一端厚度大些，向下游逐渐减小。在确定护坦厚度时要从抗冲和抗浮两方面考虑。根据抗冲要求可采用式（6-4）的经验公式，即

$$\delta_1 = k_1 \sqrt{q \sqrt{\Delta H}} \tag{6-4}$$

式中　δ_1——靠近闸室一端的护坦厚度，m；

q——闸孔处的单宽流量，$m^3/(s \cdot m)$；

ΔH——泄水时的上、下游水位差，m；

k_1——经验系数，可采用0.175～0.200。

护坦末端（即靠近海漫一侧）处的厚度可取 δ_1 的1/2。

3. 消力池深度

$$d = \sigma h_c'' - (h_s + \Delta z)$$

式中 σ——水跃淹没系数，可采用1.05～1.10；

h_c''——消力池中跃后水深；

h_s——下游河道水深；

Δz——出池水位落差；

d——消力池深度。

4. 尾槛

消力池末端，一般设有0.5m高左右的尾槛，用以壅高池内水深，稳定水跃，调整槛后水流流速分布，并加强水流平面扩散，以减小对下游河床的冲刷。

5. 辅助消能工

为了提高护坦的消能效果，除尾槛外，有时还设有消力墩等辅助消能工，用以使水流受阻，在墩后形成涡流，加强水跃中的紊流扩散，从而达到稳定水跃，减小跃后水深，缩短长度和提高水跃消能效果的目的，如图6-5所示。

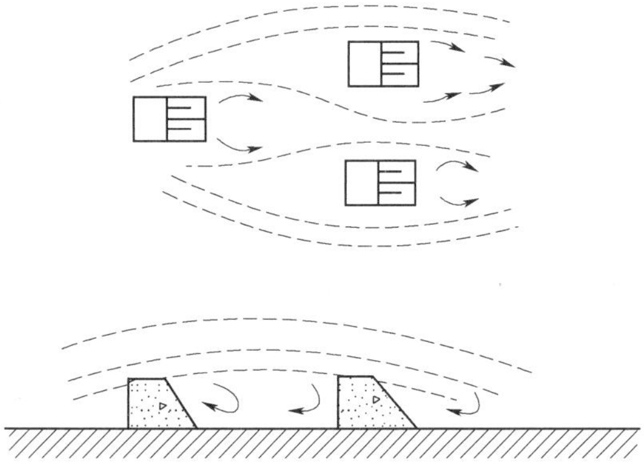

图6-5 消力池辅助消能工

6. 护坦的构造

护坦一般用C15或C20混凝土浇筑而成，并配置直径10～12mm的构造钢筋。

为了减小作用在护坦底板上的扬压力，可在水平段的后半部设置排水孔，并在该部位的底面铺设反滤层，排水孔孔径一般为50～250mm，间距1.0～3.0m，呈梅花形布置。但在多泥沙河道上，排水孔易堵塞，不宜采用。

在护坦与闸室底板、翼墙及海漫之间，均应设置沉降缝。

（二）海漫

海漫的作用是进一步消减水流剩余动能，保护护坦安全，并调整流速分布，保护河床，防止冲刷。

1. 海漫长度

海漫长度取决于消力池出口的单宽流量、上下游水位差、地质条件、尾水深度及海漫本身的粗糙程度等因素。SD 133—84《水闸设计规范》建议采用式（6-5）进行估算。

$$L=k_2\sqrt{q\sqrt{H}} \tag{6-5}$$

式中 q——消力池出口处的单宽流量，$m^3/(s\cdot m)$；

H——上、下游水位差，m；

k_2——河床土质系数，当河床为粉砂、细砂时，取13～15；为中砂、粗砂及砂壤土时，取10～12；为壤土时，取8～9；为坚硬黏土时，取6～7。

2. 海漫的布置与构造

一般在海漫的起始段做5～10m长的水平段，其顶面高程可与护坦齐平或在消力池尾坎顶以下0.5m左右，水平段后做成不陡于1∶10的斜坡，以便水流均匀扩散，调整流速分布，保护河床不受冲刷，如图 6-6 所示。

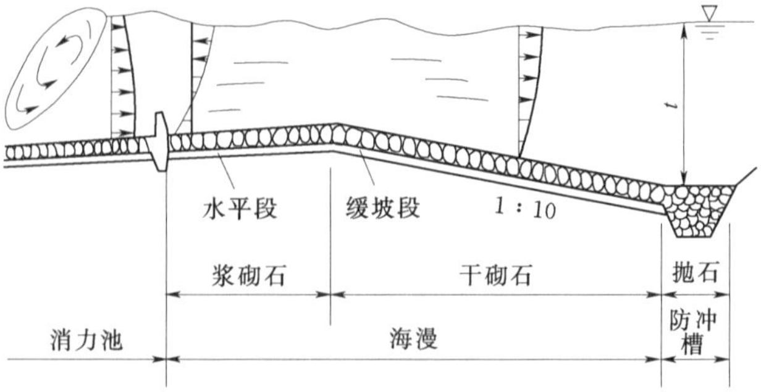

图 6-6　海漫布置图

对海漫的构造要求是：①具有一定的粗糙度，以利进一步消除余能；②具有一定的透水性，以便使渗水自由排出，降低扬压力；③具有一定的柔性，以适应下游河床可能的冲刷变形。常用的海漫结构形式有以下几种。

（1）干砌石海漫。一般由粒径大于 30cm 的块石砌成，厚度为 0.3～0.6m，下面铺设碎石、粗砂垫层，每层厚 10～15cm。其最大优点是能适应河床的变形，透水性好。

（2）浆砌石海漫。采用强度等级 M5 或 M7.5 水泥砂浆砌粒径大于 30cm 的块石，厚度为 0.4～0.6m，砌石内设排水孔，下面铺设反滤层或垫层。浆砌石海漫的抗冲能力强，但柔性和透水性较差，一般用于海漫前部约 10m 范围内。

（3）混凝土板海漫。整个海漫由混凝土板块拼铺而成，厚度为 0.1～0.3m，板中有排水孔，下面铺设反滤层或垫层。其抗冲能力较强，但造价较高。

（4）钢筋混凝土板海漫。当出池水流的剩余能量较大时，可在尾坎下游 5～10m 范围内采用钢筋混凝土板海漫，板中设有排水孔，下面铺设反滤层或垫层。

（三）防冲槽

水流经过海漫后，能量得到进一步消除，但仍具有一定冲刷能力，下游渠床仍难免遭受冲刷，为了防护海漫，常在海漫末端挖槽抛石加固，形成一道防冲槽，旨在下游河床冲刷到最大深度时，海漫仍不遭破坏，如图 6-7 所示。

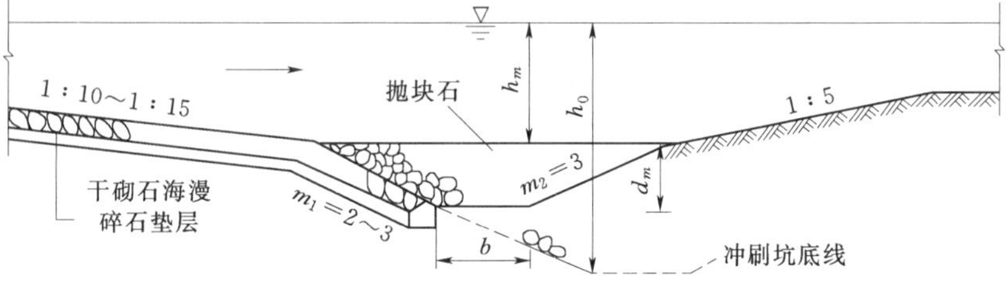

图 6-7　防冲槽

防冲槽多采用宽浅式梯形断面，槽底宽一般取槽深的 2～3 倍，上游坡率为 2～3，下游坡率为 3。

第四节 水闸的防渗排水布置

一、水闸的防渗长度及地下轮廓线的布置

（一）地下轮廓线

自铺盖前端开始，到排水前端为止，沿铺盖、板桩两侧、底板、护坦等与地基的接触线，称地下轮廓线。即闸室渗流的第一根流线，其长度即为水闸的防渗长度，如图 6－8 所示。

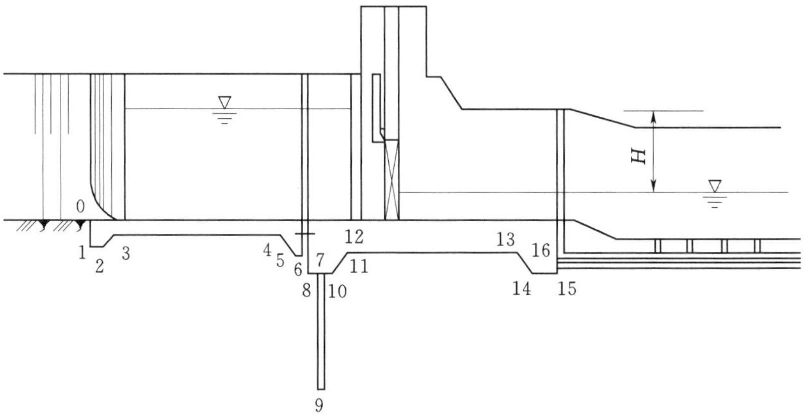

图 6－8 地下轮廓线

SD 133—84《水闸设计规范》规定，为保证水闸安全，所需的防渗长度按式（6－6）拟定。

$$L \geqslant CH \tag{6-6}$$

式中 L——水闸的防渗长度，m；

H——上、下游水位差，m；

C——渗径系数，依地基土的性质而定，见表 6－1。

表 6－1 渗径系数

排水条件	地基类别									
	粉砂	细砂	中砂	粗砂	中、细砾	粗砾、夹卵石	轻粉质、砂壤土	砂壤土	壤土	黏土
有反滤层	9～13	7～9	5～7	4～5	3～4	2.5～3	7～9	5～7	3～5	2～3
无反滤层									4～7	3～4

（二）地下轮廓线的布置

按照防渗与排水相结合的原则，在上游侧采用水平防渗，如铺盖；或垂直防渗，如齿墙、板桩、混凝土防渗墙、帷幕灌浆等，延长渗径以减小作用在底板上的渗透压力，降低闸基渗流的平均坡降；在下游侧设置排水反滤设施，如面导排水、排水孔、减压井与下游连通，使地基渗水尽快排出，防止在渗流出口附近发生渗透变形。

1. 黏性土闸基地下轮廓线的布置

黏性土地基具有凝聚力，不易产生管涌，但摩擦系数较小。布置地下轮廓线时，主要考虑如何降低闸底渗透压力，以增加闸室稳定性。为此，防渗设施常采用水平铺盖，而不用板桩，以免破坏天然土的结构，造成集中渗流，如图 6－9（a）所示。

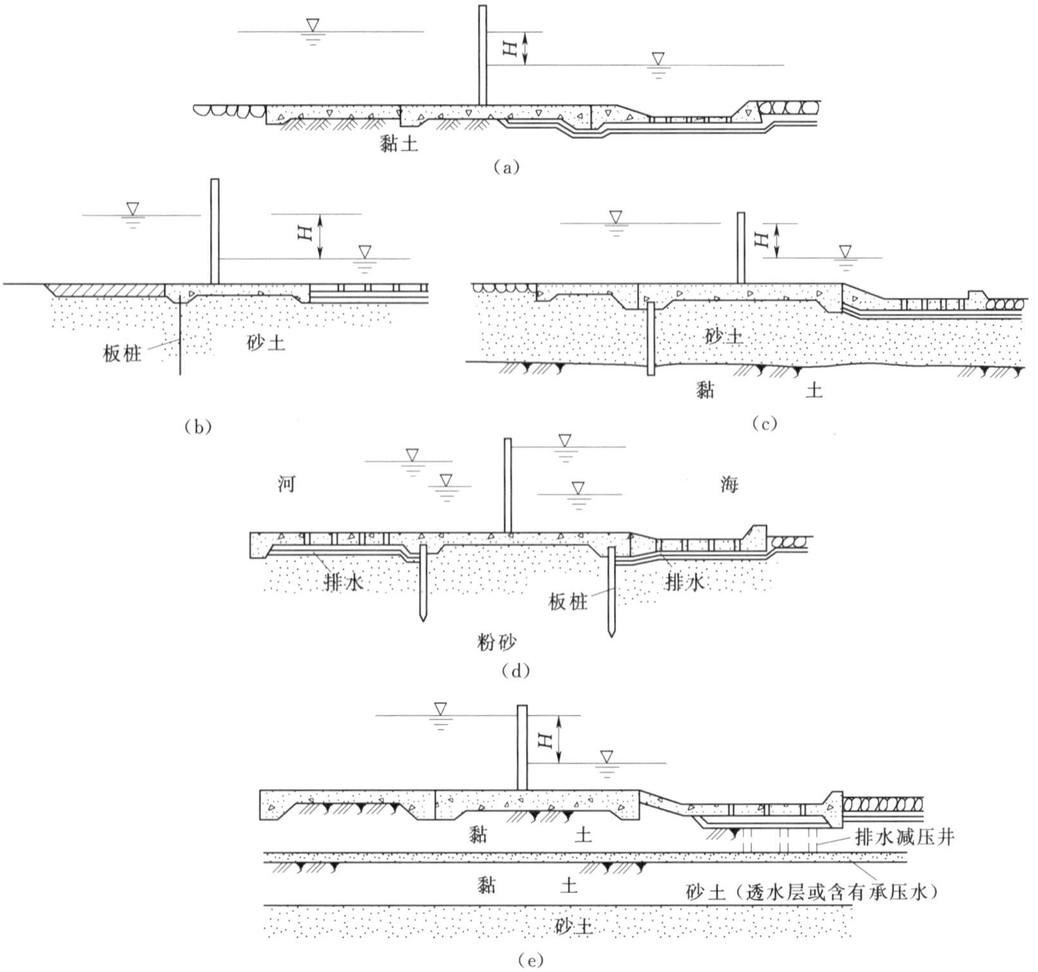

图 6－9　地下轮廓线的布置

（a）黏土地基；（b）厚砂土地基；（c）薄砂土地基；（d）均匀粉细砂；（e）弱透水地基中有承压水

2. 砂性土闸基地下轮廓线的布置

当地基为砂性土时，布置地下轮廓线时应以防止渗透变形和减小渗漏为主。对砂层很厚的地基，如为粗砂或砂砾，可采用铺盖与悬挂式板桩相结合，而将排水设施布置在护坦下面，如图 6－9（b）所示；如为细砂，可在铺盖上游端增设短板桩，以增加渗径，减小渗透坡降。当砂层较薄，且下面有不透水层时，最好采用齿墙或板桩切断砂层，并在护坦下设排水，如图 6－9（c）所示。对于粉砂地基，为了防止振动液化，大多采用封闭式布置，将闸基四周用板桩封闭起来，如图 6－9（d）所示。

3. 特殊地基的地下轮廓线布置

当弱透水地基内有承压水或透水层时，为了消减承压水对闸室稳定的不利影响，可在消力池底面设置深入该承压水或透水层的排水减压井，如图 6-9（e）所示。

二、渗流计算

闸基渗流计算的目的是计算闸底板及护坦的渗透压力和渗透坡降，并判定初拟的地下轮廓线是否满足抗滑稳定和渗透稳定的要求。否则，地下轮廓线要重新修改。常用的计算方法有直线比例法、改进阻力系数法、有限元法和电拟试验法。在此只介绍直线法和改进阻力系数法。

（一）直线比例法

直线比例法是假定渗流沿地下轮廓线流动时，水头损失沿程直线变化。直线比例法有勃莱法和莱因法两种。

1. 勃莱法

将地下轮廓线予以展开，按比例绘一直线，在渗流开始点作一长度为 H 的垂线，并由垂线顶点用直线和渗流逸出点相连，即得地下轮廓线展开成直线后的渗透压力分布图（图 6-10）。则任一点的渗透压力水头

$$h_x = \frac{H}{L}x \tag{6-7}$$

式中 H——上、下游水位差；

x——由下游逸出点算起。

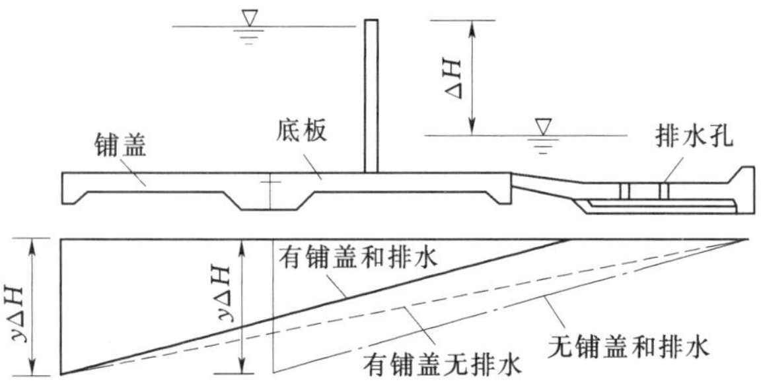

图 6-10 直线比例法计算

2. 莱因法

根据工程实践，莱因法认为水流在水平方向流动和垂直方向流动，消能的效果是不一样的，后者为前者的 3 倍。在防渗长度展开为一直线时，应将水平渗径除以 3，再与垂直渗径相加，即为折算后的防渗长度，然后按式（6-7）计算。

（二）改进阻力系数法

对于复杂的地下轮廓线，需要把整个渗流区大致按等势线位置分成若干典型渗流段，分别求出每个典型渗流段的阻力系数 ζ_i 和水头损失 h_i，对于不同的典型段，根据水流的连续性原理，各段的单宽渗流量相等，且总水头 H 应为各段水头损失之和。即

$$h_i = \zeta_i \frac{q}{K} \tag{6-8}$$

$$H = \frac{q}{K}\sum_{i=1}^{n}\zeta_i \tag{6-9}$$

式中 q——单宽渗流量；

h_i——两断面水头差；

K——土壤渗透系数；

ζ_i——阻力系数，如图 6-11 所示。

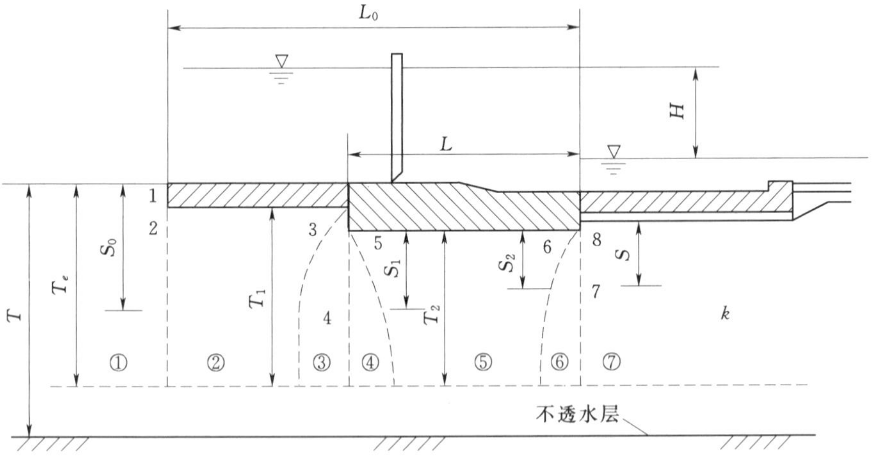

(a)

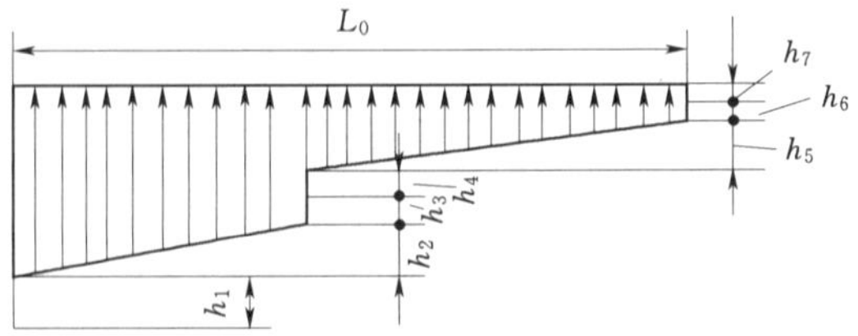

(b)

图 6-11　改进阻力系数法示意图

(a) 渗流区分段；(b) 水力坡降线

三、防渗及排水设施

防渗设施的类型包括水平防渗（铺盖）和垂直防渗（板桩、齿墙）两种，排水设施则是指铺设在护坦、浆砌石海漫底部或闸底板下游段起导渗作用的砂砾石层。排水常与反滤层结合使用。

（一）铺盖

铺盖主要用来延长渗径，应具有一定的不透水性（一般要求铺盖的渗透系数要比地基土的渗透系数小 100 倍以上）；为适应地基的变形，也要有一定的柔性；还要有一定的抗冲性。铺盖常用黏土、黏壤土做成，有时也可用混凝土或钢筋混凝土等作为铺盖材料。

1. 黏土和黏壤土铺盖

黏土和黏壤土铺盖一般用于砂性地基。铺盖的长度一般为闸上水头的 3～5 倍。铺盖的厚度由式（6-10）来计算：

$$\delta=\frac{\Delta H}{[J]} \tag{6-10}$$

式中　ΔH——铺盖顶、底面的水头差；

$[J]$——材料的容许坡降，黏土为 4～8，壤土为 3～5。

铺盖上游端的最小厚度由施工条件确定，一般为 0.5～0.75m。铺盖与底板连接处为一薄弱部位，通常的处理措施是：在该处将铺盖加厚；将底板前端做成倾斜面，使黏土能借自重及其上的荷载与底板紧贴；在连接处铺设油毛毡等止水材料，一端用螺栓固定在斜面上，另一端埋入土中，如图 6-12 所示。为了防止铺盖在施工期遭受破坏和运行期间被水流冲刷，应在其表面铺砂层，然后在砂层上再铺设单层或双层块石护面。

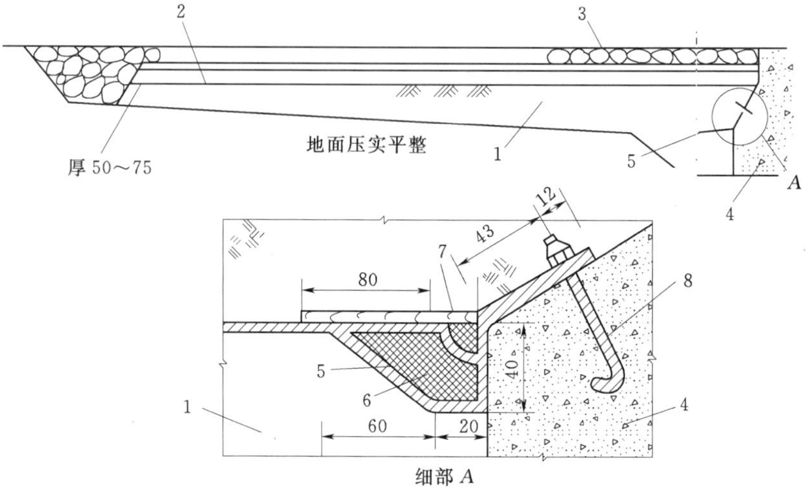

图 6-12 黏土铺盖的细部构造

1—黏土铺盖；2—垫层；3—浆砌块石保护层（或混凝土板）；4—闸室底板；5—沥青麻袋；6—沥青填料；7—木盖板；8—斜面上螺栓

2. 钢筋混凝土铺盖

当缺少适宜的黏性土料或需要铺盖兼作阻滑板时，常采用钢筋混凝土铺盖。钢筋混凝土铺盖的厚度不宜小于 0.4m。在与底板连接处应加厚至 0.8～1.0m，并用沉降缝分开，缝中设止水，如图 6-13 所示。在顺水流和垂直水流流向方向均应设沉降缝，间距不宜超过 15～20m。在接缝处局部加厚，并设止水。

钢筋混凝土铺盖内须双向配置构造钢筋（ϕ10mm，间距 25～30cm）。如利用铺盖兼作阻滑板，还须配置轴向受拉钢筋。受拉钢筋与闸室在接缝处应采用铰接的构造形式，如图 6-13 所示。用作阻滑板的钢筋混凝土铺盖，在垂直水流流向仅有施工缝，不设沉降缝。

（二）板桩

板桩长度视地基透水层的厚度而定。当透水层较薄时，可用板桩截断，并插入不透水层至少 1.0m；若不透水层埋藏很深，则板桩的深度一般采用 0.6～1.0 倍水头。用作板桩的材料有木材、钢筋混凝土及钢材三种。木板桩厚 8～12cm，宽 20～30cm，一般长 3～5m，最长 8m，可用于砂土地基，但现在用得不多。钢筋混凝土板桩使用较多，这种桩可用于各种地基，包括砂砾石地基。厚约 10～15cm，宽 50～60cm，长度为 12～15m，桩的两侧做成舌槽形，以便相互贴紧。钢板桩在我国较少采用。

板桩与闸室底板的连接形式有两种：一种是把板桩紧靠底板前缘，顶部嵌入黏土铺盖一定深度，如图 6-14（a）所示；另一种是把板桩顶部嵌入底板底面特设的凹槽内，桩顶填塞可塑性较大的不透水材料，如图 6-14（b）所示。前者适用于闸室沉降量较大，而板桩尖已插入坚实土层的情况；后者则适用于闸室沉降量小，而板桩桩尖未达到坚实土层的情况。

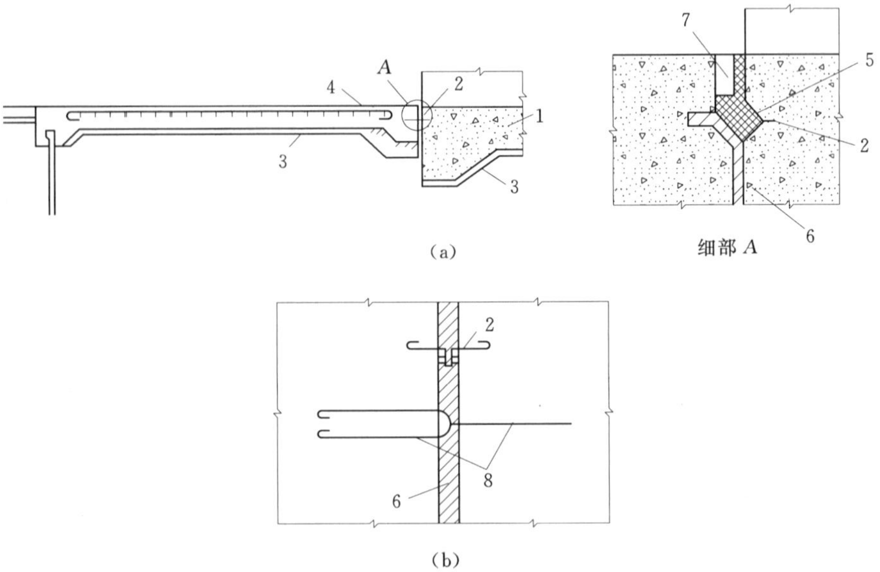

图 6-13　钢筋混凝土铺盖构造图

（a）钢筋混凝土铺盖与底板连接；（b）钢筋连接形式

1—底板；2—止水；3—垫层；4—铺盖；5—沥青玛㻞脂；6—油毛毡两层；7—水泥砂浆；8—铰接钢筋

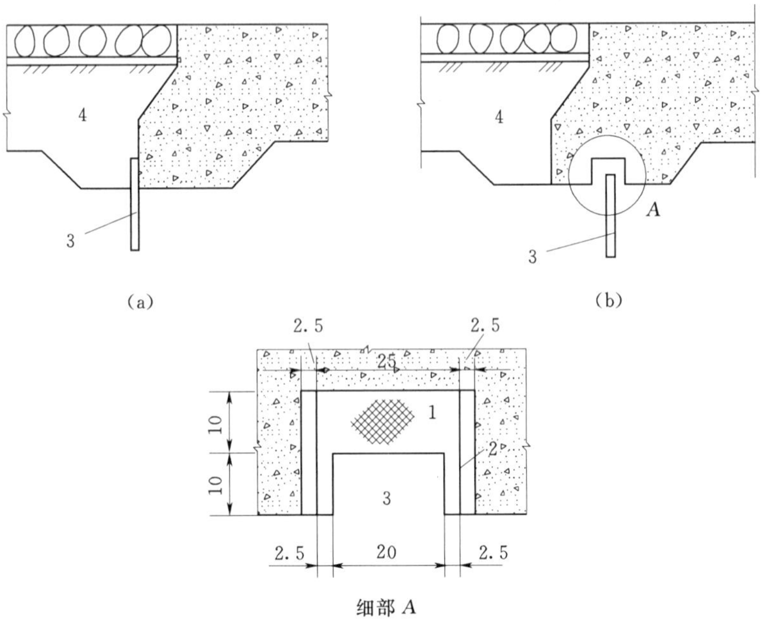

图 6-14　板桩与底板的连接

（a）紧靠底板前缘；（b）板桩嵌入底板底面

1—沥青；2—预制挡板；3—板桩；4—铺盖

（三）齿墙

闸底板的上、下游端一般均设有浅齿墙，用来增强闸室的抗滑稳定，并可延长渗径。

齿墙深一般在 1.0m 左右。

（四）其他防渗设施

近年来，垂直防渗设施在我国有较大进展，就地浇筑混凝土防渗墙、灌注式水泥砂浆帷幕以及用高压旋喷法构筑防渗墙等方法已成功用于水闸建设。

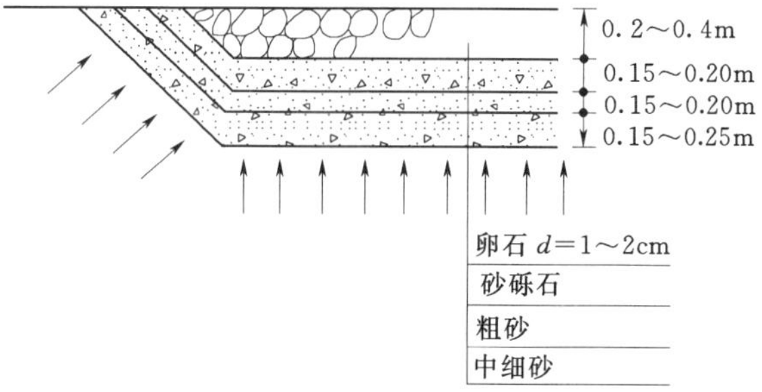

图 6－15 反滤层

（五）排水及反滤层

排水一般采用粒径 1～2cm 的卵石、砾石或碎石平铺在护坦和浆砌石海漫的底部，或伸入底板下游齿墙稍前方，厚约 0.2～0.3m。在排水与地基接触处（即渗流出口附近）容易发生渗透变形，应做好反滤层，如图 6－15 所示。

第五节 闸室布置及构造

一、底板

按形状底板分为水平底板宽顶堰和低实用堰底板。按底板与闸墩的连接方式底板可分为整体式和分离式，如图 6－16 所示。

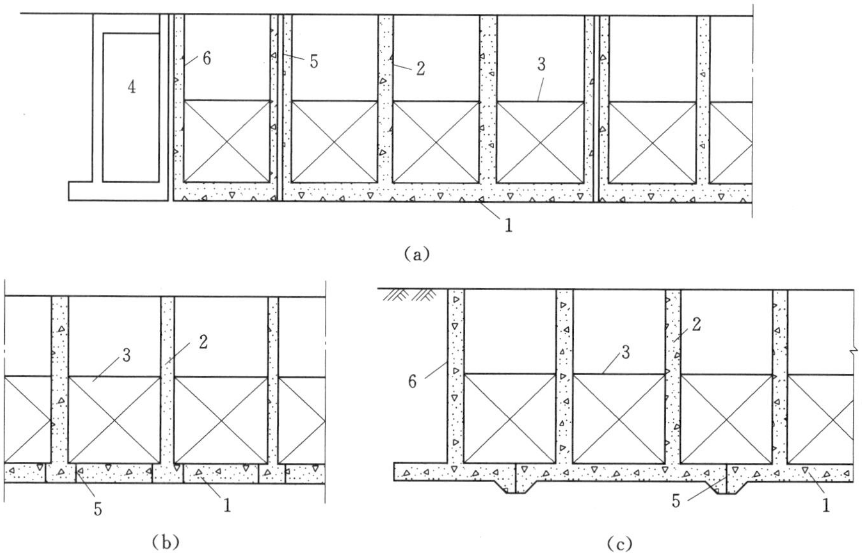

图 6－16 底板形式

(a)、(c) 整体式；(b) 分离式

（一）整体式

闸底板与闸墩浇筑成整体，即为整体式底板。一般采用墩中分缝（也有闸室底板中间分缝的）。它的优点是闸孔两侧闸墩之间不会产生过大的不均匀沉陷，适用于地基承载力较差的土基。整体式底板具有将结构自重和水压力等荷载传给地基及防冲、防渗等作用，故底板较厚。底板顺水流方向的长度可根据闸身稳定和地基应力分布较均匀等条件决定，同时应满足上部结构布置要求。水头愈大，地基条件愈差，则底板愈长。初步拟定时，对砂砾和砾石地基可取（1.5～2.0）H（H 为上、下游水头差）；砂土和砂壤土地基可取（2.0～2.5）H；黏壤土地基，取（2.0～3.0）H；黏土地基，取（2.5～3.5）H。

底板厚度必须满足强度和刚度的要求，大中型水闸可取闸孔净宽的1/5～1/8，一般为1～2m，最薄不小于0.6m。

（二）分离式

单孔底板上设双缝，将底板与闸墩分开时，即为分离式底板。闸室上部结构的重量和水压力直接由闸墩传给地基，底板仅有防冲、防渗和稳定的要求，其厚度可根据自身稳定的要求确定。分离式底板一般适用于地基条件较好的砂土或岩石地基。由于底板较薄，所以工程量较整体式底板省。

二、闸墩

闸墩作用是为了分隔闸孔，支承闸门以及上部结构。闸墩材料常用混凝土、浆砌石、少筋混凝土。闸墩上下游端部形状多采用半圆形和流线形。闸墩高程取决于上部结构布置和闸门形式，一般与底板同长或稍短些。闸墩顶高程应保证最高水位以上有足够的超高，下游部分的墩顶高程可适当降低，但应保证下游的交通桥底部高出泄洪水位0.5m及桥面能与闸室两岸道路衔接。

闸墩厚度必须满足强度和稳定要求且与闸门形式有关。初选时可参考表6-2。

表6-2 闸墩厚度参考值 单位：m

闸孔净宽 b_0	闸墩厚度 d		闸孔净宽 b_0	闸墩厚度 d	
	中墩	缝墩		中墩	缝墩
小跨度（3～6）	0.5～1.0	2×0.4～2×0.6	大跨度（>12）	1.2～2.5	2×0.8～2×1.5
中跨度（6～12）	0.8～1.4	2×0.6～2×0.8			

平面闸门闸墩厚度决定于工作门槽颈部的厚度和门槽深度。门槽颈部厚度的最小值为0.4m。工作门槽尺寸根据闸门的尺寸决定，一般工作门槽深为0.2～0.3m，门槽宽度为0.5～1.0m，其宽深比一般为1.6～1.8。检修门槽深0.15～0.20m，宽0.15～0.30m。检修门槽至工作门槽的净距离不宜小于1.5m，以便于检修操作。

门槽位置一般在闸墩中部偏高水位一侧，有时为了利用水重增加闸室稳定，也可将门槽设在闸墩中部偏低水位一侧。

三、胸墙

当水闸挡水高度较大，闸孔尺寸超过泄流要求时，可设置胸墙挡水，胸墙顶部高程可按挡水要求确定，胸墙底缘高程的确定，一般应以不影响泄水为原则。胸墙的作用，可减少闸门的高度，减轻闸门重和降低对启闭机重量的要求。

胸墙的位置取决于闸门形式。对于弧形闸门，胸墙位于闸门的上游侧，对于平面闸门可设于闸门下游侧，也可设在闸门上游侧。后者止水复杂，且易磨损，但有利于闸门的启

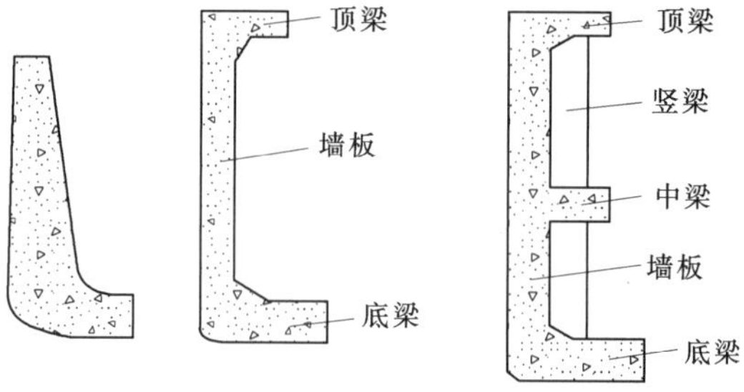

图 6-17 胸墙结构形式
(a) 板式；(b)、(c) 梁板式

闭，钢丝绳也不易锈蚀。

胸墙一般采用钢筋混凝土结构，小跨度（不大于 6m）的胸墙可做成上薄下厚的板式结构，如图 6-17 (a) 所示，大跨度（大于 6m）水闸则可做成梁板式结构，如图 6-17 (b)、(c) 所示。

胸墙的支撑方式有固接和简支两种。简支胸墙与闸墩分开浇筑，缝内设止水，简支胸墙断面尺寸较大。固接式胸墙与闸墩整体浇筑，闸室的整体性好，但易在连接处的迎水面产生裂缝。

四、工作桥

工作桥是供安装和操作启闭设备之用，常设置在闸墩上。若工作桥较高时，宜在闸墩上另建支墩或排架支承工作桥。

初步确定桥高时，平面直升门可取门高的 2 倍再加 1.0～1.5m 的超高值，并满足闸门能从闸门槽中取出检修的要求；若用活动式启闭机，桥高可低些，但亦应大于 1.7 倍门高。升卧闸门的桥高为平面直升门高的 70%。弧形门则视闸门吊点位置等情况而定，一般要比平面门的工作桥低得多。

五、交通桥

建造水闸时，应考虑两侧的交通，以满足汽车、拖拉机和行人通过的要求。交通桥的位置在低水位侧，桥面宽视两岸交通及防汛抢险要求确定。

六、分缝与止水

（一）分缝

水闸沿垂直水流方向每隔一定距离，必须设置沉降缝予以分开，以免闸室因地基不均匀沉降及伸缩变形而产生裂缝。缝的间距岩基上不宜超过 20m，土基上不宜超过 35m，缝宽 2～3cm。

整体式底板的永久缝设在闸墩中间，一孔、二孔或三孔成为一个独立单元。靠近岸边，为了减轻墙后填土对闸室的不利影响，特别是当地质条件较差时，最好采用单孔，而后再接二孔或三孔的闸室。若地基较好时，也可将缝设在底板上，如图 6-18 所示。这样可以减少工程量，且还可减少底板的跨中弯矩。

分离式底板中，闸墩与底板设缝分开。

除了闸室分缝外，凡相邻结构荷重相差悬殊或结构较长、面积较大的地方，都

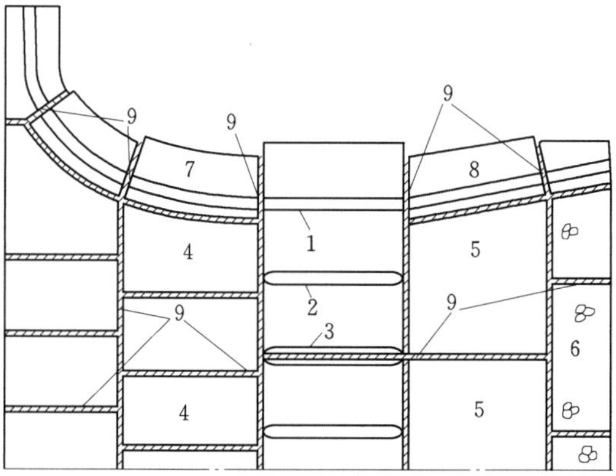

图 6-18 分缝及止水平面位置示意图
1—边墩；2—中墩；3—缝墩；4—钢筋混凝土铺盖；5—消力池；6—浆砌石海漫；7—上游翼墙；8—下游翼墙；9—温度沉降缝

需设缝分开。如在铺盖与水闸底板连接处、翼墙与边墩及铺盖连接处、消力池底板与闸底板、翼墙连接处都要设沉降缝。此外，混凝土铺盖及消力池本身也要设缝分段、分块，如图 6-18 所示。

（二）止水

凡具有防渗要求的缝，都应设止水。按照止水设备的方向，有铅直止水和水平止水两种。前者设在闸墩中间、边墩与翼墙之间以及上游翼墙内；后者设在铺盖与底板间、消力池底板与闸底板、翼墙之间，闸底板与铺盖、消力池底板间的分缝处等。常见的铅直止水构造如图 6-19 所示。常见的水平止水构造如图 6-20 所示。

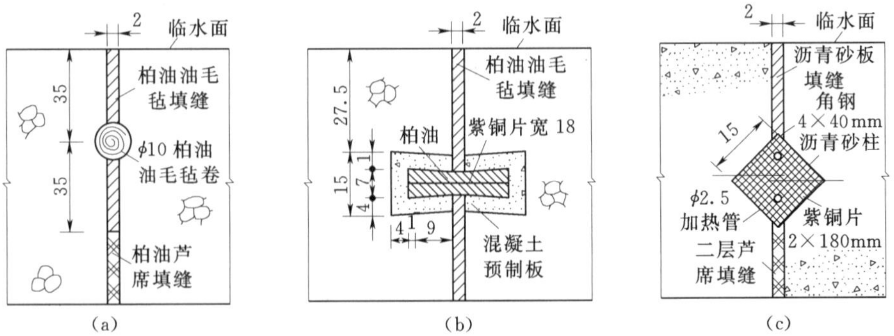

图 6-19　铅直止水构造图

（a）油毛毡止水；（b）紫铜片止水；（c）联合式止水

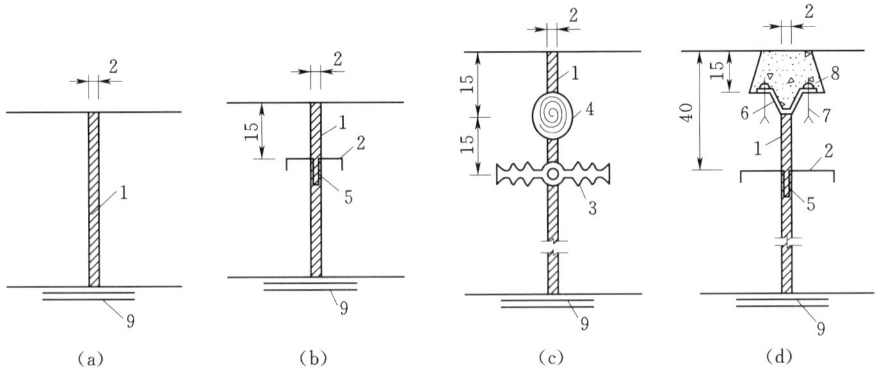

图 6-20　水平止水构造图

（a）沥青止水；（b）紫铜片止水；（c）油毛毡联合塑料止水；（d）沥青混凝土联合紫铜片止水

1—沥青填料；2—紫铜片或镀锌铁片；3—塑料止水片；4—沥青油毛毡卷；5—灌沥青或沥青麻索填塞；6—橡皮；7—鱼尾螺栓；8—沥青混凝土；9—2～3 层沥青油毛毡或麻袋浸沥青

第六节　闸室稳定分析及地基处理

水闸的闸室，要求在施工、运行、检修等各个时期，都不产生过大沉降或沉降差，不致沿地基表面发生水平滑动，不致因基底压力的作用使地基发生剪切破坏而失稳。因此，必须验算闸室在刚建成、运行、施工以及检修等不同工作情况下的稳定性。对于孔数较少而未分缝的小型水闸，可取整个闸室（包括边墩）作为验算单元；对于孔数较多设有沉降缝隙的水闸，则应取两缝之间的闸室单元进行验算。

一、荷载及其组合

水闸承受的主要荷载有自重、水重、扬压力、水平水压力、浪压力、泥沙压力、土压力及地震力等。

（1）自重。主要指结构（底板、闸墩、胸墙、工作桥、交通桥、闸门及启闭设备）自重。

（2）水重。闸底板顶面以上的水体重量。

（3）扬压力。作用在底板底面的渗透压力及浮托力之和。

（4）水平水压力。主要是指作用在胸墙、闸门、闸墩及底板上的水平水压力。底板齿墙上的水平水压力两侧都有，方向相反，数值相差很小，可以略去不计。

（5）浪压力。根据规范，平原地区水闸按莆田试验站公式计算。

（6）泥沙压力、地震力可参照重力坝。

荷载组合分为基本组合和特殊组合。基本组合包括正常蓄水位情况、设计洪水位情况和完建情况。

特殊组合包括校核洪水位情况、地震情况、施工情况和检修情况等。

二、闸室的稳定性及安全指标

（一）土基上的闸室稳定计算应满足下列要求

（1）在各种计算情况下，闸室平均基底应力不大于地基的容许承载力，最大基底应力不大于地基允许承载力的1.2倍。

（2）闸室基底应力的最大值与最小值之比η不大于表6－3的允许值。

表6－3　η的允许值

地基土质	荷载组合		地基土质	荷载组合	
	基本	特殊		基本	特殊
松软	1.5	2.0	坚硬、紧密	2.5	3.0
中等坚硬、紧密	2.0	2.5			

（3）沿闸室基底面的抗滑稳定系数K_c不小于表6－4规定的允许值。

表6－4　K_c的允许值

荷载组合		水闸级别			
		1	2	3	4、5
基本组合		1.35	1.30	1.25	1.20
特殊组合	1	1.20	1.15	1.10	1.05
	2	1.10	1.05	1.05	1.00

注　1. 特殊组合1适用于施工、检修及校核洪水位情况。
2. 特殊组合2适用于地震情况。

（二）岩基上的闸室稳定计算应满足下列要求

（1）在各种计算情况下，最大基底应力不大于地基允许承载力。

(2) 在非地震情况下，闸室基底不出现拉应力；在地震情况下，闸室的基底拉应力不大于 100kPa。

(3) 沿闸室基底面的抗滑稳定系数不小于表 6-4 规定的允许值。

闸室上、下游端基底应力的比值 $\eta=\frac{\delta_{\max}}{\delta_{\min}}$，反映了闸室基底应力分布的均匀程度。$\eta$ 越大，表明闸室两端基底应力相差越大，沉降差越大，闸室的倾斜度也越大。

地基容许承载力可根据地基土的标准贯入击数或其他方法求得。

三、计算方法

(一) 验算闸室基底应力

对于结构布置及受力情况对称的闸孔，如多孔水闸的中间孔或左右对称的单孔闸，按式 (6-11) 计算基底最大和最小压应力：

$$\delta_{\min}^{\max}=\frac{\sum W}{A}\pm\frac{6\sum M}{AB} \tag{6-11}$$

式中 $\sum W$——铅直荷载的总和，kN；

A——闸室基底面的面积，m^2；

$\sum M$——作用在闸室的全部荷载对基底面垂直水流流向形心轴的力矩，kN·m；

B——闸室底板顺水流方向的长度，m。

对于结构布置或受力不对称的情况，应按双向偏心受压公式计算基底压力，且 η 应不大于规定的允许值。

(二) 验算闸室的抗滑稳定

对建在土基上的水闸，除应验算其在荷载作用下沿地基面的抗滑稳定外，当地基面的法向应力较大时，还需验算深层抗滑稳定性。

闸室产生平面滑动或深层滑动的可能性与地基的法向力有关，可用经验公式 (6-12) 判别：

$$\delta_u=A\gamma_b BT\tan\varphi+2c(1+\tan\varphi) \tag{6-12}$$

式中 δ_u——地基产生深层滑动时的临界法向应力，kPa；

A——系数，一般为 3～4；

γ_b——地基土的浮容重，kN/m^3；

B——底板顺水流方向的宽度，m；

φ——地基土的内摩擦角，(°)；

c——地基土的凝聚力，kPa。

当闸底最大应力 $\delta_{\max}<\delta_u$，可只做平面滑动验算；如 $\delta_{\max}\geqslant\delta_u$，还需进行深层滑动校核。一般情况下，闸基面的法向应力较小，不会发生深层滑动。

水闸沿地基面的抗滑稳定应按式 (6-13)、式 (6-14) 进行计算：

抗剪强度公式：
$$K_C=\frac{f\sum W}{\sum P} \tag{6-13}$$

或抗剪断强度公式：
$$K_C=\frac{\tan\varphi_0\sum W+c_0 A}{\sum P} \tag{6-14}$$

式中 W——作用在闸室上全部竖向荷载的总和（包括闸室基础底面上的扬压力），kN；

P——作用在闸室上全部水平荷载的总和，kN；

f——底板与地基土间的摩擦系数，参考表 6-5；

φ_0——底板与地基土间的摩擦角，(°)，参考表 6-6；

c_0——底板与地基土间的黏结力，kPa，参考表 6-6。

表 6-5　　底板与地基土间的摩擦系数 f

地基类别		f	地基类别		f
黏土	软弱	0.20～0.25	砾石、卵石		0.50～0.55
	中等坚硬	0.25～0.35	碎石土		0.40～0.50
	坚硬	0.35～0.45	软质岩石	极软	0.40～0.45
壤土、粉质壤土		0.25～0.40		软	0.45～0.55
砂壤土、粉砂土		0.35～0.40		较软	0.55～0.60
细砂、极细砂		0.40～0.45	硬质岩石	较坚硬	0.60～0.65
中砂、粗砂		0.45～0.50		坚硬	0.65～0.70
砂砾石		0.40～0.50			

表 6-6　　φ_0、c_0 值（土质地基）

土质地基类别	φ_0 (°)	c_0	土质地基类别	φ_0 (°)	c_0
黏性土	0.9φ	$(0.2\sim0.3)c$	砂性土	$(0.85\sim0.9)\varphi$	0

注　表中 φ 为室内饱和固结快剪（黏性土）或（饱和快剪）砂性土试验测得的内摩擦角；c 为室内饱和固结快剪试验测得的黏结力。

当闸室沿基底面的抗滑稳定安全系数小于容许安全值时，可采取以下抗滑措施：

(1) 将高水位一侧的防渗铺盖适当延长，或将低水位一侧的排水设备适当向高水位一侧延伸，以减小作用在底板上的渗透压力。

(2) 将闸室位置适当移向低水位一侧，利用水重。

(3) 适当增加齿墙深度，以提高抗滑力。

(4) 利用高水位一侧的混凝土铺盖作为阻滑板（用钢筋和闸室底板可靠的连接起来）。

四、闸室沉降

如果闸室沉降太大，则闸顶高程下降过多，达不到设计要求；如果闸室沉降差太大，则引起闸室倾斜、断裂，影响其正常运行。

为了减少不均匀沉降，可从闸室和地基两个方面采取措施。

(1) 采取轻型结构并加长底板长度，以减小作用在地基上的压应力。

(2) 调整结构布置，尽量使地基上压力均匀分布。

(3) 尽量减少相邻建筑物的重量差，并将重的建筑物先施工，使其提前沉降。

(4) 进行地基处理，以提高地基承载力。

五、地基处理

根据工程实践，当黏土地基标准贯入击数大于 5，砂性土地基标准贯入击数大于 8，对于中小型水闸，可直接在天然地基上修建水闸，一般不需处理；对于软弱地基，一般的处理方法：

（1）预压加固法。这种方法是在闸基处的软基上预先堆放石块，让软土地基排水固结并达到沉降稳定后，再撤走石块，在经过预压后的土基上建闸沉降量要小很多。但应注意，预压堆石高度，应使预压荷重约为 1.5～2.0 倍水闸荷载，但不能超过地基的承载能力，否则会造成天然地基的破坏。

为了缩短预压施工时间，可在地基中设置塑料排水板，以改善软土地基的排水条件，加快地基固结。塑料排水板间距一般为 1～3m，深度应穿过预压层。

（2）换土垫层法。这种方法是将基底附近一定深度的软土挖除，换以紧密黏土，分层夯实而成垫层。垫层的主要作用是使应力扩散，提高地基的稳定性；减小地基沉降量；具有良好的排水作用，有利于软土地基加速固结。

垫层厚度一般为 1.5～3.0m。此外，还应有适当的防渗措施。若建闸地区缺少砂土，可用壤土代替，这种垫层能起防渗作用，不必另采取防渗措施。

（3）桩基础（深基础）。当水闸上部结构重量大，而闸基为厚度较深的淤泥、软黏土、粉细砂等软弱土层，不能满足稳定和沉降要求时，可采用桩基，即在地基中打桩或钻孔灌注钢筋混凝土桩，在桩顶设台以支承上部结构。桩基可以大大提高地基的承载力，因而采用桩基的闸室可以采用分离式底板。

（4）沉井基础（深基础）。这种方法适用于下有较厚的软土层，要求闸的基础埋置较深的情况。不适用于闸基下有流沙、蛮石、树干或表面倾斜较大的岩层。

沉井是一种筒状结构物，可用浆砌石、混凝土或钢筋混凝土制成，其平面尺寸视上部结构而定，一般只要略大于上部结构的尺寸即可。沉井的接缝应置于闸的沉降缝之下，使上部结构能够适应下部基础的沉降。沉井与上部结构的连接如图 6－21 所示。

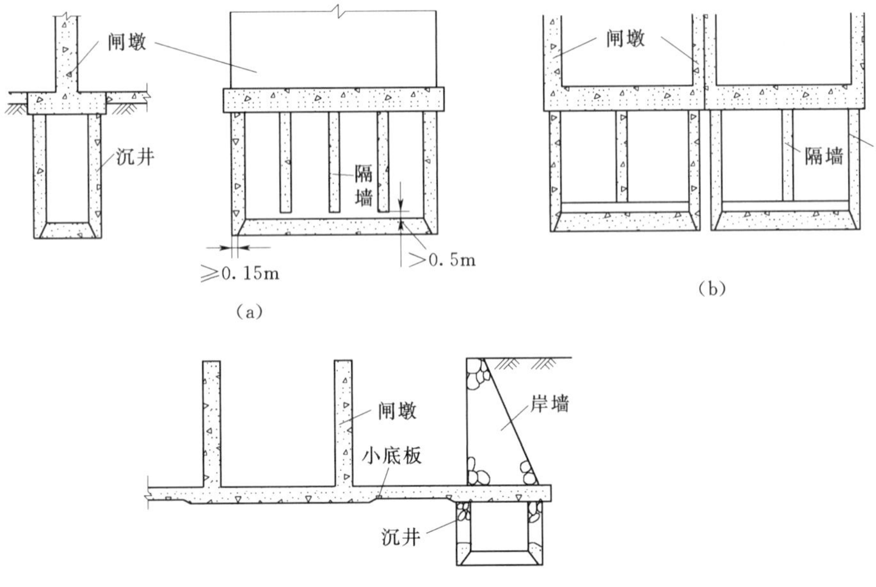

图 6－21　沉井与上部结构的连接图

（5）振冲砂石桩。它是利用一个直径为 0.3～0.8m、长约 2m，下端设有喷水口的振冲器，先在土基内造孔、下管，然后向上移动，边振动边沿管向下填注砂石料，形成砂石桩。桩径一般为0.6～0.8m，间距1.5～2.5m，呈梅花形或正方形布置。桩的深度根据设计要求和施工条件确定，一般为8～10m。振冲桩的砂石料宜有良好的级配，碎石最大粒径不宜大于5cm。振冲砂石桩适用于松砂或软弱的壤土地基。

（6）强夯法。它是由重锤夯实法发展起来的。用100～400kN重锤从6～25m高处自由落下，撞击土层，每分钟2次或3次。该法适用于细砂、中砂和砂壤土等强透水的土层。在透水性差的黏性土地基上，如设置砂井（或排水板），也可收到较好的效果。

（7）爆炸法。在松砂层厚度较大的地基上建闸，可采用爆炸振密法。先在地基内钻孔，孔距约5～6m，沿孔深每隔一定距离放置适量的炸药，利用爆炸力使松砂密实。该法对粗砂、中砂地基比较有效，而对细砂，尤其是粉砂地基，效果较差。爆炸振密深度一般不超过10m。

（8）高速旋喷法。旋喷法是用钻机以射水法钻进至设计高程，然后由安装在钻杆下端的特殊喷嘴把高压水、压缩空气和水泥浆或其他化学浆液高速喷出，搅动土体，同时钻杆边旋转边提升，使土体与浆液混合，形成桩柱，以达到加固地基的目的。

旋喷法可用来加固黏性土及砂性土地基，也可用作砂卵石层的防渗帷幕，适用范围较广。

第七节 水闸的两岸连接建筑物

一、两岸连接建筑物的作用

水闸与河岸或堤坝等连接时须设置岸墙和翼墙等连接建筑物。其作用是：

（1）挡住两侧填土，维持土坝及两岸的稳定。

（2）上游翼墙主要用于引导水流平顺进闸，下游翼墙使出闸水流均匀扩散，减少冲刷。

（3）保护河床（或土壤）边坡不受过闸水流冲刷。

（4）控制通过闸身两侧的渗流，防止河岸或与之相连的土坝的渗透变形。

（5）在软弱地基上，设有独立的岸墙时，可以减少两岸沉降对闸身应力的影响。

在水闸工程中，两岸连接建筑物的造价可占工程总造价的15%～40%，闸孔越少，所占比重越大。

二、两岸连接建筑物的布置

（一）闸室与两岸的连接形式

水闸闸室与两岸的连接形式主要与地基条件及闸身高度有关。当地基较好、闸身高度不大时，可用边墩直接与河岸连接，如图6-22所示。当闸身较高、地基软弱时，如用边墩直接挡土，由于边墩与闸身地基的荷载相差悬殊，可能产生严重不均匀沉降，影响闸门启闭，并在底板内产生较大的内力。此时，可在边墩后面设置轻型岸墙，边墩只起支承闸门及上部结构的作用，而土压力全部由岸墙承担，如图6-23所示。这种连接形式可以减小边墩和底板的内力，同时还可以使作用在闸室上的荷载比较均衡，以减少不均匀沉降。当地基承载力过低时，也可以采用护坡式结构形式。其优点是：边墩不挡土，也不设岸墙和翼墙挡土，因此，闸室边孔受力状态得到改善，适用于软弱地基。其缺点是防渗和抗冻性能较差。同时，为了挡水和防渗需要，在岸坡段设刺墙，其上游设防渗铺盖。

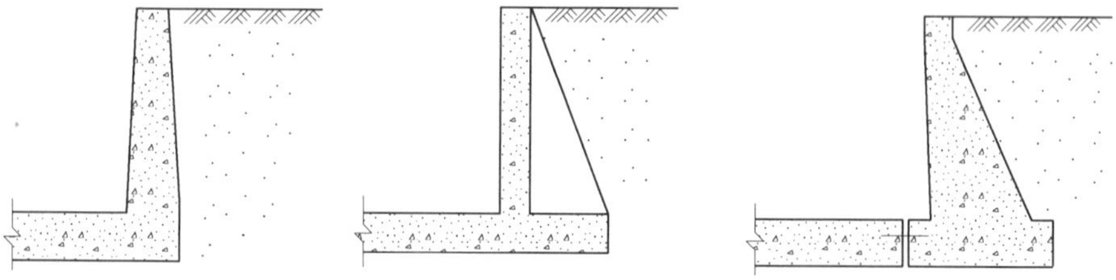

(a)　(b)　(c)

图 6-22　边墩直接挡土

(a) 悬臂式边墩；(b) 扶臂式边墩；(c) 重力式边墩

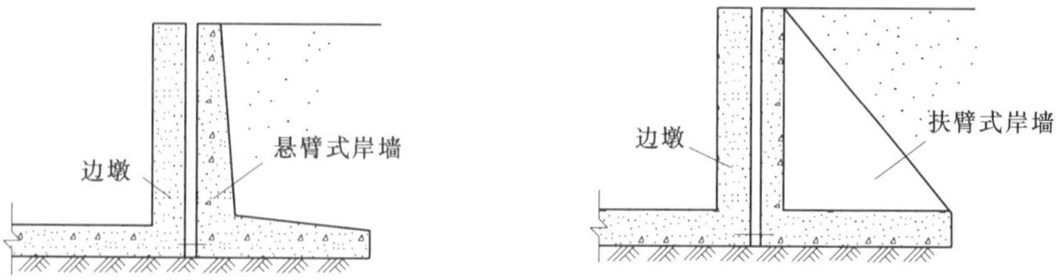

(a)　(b)

图 6-23　边墩不挡土

(a) 悬臂式岸墙；(b) 扶臂式岸墙

（二）上下游翼墙的平面布置

翼墙平面布置一般有以下几种。

1. 圆弧翼墙

这种布置形式是从边墩两端开始，用圆弧直墙与河岸相连，上游圆弧半径约为 15～20m，下游圆弧半径约为 30～40m，如图 6-24 (a) 所示。其优点是水流条件好，但施工复杂、模板用量大，适用于水位差及单宽流量大、闸身高、地基承载力较低的大中型水闸。

2. 反翼墙

上游翼墙长为水闸水头的 3～5 倍，或与铺盖同长；下游与消力池同长，然后分别垂直插入堤岸内，插入长度 0.3～0.5m。两段相连的转角处，常用半径为 2～5m 的圆弧连接。为改善水流条件，上游翼墙的收缩角不宜大于 12°～18°，下游扩散角不大于 7°～12°。如图 6-24 (b) 所示。这种布置形式水流和防渗效果好，但工程量大，适用于大、中型工程。对于渠系小型水闸，为了节省工程量可采用一字形布置形式，即翼墙自闸室边墩上下游端垂直插入堤岸。这种布置工程量省，但进出水流条件差。为了改善水流条件，在进口墙截 30°小切角，可提高 8%的流量系数值。

3. 扭曲面翼墙

翼墙的迎水面，从边墩端部的铅直面，向上、下游延伸而逐渐变为和与其相连的河岸或渠道坡度相同为止，形成扭曲面，如图 6-24 (c) 所示。其优点是进出闸水流平顺、工程量省，但施工复杂。这种布置在渠系工程中应用较多。

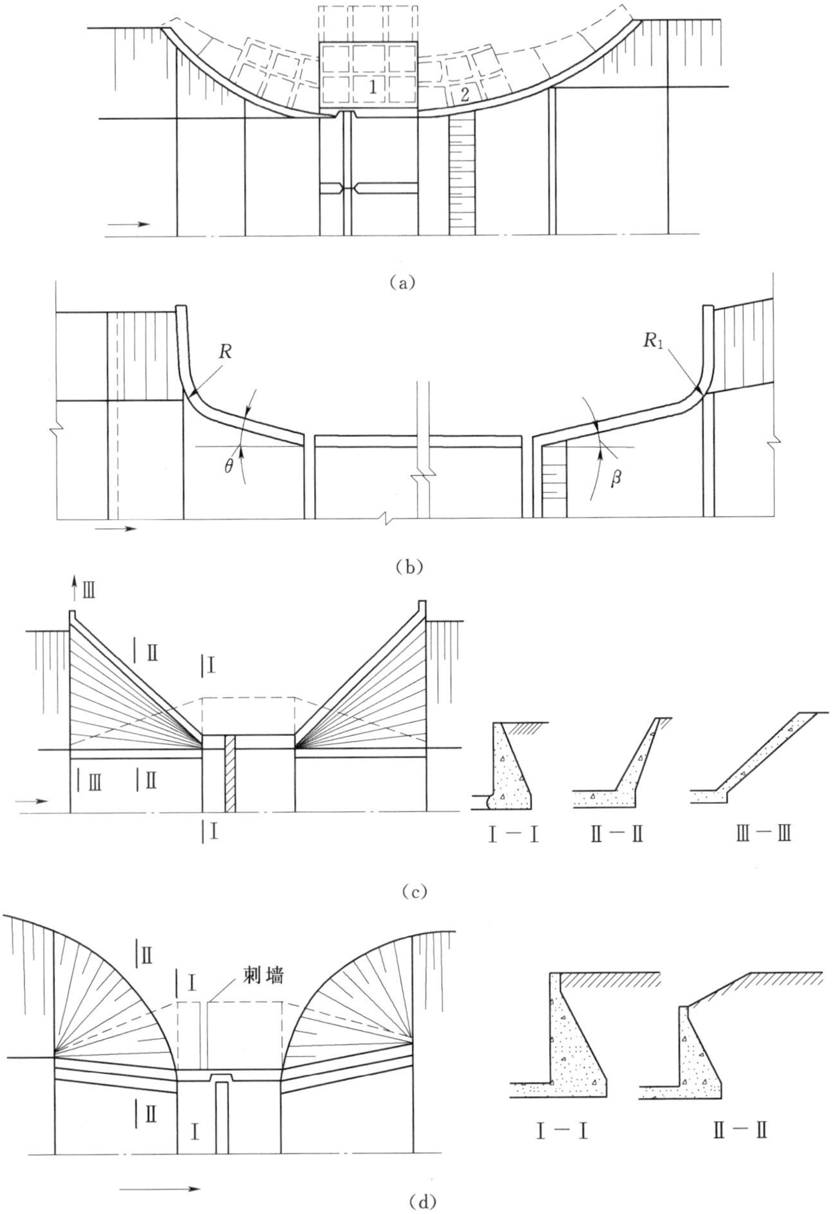

图 6-24 翼墙平面布置

(a) 圆弧翼墙；(b) 反翼墙 R、$R_1=2\sim5$m；θ 不宜大于 $12°\sim18°$；β 不大于 $7°\sim12°$；(c) 扭面式翼墙；(d) 斜降式翼墙

4. 斜降式翼墙

翼墙在平面上呈八字形，高度随其向上、下游延伸而逐渐降低，至末端与河床齐平，如图 6-24 (d) 所示。这种布置的优点是工程量省、施工简便，但水流在闸孔附近容易产生立轴旋滚，冲刷岸坡，而且岸墙后渗径较短，有时需要另设刺墙，只能用于小型水闸。

三、两岸连接建筑物的结构形式

两岸连接建筑物结构主要是挡土墙，挡土墙有重力式、悬臂式、扶臂式和空箱式，如图 6－25、图 6－26 所示。

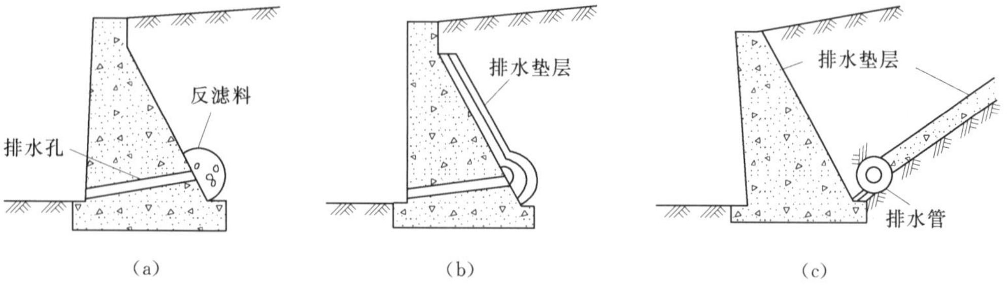

图 6－25 重力式挡土墙

(a) 反滤料式排水孔；(b) 排水垫层式排水孔；(c) 排水暗管

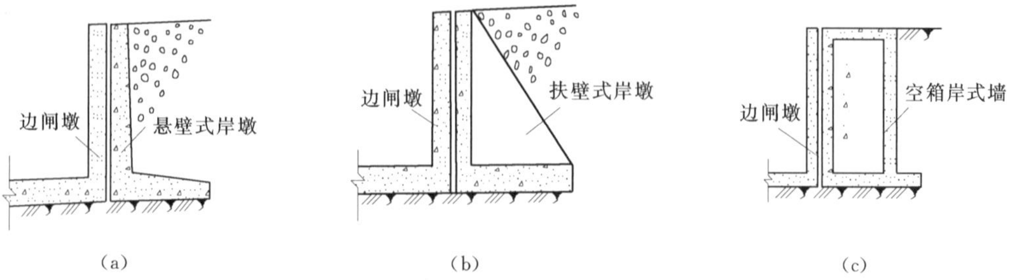

图 6－26 悬臂式、扶臂式和空箱式挡土墙

(a) 悬臂式挡土墙；(b) 扶臂式挡土墙；(c) 空箱式挡土墙

(一) 重力式挡土墙

重力式挡土墙主要依靠自身的重力维持稳定。它适用于中、小型水闸工程。由于自重较大，一般墙高不超过 6m。挡土墙的墙身多用 M5～M10 水泥砂浆或 C15、C20 细石混凝土砌筑块石。为了改善地基压力分布和增强墙的耐久性，挡土墙的底板和墙身压顶多用混凝土或钢筋混凝土浇筑。重力式挡土墙的顶宽一般为 0.3～0.6m，临水面常做成铅直或接近铅直，背水面自墙顶向下可做成高度为 0.8m 左右铅直段，然后以 1：0.25～1：0.5 的斜坡至底板。混凝土底板宽度宜取墙高的 0.6～0.8 倍。底板板厚 0.5～0.8m，板两端悬臂部分长度一般为 0.3～0.5m。

为了提高挡土墙的稳定性，墙内设排水设施，以减少墙背面水压力。排水设施即墙内设排水孔，孔后设反滤层，当墙内不宜设排水孔时，可采用墙后暗管排水。

为了适应地基不均匀沉降，挡土墙每隔 10～25m 设置沉降缝一道，缝宽 2cm，用沥青杉板隔开。

(二) 悬臂式挡土墙

悬臂式挡土墙一般为钢筋混凝土结构，由直墙和底板组成，如图 6－26 (a) 所示。其适宜高度为 6～10m。悬臂式挡土墙具有厚度小、自重轻等优点。底板宽度由挡土墙稳定条件和基底压力分布条件确定。调整后踵长度，可以改善稳定条件；调整前趾长度，可以改善基底压力分布条件。直墙和底板近似按悬臂板计算。

（三）扶臂式挡土墙

当墙的高度超过 9～10m 以后，采用钢筋混凝土扶臂较为经济。扶臂式挡土墙由直墙、底板及扶臂三部分组成，如图 6-26（b）所示。

（四）空箱式挡土墙

空箱式挡土墙由底板、前墙、后墙、扶臂、顶板和隔墙等组成，如图 6-26（c）所示。利用前后墙之间形成的空箱充水或填土可以调整地基应力。因此，它具有重力小和地基应力分布均匀的优点。但其结构复杂，需用较多的钢材和木材，施工麻烦，造价高。适用于地基较差的大型水闸。

四、侧向绕渗及防渗排水措施

水闸挡水时，除闸基有渗流外，水流还从上游经水闸两岸渗向下游，即为侧向绕渗。绕渗对岸、翼墙产生渗透压力，有可能使两岸填土产生危害性的渗透变形；绕渗加大了墙底扬压力和墙身的水平水压力，影响其稳定性。

两岸连接建筑物的防渗布置必须与闸基的防渗排水相一致。上游翼墙与铺盖的连接，不仅其连接部位要确保防渗，还要注意翼墙插入河岸的防渗深度与闸基一致。两岸的可能渗径都不得小于闸基防渗长度。

侧向渗径长度不满足时，可在边墩或岸墙的后面设置一道或两道刺墙。刺墙在沿闸轴线方向的长度可取上下游水位差的 1～3 倍。它的高度应高出绕渗的自由水面。刺墙底板的高程一般与边墙底板齐平。复合土工膜作为刺墙是一种较好的选择，既能适应地基的变形，又有很好的防渗效果。

为了排除渗水，可在下游翼墙上设置排水孔，并在孔口附近设反滤层以防止发生渗透变形。

本 章 小 结

水闸是一种低水头的水工建筑物，既能挡水，又能泄水，用以调节水位，控制泄流量。本章介绍了水闸的作用、分类、工作特点、组成结构等。着重阐述了闸址选择、孔口设计、消能防冲、防渗排水、闸室布置及构造，阐述了闸室稳定性分析及沉降计算的方法，介绍了两岸连接建筑物的作用、布置及其结构形式等。

复 习 思 考 题

一、填空题

1. 水闸按结构型式可分为________和________。
2. 对水闸工作影响最大的因素是________和________。
3. 闸室的主要作用是________。
4. 消力池的池长要满足________条件，池深要满足________条件。
5. 闸基渗流计算的方法主要有________、________和________。
6. 工作闸门可以在________启闭，检修闸门只能在________启闭。

二、选择题

1. 枯水期下闸挡水，洪水期开闸泄水，这个水闸可能是（　　）。

A. 节制闸　B. 进水闸　C. 分洪闸　D. 挡潮闸

2. 海漫的构造要求是（　　）。

A. 光滑性　B. 粗糙性　C. 透水性　D. 柔性

3. 翼墙的平面布置型式有（　　）等。

A. 圆弧式　B. 扭曲面式　C. 反翼墙式　D. 扶壁式

4. 可能设排水孔的位置是（　　）。

A. 上游翼墙　B. 下游翼墙　C. 铺盖　D. 护坦

5. 水闸的消能设施有（　　）。

A. 消力池　B. 铺盖　C. 海漫　D. 防冲槽

三、简答题

1. 水闸是如何分类的？
2. 水闸的各组成部分及作用是什么？
3. 水闸的工作特点是什么？
4. 水闸最常见的消能方法及主要消能设施有哪些？
5. 提高闸室稳定的措施有哪些？
6. 闸门类型有哪些？

第七章　河岸溢洪道

【本章学习要点】 了解常用的泄水建筑物的类型，掌握河岸溢洪道的类型、作用及适用条件，理解并能准确辨别正槽溢洪道和侧槽溢洪道的组成及布置特点。

为了保证水利水电枢纽中挡水建筑物不受破坏，并在适当时候泄放超过水库调蓄能力的洪水，确保工程安全，满足放空水库和防洪调节等要求，在水利枢纽中一般都修建有专门的水工建筑物，这就是泄水建筑物。

常用的泄水建筑物有坝身式泄水建筑物和河岸式泄水建筑物两类。前者又可以细分为溢流坝、泄水孔和坝下涵管，后者则可以细分为河岸溢洪道和泄水隧洞。隧洞和坝下涵管在第八章叙述，本章主要阐述河岸溢洪道。

第一节　河岸溢洪道的类型、作用及适用条件

河岸溢洪道也简称为溢洪道。当坝型不宜从坝体溢流或溢流段的溢流宽度不能满足大量泄洪要求时，需在坝体外的河谷两岸适当位置单独设置泄水道，这就是溢洪道，如图 7-1 所示，碧口水电站的溢洪道位于坝体的右侧。溢洪道一般多为地面开敞式布置，可充分利用地形，减少土方的开挖量，因此造价较低；溢洪道泄洪量大，检修方便，运行安全可靠，因此常是土石坝枢纽承担主要泄洪任务的泄水建筑物。在峡谷中建造混凝土坝，特别是支墩坝或轻型坝，当有大量泄洪要求而坝身泄水道难以满足时，也可以建造河岸溢洪道。

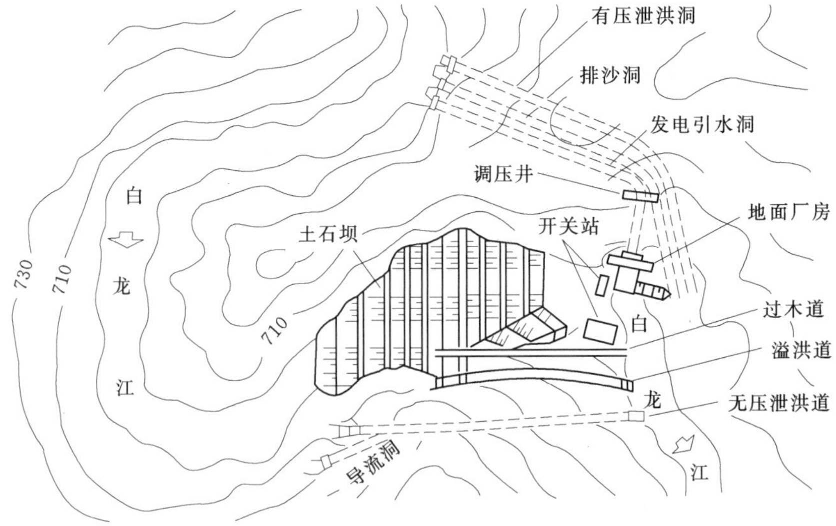

图 7-1　碧口水电站溢洪道布置型式

河岸溢洪道的类型主要有正槽式、侧槽式、竖井式和虹吸式 4 种。

一、正槽式溢洪道

如图 7－1 和图 7－2 所示，这种溢洪道的泄槽与溢流堰轴线正交，过堰水流与泄槽轴线方向一致，它的优点是水流平顺，超泄能力大，结构简单，运用安全；缺点是溢洪道占地面积大，对地基要求较高。它适用于各种水头和流量，多见于坝址处地形开阔的大型水库泄洪中。

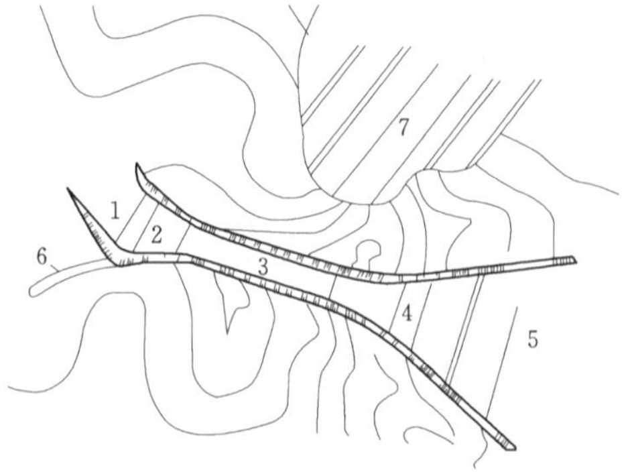

图 7－2　正槽式溢洪道

1—引水渠；2—溢流堰；3—泄槽；4—消力池；5—退水渠；6—非常溢洪道；7—土坝

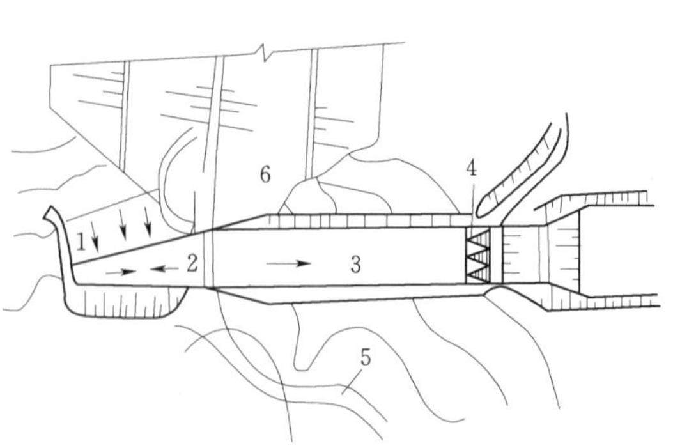

图 7－3　侧槽式溢洪道

1—溢流堰；2—侧槽；3—泄水槽；4—出口消能段；5—土坝公路；6—土坝

二、侧槽式溢洪道

如图 7－3 所示，这种溢洪道的泄槽与溢流堰的轴线接近平行，水流过堰后，在侧槽段的极短距离内转弯约 90°，再经泄槽或泄水隧洞流入下游。当地形布置要求不能满足正向布置泄流时，可采用侧向泄流，它的优点是对地形地质要求较低，工程规模较小；缺点是由于水流在侧槽中的紊动和撞击都很强烈，且距坝头较近，因此对消能设施要求高，消能不当时存在危及大坝安全的可能。侧槽溢洪道多用于坝址两岸地势较高，岸坡较陡的中小型水库中。

三、竖井式溢洪道

如图 7－4 和图 7－5 所示，这种溢洪道由溢流喇叭口、渐变段、竖井和泄洪隧洞等部

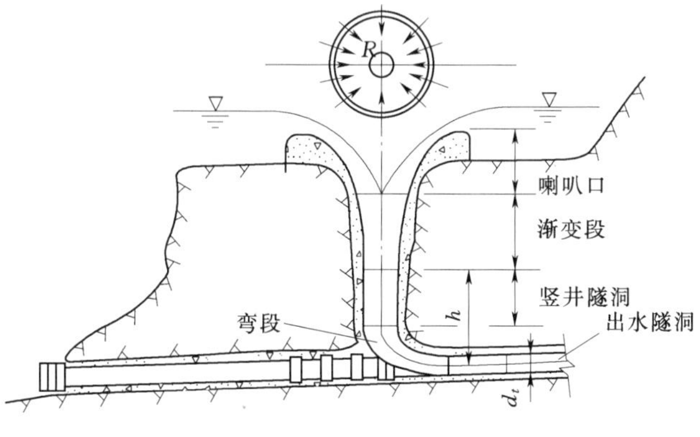

图 7－4　竖井式溢洪道

图 7-5 井式溢洪道喇叭口实体图

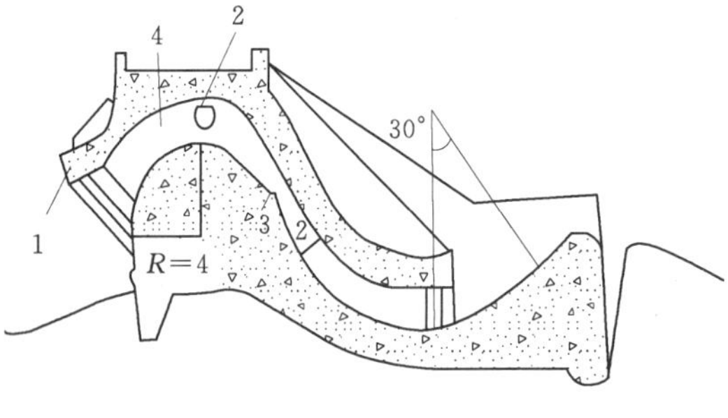

图 7-6 虹吸式溢洪道
1—遮檐；2—通气孔；3—挑流坎；4—曲管

分组成。优点是占地小，对工程地质条件要求低；缺点是水流条件复杂，超泄能力小，易空蚀和振动。适用于岸坡陡峻的情况，工程实践中，往往与导流隧洞相结合。

四、虹吸式溢洪道

如图 7-6 所示，这种溢洪道由虹吸曲管和淹没在上游水位以下的进口（又称遮檐）所组成，利用虹吸原理泄水。优点是自动调节上游水位，不设闸门；缺点是超泄能力小，构造复杂，工作可靠性差。适用于上游淹没高程有严格限制的情况。

由于正槽溢洪道和侧槽溢洪道的整个流程是完全开敞的，故又称开敞式溢洪道。而把竖井式溢洪道和虹吸式溢洪道称为封闭式溢洪道。

第二节 正槽溢洪道的组成及布置

根据溢洪道的工作性质和结构布置，典型的正槽溢洪道通常由引渠段、控制段、泄槽段、消能段和尾渠段组成。其中控制段、泄槽段和消能段又合称为堰身段，是溢洪道的主体组成部分，引渠、尾渠分别为引流渐变部分，如水流直接进入控制段，并在消能后直接归入主河，则可不设引渠、尾渠。具体如图 7-7 所示。

（一）引渠段

引渠段也称为进水段，是水库与控制段之间的连接段，具有将水流平顺、均匀引入控制段的作用。布置时应考虑以下几点。

1. 引渠的轴线

引渠的轴线方向应保证水流进入顺畅，故一般应以直线为好。当渠道较长时，应设渐变段与控制段连接，使不出现涡流或横向坡降。当由于地形、地质条件要求转弯时，应使

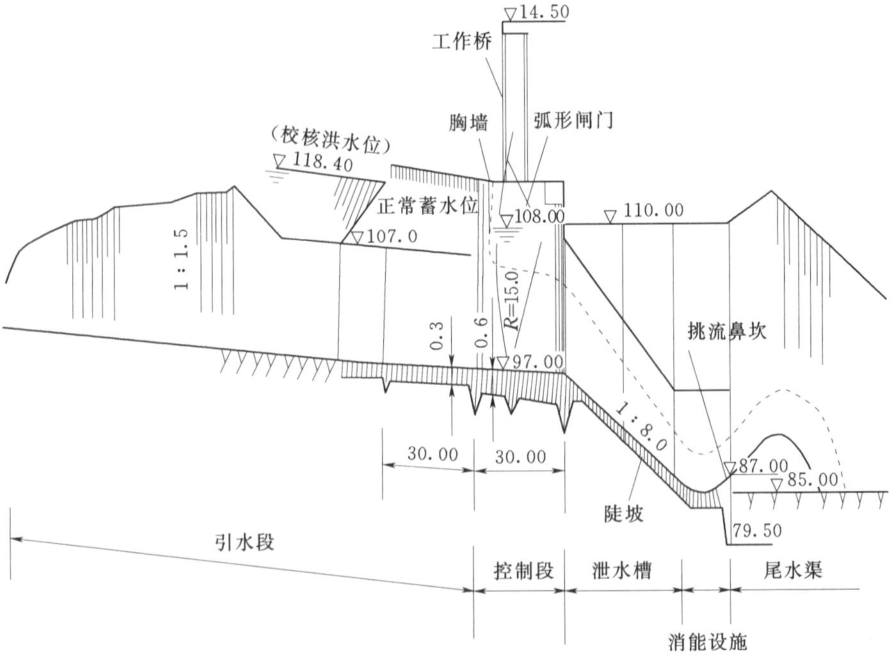

图 7-7 正槽溢洪道的整体布置（单位：m）

轴线的弯曲半径不小于 4～6 倍渠底宽度，弯道至控制堰（闸）间应有 2～3 倍的直线长度，以便水流均匀平顺入堰。

2. 引渠的流速

要控制引渠的流速在不冲不淤流速间，一般应在 4m/s 以内，以保证引渠的水流为缓流，水面波动小，横向水面比降小。如因条件限制，超过上述规定值时，应进行论证并增设防护措施。引渠的流速一般可以沿程逐渐增加，但不得突变。一般引渠底部高程为不大于控制段堰顶高程，或将引渠作成反坡，以增加过流面积，减小引渠流速。同时，引渠高程低于堰顶高程，可以形成堰坎高度 P，当为实用堰进口时，能增加堰的过流能力。

3. 引渠的断面

引渠的断面一般为梯形，但进口应根据不同的地形采用适宜的断面形状，使水流平稳入渠并易于施工。一般进口多为喇叭形。当进口直接面临水库或紧靠大坝时，为避免产生涡流及横向环流，大多在靠坝一侧设置导水墙，布置成转弯式的喇叭口形。引渠的断面要有足够的过流面积，为了尽量减小引渠底宽，以减少开挖宽度，对土基而言，引渠的断面多修成边坡坡度为 1：1～1：2 的梯形，视有无衬砌以及土坡稳定要求而定；岩基则为矩形或为 1：0.1～1：0.3 的梯形断面。

4. 引渠的衬砌

对完整的岩基，引渠一般可不衬砌。当岩性较差或对土基时，则需要进行衬砌。衬砌可采用干砌块石、浆砌块石、喷浆或混凝土护面。底板衬砌厚度可只按构造要求确定，混凝土衬砌厚度一般为 0.3m。

（二）控制段

控制段的作用在于控制过流能力与下泄流向。溢洪道的控制段可分为两种形式：堰式控制和渠式控制。堰式控制是指控制建筑物为实用堰或其他形式的堰体，也称堰式进口；渠式控制是指不用溢流堰控制水流，而以明渠非均匀流的方式、依靠适当的堤坡和糙率对下泄流体进行调节。实践中渠式控制只在一些小工程中有所应用，更多的是堰式控制段。常用的有宽顶堰、实用堰，有时也用驼峰堰和胸墙式堰。

1. 宽顶堰

如图7-8（a）所示，当堰体顶部宽度超过过堰水头的2.5倍时，称为宽顶堰。宽顶堰结构简单，施工方便。但流量系数较低，一般仅为0.32～0.385。由于宽顶堰的高度小，荷载小，对承载能力较差的土基适应能力强，所以在相同条件下，其所需要的溢流前缘要比实用堰长，土石挖方较大，一般多用于泄洪量不大或附近地形平缓，高程适宜的中小型水库中。

宽顶堰的堰顶一般都要进行砌护，使地基不受水流冲刷。在岩石地基上的宽顶堰可以不加砌护，但应考虑开挖后岩石表面不平整带来的流量系数降低。

2. 实用堰

如图7-8（b）所示，当堰前水头较高时，可将堰体顶部过水处修为曲线型或折线型，此时称为实用堰。实用堰的流量系数较大，因其剖面为曲线形或折线形，因此，施工较宽顶堰复杂些，一般在地面高程低于设计堰顶高程，或地面高程高于设计堰顶高程，而易于开挖时，采用实用堰型较为合理。

溢洪道的实用堰一般为低堰，即上游堰高小于3倍的堰上水头，因此，其流量系数介于高堰和宽顶堰之间，堰面一般不会出现过大的负压，一般不用砌护。

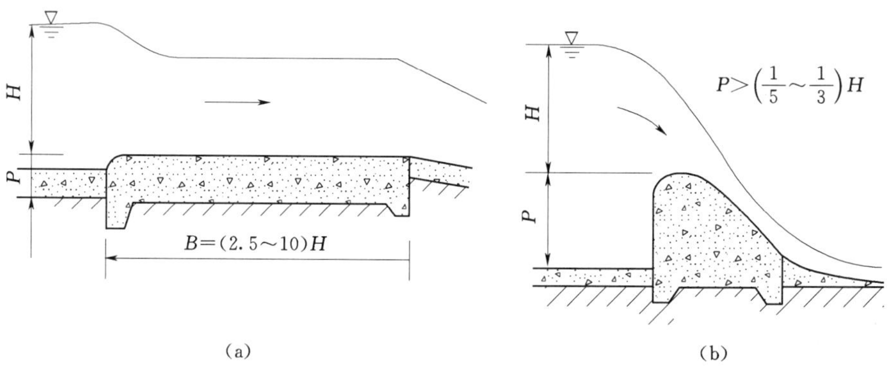

图7-8 常用的控制堰形态

（a）宽顶堰；（b）非真空实用堰

控制段中一般还可通过在溢流堰设闸门或不设闸门两种方式进行下泄水流的控制。设闸门有利于限制库水位上升的幅度，如根据洪水预报提前开闸放水，预先腾出库容，对洪水进行调蓄。但设置闸门除增加投资外，运用操作也比较复杂，可靠性也受影响。不设闸门时，对洪水的调度不灵活，泄洪宽度较大（或洪水位增高），但运用方便，可靠性好。因此，一般大、中型水库设置闸门较多，小型水库特别山区水库则一般不设闸门。

闸门一般采用直升式平面闸门或弧形闸门。前者制造方便，有利于提升检修和替换使用，并可缩短闸墩长度，但缺点是启门力较大，门槽水流条件较差。弧形门的优缺点则恰与此相反，一般常用于大中型工程中。

（三）泄槽段

泄槽是紧接溢流堰（或过渡段）的一条泄水道，可以是渠道或隧洞形式。泄槽的作用是使过堰水流安全地泄往下游，由于河岸溢洪道的落差主要集中在这一段，为使槽内水流呈急流状态，其纵坡常为大于临界坡度的陡坡，因此又称为陡槽。

由于泄槽内水流流速较高，设计时必须考虑高速水流产生的冲击波、脉动和空蚀现象，在布置和构造上予以重视，一般应加高、加固泄水槽的边墙，以确保溢洪道的安全。

1. 泄槽的平面布置

从高速水流考虑，泄槽在平面上应尽量成直线、等宽、对称布置，使水流平顺，避免产生冲击波等不良现象。实际上，由于地质（形）条件的限制，或从减少开挖、处理洪水归河、有利消能等方面考虑，往往泄槽很长，这时就需要改变横断面，设置收缩段、弯曲段或扩散段，具体如图 7－9 所示。重要工程常通过水工模型试验决定收缩段和弯曲段的布置。

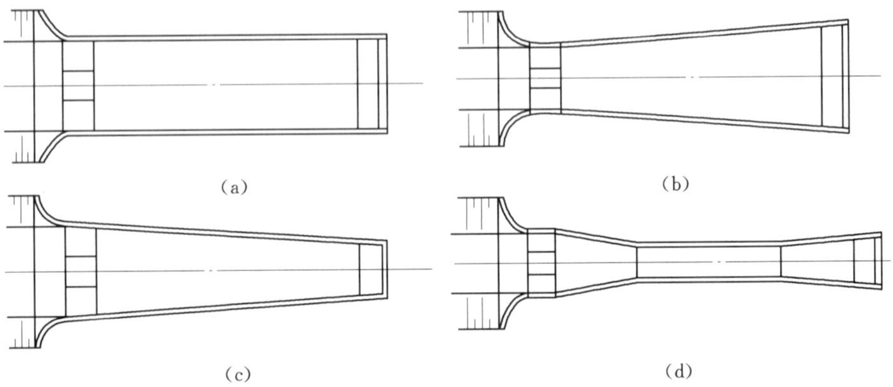

图 7－9　泄槽的平面布置

（a）等宽泄槽；（b）八字形扩散泄槽；（c）收缩泄槽；（d）收缩后再扩散泄槽

2. 泄槽的纵断面布置

泄槽的纵坡一般做成为大于临界坡度的陡坡，通常 $i=1\%\sim5\%$，有时可达 $10\%\sim15\%$。当泄槽很长时，为适应地形、地质条件，需要变坡。如图 7－10 所示，当坡度由陡变缓时，变坡处常用反弧段连接，但这种设计容易出现动水压力破坏，应尽量避免；当坡度由缓变陡时，变坡处常用抛物线连接，但槽底易产生负压，因此，在泄槽的纵剖面设计中要综合考虑，其布置除应满足过流能力，适应地形、地质条件以节省投资外，还必须使水流顺直、边界平整以适应高速水流的要求。必须注意处理好转弯、宽度变化及纵坡变化等问题，尽量避免高速水流对工程带来的不利影响。

3. 泄槽的弯道处理

对弯曲的泄槽，为使槽内流量分布均匀和改善流态，可将渠底做成外侧高于内侧的横向底坡，如图 7－11 所示，用重力来平衡离心力。

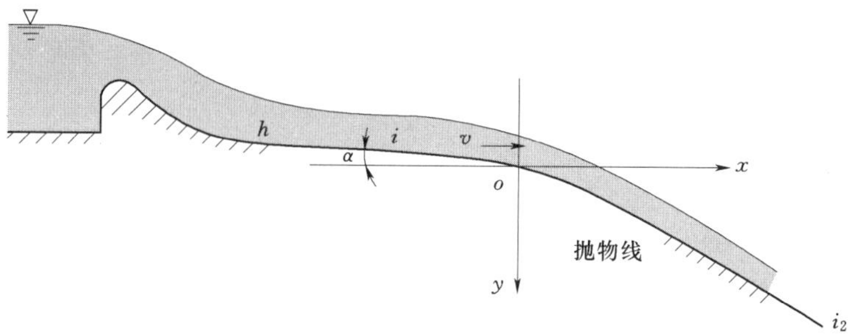

图 7-10 泄槽的纵断面布置

h—泄槽上水深；i—泄槽坡度，即泄槽底部与水平面夹角 α 的正切；v—泄槽内水流的流速；i_2—泄槽较长时需要变坡后的坡度，一般比槽出口处坡度大

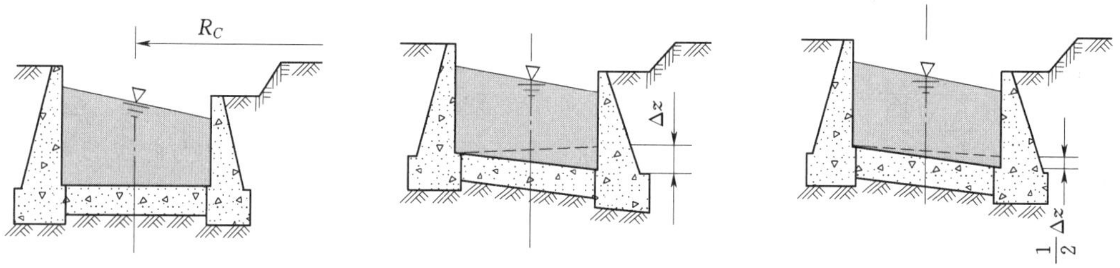

图 7-11 泄槽的弯道处理

4. 消能设施

消能设施一般位于泄水槽的出口处，作用是为了消除下泄水流具有破坏作用的动能，从而防止建筑物被水流冲刷，保证安全。常见的消能方式有底流消能和挑流消能两种，前者是利用消力池使水流余能以淹没的底流水跃方式消散，后者是利用挑流鼻坎使水流挑射到足够距离的下游河床，余能在空中消散，具体如图 7-12 所示。

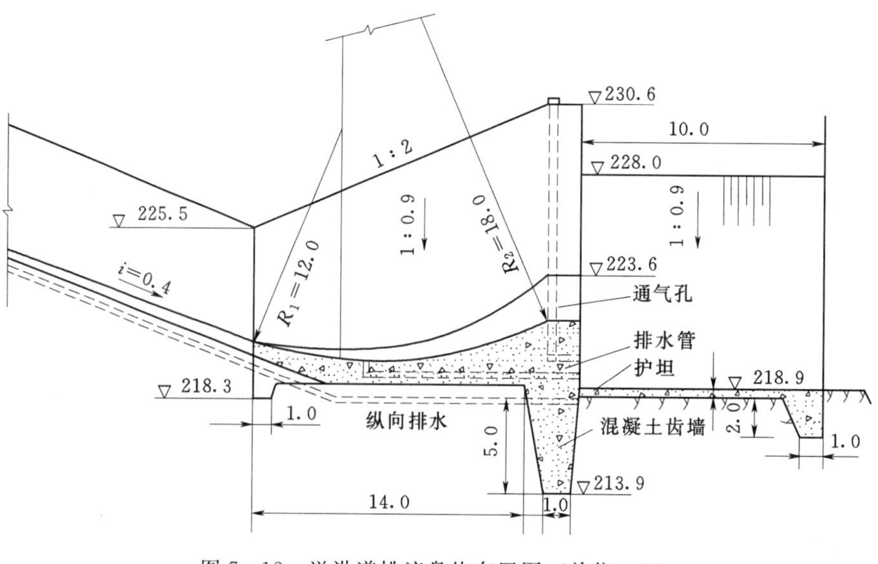

图 7-12 溢洪道挑流鼻坎布置图（单位：m）

5. 尾水渠

尾水渠即消能设施与下游河道的连接明渠，它一般是利用天然的山冲或河沟，必要时加以适当的整理。尾水渠一般要求短、直、平顺，底坡要尽量接近原河道的坡度，以使水流能平稳顺畅地归入原河道。对于挑流消能，一般应直接入河而不设尾水渠。

第三节 侧槽溢洪道的组成及布置

侧槽溢洪道区别于正槽溢洪道的特点是溢流堰的轴线大致顺着河岸等高线布置，水流过堰后即进入一条与堰轴线平行的侧槽内，然后再通过槽末所接的泄水道泄往下游。侧堰、侧槽、陡坡泄槽即组成侧槽溢洪道的三个主要部分。具体如图 7-13 所示。

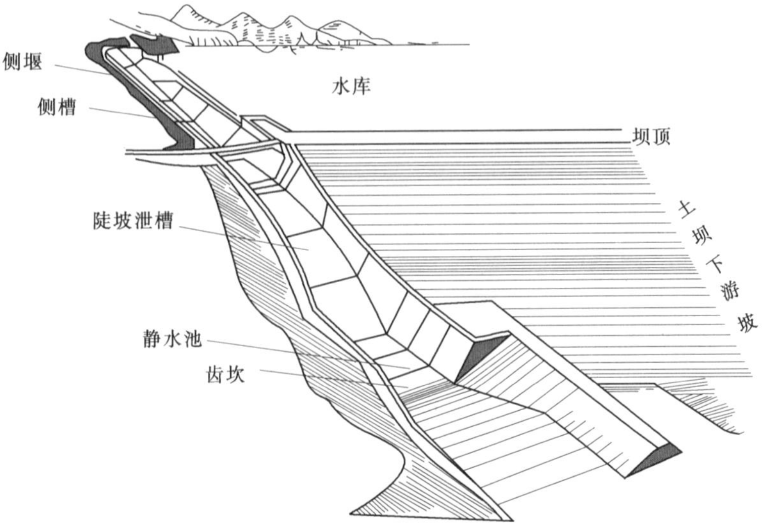

图 7-13 侧槽溢洪道典型布置

一、侧槽溢洪道的水流特点

1. 侧槽中的水流是侧向进流，纵向泄流的非均匀流

泄洪时沿溢流堰全长同时进水，进槽水流在很短距离内转 90°弯，流向下游。由于不同部位的侧槽横断面所通过的流量不同，从上游端起向下游不断加大，因此末端流量最大，该流量也是溢流堰全长范围内的总溢流量。因此，侧槽范围内的水流是沿程变化的非均匀量。

2. 侧槽中的水流是折向前行并翻腾向上的螺旋流

试验观测表明，水流自侧堰跌入侧槽之后，水股冲向对面槽壁，并向上翻腾，然后在重力作用下转向下游流去，这样在槽中就形成了一个横轴螺旋流，螺旋流的轴线平行于槽身断面的几何轴，且较稳定，但在横断面上水面不是水平的，堰对岸的水面要高些，具体如图 7-14 所示。

二、侧槽溢洪道的工程布置

侧槽的横断面常做成窄深式的梯形断面。由于侧槽内的流量不断增大，因此侧槽的底

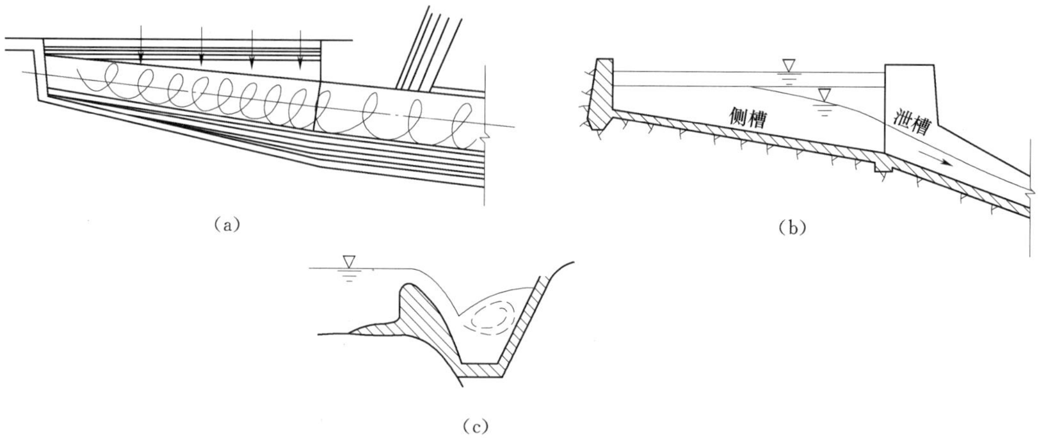

图 7-14 侧槽内的水流流态

(a) 平面；(b) 纵剖面；(c) 横断面

宽亦应沿水流方向逐渐加大。侧槽始端的底宽应采用满足施工要求的最小值，末端的底宽则可采用放大 1.5～4 倍来考虑，最宽应与泄水槽底宽相同。侧槽应有足够的深度，这样有助于侧向流进的水流充分掺混，转向后形成较平稳的流态，并在尽可能的范围内减小开挖方量。

侧槽应有适宜的槽底纵坡以满足泄水能力的要求。如槽底纵坡过缓，将使侧槽上游段水面壅高过多而影响过堰流量。但如使槽底纵坡过陡，又会增加侧槽下游段的开挖深度，如能使槽底纵坡近似平行于水面线，可使槽内流速变化不大，水流平稳。初步拟定时，可采用底坡为 0.01～0.05。

侧槽末端应设有水平调整段。为保证螺旋流能平顺地进入泄水槽，常在侧槽与泄水陡槽之间设长度为 3～4 倍的临界水深或更大一些的调整段。

本 章 小 结

本章以介绍常用的泄水建筑物类型为前提，讨论了河岸溢洪道的类型、作用及适用条件，通过图形对比了正槽溢洪道和侧槽溢洪道的组成及布置特点。

为了保证水利水电枢纽中挡水建筑物不受破坏，并在适当时候泄放超过水库调蓄能力的洪水，确保工程安全，满足放空水库和防洪调节等要求而在水利枢纽中专门修建的水工建筑物称为泄水建筑物。泄水建筑物常见类型有坝身式泄水建筑物和河岸式泄水建筑物。前者又可以细分为溢流坝、泄水孔和坝下涵管，后者则可以细分为河岸溢洪道和泄水隧洞。

河岸溢洪道的类型主要有正槽式、侧槽式、竖井式和虹吸式 4 种。正槽式适用于各种水头和流量，多见于坝址处地形开阔的大型水库泄洪中。侧槽式多用于坝址两岸地势较高，岸坡较陡的中小型水库中。竖井式适用于岸坡陡峻的情况，工程实践中，往往与导流隧洞相结合。虹吸式适用于上游淹没高程有严格限制的情况。

典型的正槽溢洪道通常由引渠段、控制段、泄槽段、消能段和尾渠段组成。其中控制段、泄槽段和消能段又合称为堰身段，引渠、尾渠分别为引流渐变部分，如水流直接进入控制段，并在消能后直接归入主河，则可不设引渠、尾渠。

侧槽中的水流是侧向进流，纵向泄流的非均匀流，水流是折向前行并翻腾向上的螺旋流。侧槽的横断面常做成窄深式的梯形断面，有0.01～0.05的槽底纵坡以满足泄水能力的要求，在侧槽与泄水陡槽之间常设有长度为3～4倍的临界水深或更大一些的调整段。

复习思考题

1. 常用的泄水建筑物有哪些类型?
2. 河岸溢洪道的类型有哪些? 作用及适用条件分别是什么?
3. 正、侧槽溢洪道的组成及布置特点有何区别?
4. 泄槽的平面布置原则有哪些?
5. 对溢洪道控制段而言，通常会通过什么方式控制下泄水流?
6. 正槽溢洪道的引渠段常采用什么方式进行衬砌?

第八章　水工隧洞和坝下涵管

【本章学习要点】 掌握水工隧洞的功用、类型、工作特点、组成部分、进水口的形式和特点，洞身断面形式和构造，出口消能；掌握坝下涵管的形式、特点、布置和构造；了解水工隧洞的线路选择与总体布置、闸门的布置。

第一节　水工隧洞的类型、特点和组成

一、水工隧洞的类型

在水利工程中，为了满足输水或泄水需要而修建的隧洞称为水工隧洞。其作用是：

（1）作为辅助或主要泄洪建筑物宣泄洪水。

（2）作为输水建筑物为发电、灌溉、供水、航运等目的的输水。

（3）排放水库泥沙延长水库使用年限，有利于水电站的正常运行。

（4）放空水库，用于战备或检修建筑物。

（5）在水利枢纽施工期间用于施工导流。

按以上作用，水工隧洞可分为泄洪隧洞、输水隧洞、施工导流隧洞、排沙隧洞和放空隧洞。

水工隧洞按其洞内水流的工作条件，又可分为有压隧洞和无压隧洞。发电输水隧洞多数是有压的，其他隧洞可以是有压的，也可以是无压的，也可以前段是有压的而后段是无压的，要求在运用中要保证水流状态与设计条件一致。但是在同一段内，应避免时而有压时而无压的明、满流交替状态出现（施工导流隧洞除外）。

在设计水工隧洞时，应尽量统筹规划，做到一洞多用，以节省工程投资，降低造价。

二、水工隧洞的工作特点

（1）水流特点。输水隧洞一般要求水流的水头损失要小，出口部位的压力水头要满足用水的需要，因此，其洞内水流流速一般较低，洞壁光滑，变化平缓；泄水隧洞一般要求其泄量要大，洞内水流流速一般很高，若隧洞在弯道、渐变段等处的断面形式不合适，或衬砌表面不平整，或在门槽处断面有突变，都可能出现负压或气蚀破坏，所以要注意隧洞的体型设计，并在容易发生气蚀的部位，采取防蚀、抗磨的措施以提高其耐久性能，延长其维修期限，增长使用寿命。

（2）结构特点。隧洞是在山体中开挖出来的地下结构，开挖后破坏了原来岩体的应力平衡，引起应力重分布，导致围岩产生变形甚至崩塌，因此，隧洞中常需设置临时支护和永久性衬砌，以承受围岩压力。承受较大内水压力的隧洞，围岩应有足够的厚度和可靠的衬砌；否则，一旦衬砌破坏，内水外渗，将危及岩体稳定及附近建筑物的正常运行。另外，若洞身承受较大的外水压力会使其失稳，严重影响隧洞的正常使用。故应做好勘探工作，使隧洞尽量避开不利的水文地质和工程地质地段。

（3）施工特点。隧洞为地下结构，而且断面小、洞线长、工序多、干扰大。虽然其土石方工程量不一定很大，但因施工条件差，工期一般较长。特别是兼作导流用的隧洞，其工期长短往往控制整个工程的工期。因此，改善施工条件，采用先进施工方法，确保施工安全，是加快施工进度，保证工程项目合同工期得以实现的重要举措。

三、水工隧洞的组成

水工隧洞一般有 3 个主要组成部分（图 8-1）。

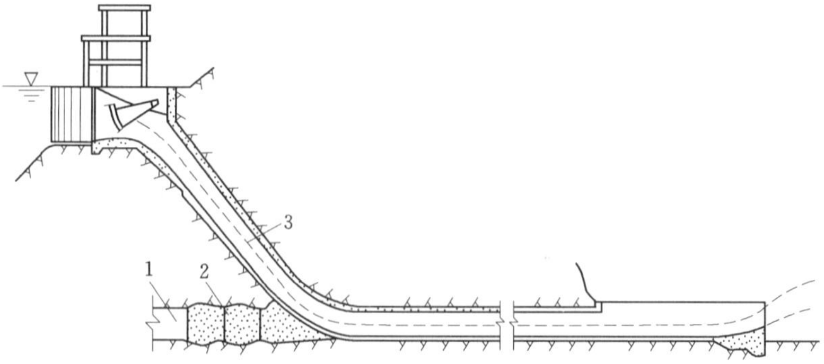

图 8-1　水工隧洞的组成

1—导流洞；2—混凝土堵头；3—水面线

（1）进口段。通常包括拦污栅，闸门室及渐变段，位于隧洞进口部位，进口形状常为喇叭口形。其主要作用是引导和控制水流，使其平顺进入下游。

（2）洞身段。在岩体内开挖衬砌而成，用于输送水流。

（3）出口段。泄水隧洞出口设消能设施，有压泄水隧洞的出口还设有渐变段及工作闸室，其主要作用是消能，解决水流衔接问题。发电输水隧洞则由高压管道通入电站厂房。

第二节　水工隧洞的线路选择及总体布置

一、线路选择

水工隧洞的线路应根据隧洞的用途，综合考虑地形、地质、水力学、施工、运行、沿线建筑物、枢纽总布置及对周围环境的影响等因素，通过技术经济比较选择确定。具体选线时，应遵循以下原则：

（1）洞线应选在线路短，沿线地质构造简单，岩体完整稳定，上覆岩层厚度适中，水文地质条件有利及施工方便的地区。

（2）洞线宜选在不对相邻建筑物造成不利影响的地区。当必须穿越坝基、坝肩或其他建筑物基础时，与建筑物基础间的围岩应有足够的厚度，以满足应力、应变、稳定和渗透的要求；不能满足要求时，应采取必要的工程措施，以保证工程施工和运行的安全。

（3）洞线与岩层、构造断裂面、主要软弱带走向宜有较大的交角。对整体块状结构岩体及厚层并胶结紧密、岩石坚硬完整的岩体，交角不宜小于 30°；对薄层岩体，特别是层间结合疏松的陡倾角薄岩层，交角不宜小于 45°。隧洞通过地段有较大地质构造时，洞线布置应根据不利构造及其组合对围岩稳定的影响程度，并考虑施工、运行、工期、投资等各种因素，通过可行方案的技术、经济比较确定。对局部不稳定岩体应进行分析、预测，采取适宜的工程措施，保证所选洞线顺利实施。

（4）洞线遇断裂构造、不利构造面、软弱带、蚀变带、膨胀岩等时，应充分考虑地下水活动的影响，注意围岩的稳定条件。洞线宜避开可能造成地表水强补给的冲沟。

（5）在高地应力区，水工隧洞的轴线方向宜与最大水平地应力方向有较小交角。

（6）水工隧洞应有足够的围岩厚度。隧洞（有压，无压）进出口和无压隧洞洞身，在采取了合理的施工方法和工程措施以保证施工期及运行期安全时，对围岩厚度不作具体要求，一般可取 1 倍洞径或洞宽。有压隧洞的洞身围岩厚度，当围岩较完整无不利结构面，采用混凝土或钢筋混凝土衬砌时，可按不小于 0.4 倍内水压力水头控制；无衬砌或采用喷锚衬砌时，可按不小于 1.0 倍内水压力水头控制。另外围岩厚度还应保证自身不产生渗透失稳和水力劈裂。对于相邻两隧洞间的岩体厚度，一般不宜小于 2.0 倍开挖洞径（或洞宽），岩体较好时，经分析岩体厚度可适当减小，但不应小于 1.0 倍开挖洞径（或洞宽），同时也要保证运行期间围岩不发生渗透失稳和水力劈裂。沿河傍山地段的土洞，洞线应向山里侧内移，避免产生偏压，防止水流冲刷山体影响洞身稳定。

（7）洞线在平面上宜布置为直线。当需要设置弯段时，对于流速小于 20m/s 的无压隧洞，弯曲半径不宜小于 5.0 倍洞径（或洞宽），转角不宜大于 60°；对于流速小于 20m/s 的有压隧洞，弯曲半径不应小于 3.0 倍洞径（或洞宽）；转角不宜大于 60°。高流速无压隧洞不应设置曲线段，高流速有压隧洞设置曲线段时，其弯曲半径和转角宜通过试验确定。弯曲段的首尾应设置直线段，其长度不宜小于 5.0 倍洞径（或洞宽）。

（8）洞身段设置竖向曲线时，对高流速隧洞（有压，无压），其型式和竖向曲率半径应通过试验确定。低流速无压隧洞的竖向曲线半径不宜小于 5.0 倍的洞径（或洞宽），低流速有压隧洞可适当降低。在多泥沙河流上的排沙隧洞，其平面和竖向的转弯曲线、角度、纵坡坡度应通过水工模型试验确定。

（9）洞身段的纵坡应根据运用要求、上下游衔接、沿线建筑物的底部高程以及施工和检修条件等综合分析确定。纵坡应满足不淤流速的要求，沿程纵坡不宜变化过多，不宜设置平坡和反坡。长输水隧洞（灌溉、供水隧洞）的纵坡应考虑沿程分水（取水）设施的布置要求。

（10）长隧洞需设置施工支洞时，支洞的数目及长度应根据隧洞沿线地形地质条件、施工方法、对外交通等情况，并有利于均衡各段的工程量及工期的要求分析确定。地质条件较差时，应研究施工支洞对主洞的影响。

（11）洞线选择应考虑占地、植被破坏和恢复、施工污染、运行期地下水位变化等对环境的影响和水土保持的要求。宜使原自然环境较少破坏，较易恢复，环境投资最小。

二、总体布置

水工隧洞总体布置的任务：根据枢纽任务，确定隧洞是专用或一洞多用；并选定型式（有压，无压）；确定进、出口的布置；选择洞身纵坡、断面形状和尺寸；确定闸门位置；保证一洞多用的合理性。

1. 进、出口的布置

进、出口布置，应根据枢纽总体布置要求，地形地质条件，使水流顺畅，进流均匀，出流平稳，满足使用功能和运行安全的要求，并应考虑闸门，拦污清淤设备的设置及对外交通。位置宜选在地质构造简单，岩体完整，风化覆盖层较浅的地区，避开不良地质构造和容易发生崩塌、冲沟、危崖、滑坡的地区；并应充分考虑洞线的选择。进、出口洞脸和两侧边坡宜避免高边坡开挖，无法避免时，应分析开挖后的稳定性，采取相应的加固措施。进、出口应有必要的清坡范围、并采取适当的工程措施，防止覆盖层、坡积物、松动岩块等在风力、地面径流、水位变化等自然因素作用下滚落，影响其正常运行。

土洞洞口应选在山坡稳定，土质条件较好处，不宜布置在卸荷带上。土洞洞口的设计边坡，应视土质和开挖高度通过边坡稳定分析确定。土洞洞口与渡槽、岩洞等建筑物连接处应设永久缝。在寒冷地区，基础埋深应符合防冻的要求。

有压泄水隧洞的出口洞段体形应符合下列要求：

（1）若隧洞沿程体形无急剧变化，出口段断面面积宜收缩为洞身断面的85%～90%。若沿程体形变化较大，洞内水流条件差，宜收缩为洞身断面的80%～85%。收缩方式宜采用洞顶压坡的形式。

（2）出口洞段的底坡宜平缓，侧向扩散宜平顺，应与下游水流良好衔接。当出口邻近主河道（主流）时，宜采取适当的出流导向措施，防止与主流对冲。

泄水隧洞的出口，应根据地形地质和水力学条件、运行方式、下游水深和变幅、下游河床的抗冲能力、水流衔接、消能防冲要求以及对相邻建筑物的影响，通过技术经济比较选择适宜的消能防冲措施。泄洪洞出口宜采用挑流或底流消能，当条件允许时也可采取其他消能方式。

2. 洞身布置

洞身主要选择其纵坡、断面形状和尺寸。选择时要考虑地形地质条件的影响，满足过流量、水位及水头要求，并综合考虑运用、施工环境条件等技术经济比较确定。

3. 闸门布置

水工隧洞一般需要布置两道闸门，一道是工作闸门，用作控制流量，封闭孔口，要求在动水中启闭；一道是检修闸门，设在隧洞进口，当工作闸门或隧洞检修时，用于挡水。当隧洞出口低于下游水位时，还要在出口处设检修闸门。深水隧洞的检修闸门一般要能在动水中关闭，静水中开启，也称作“事故门”。闸门在隧洞中的位置，相当程度上决定着隧洞的工作条件，因此是隧洞布置的关键问题之一。

水工隧洞的工作闸门可以设在进口、出口或隧洞中的任一适宜位置。下面分别介绍无压隧洞和有压隧洞的闸门布置。

无压隧洞通常将闸门设置在隧洞进口处。按隧洞进口和水面的相对位置，进水口可以分为表孔溢流式和深水进口式。

表孔溢流式多属于龙抬头的布置形式（图8-1），主要用于泄洪，闸门布置与岸边溢洪道相似，只是由隧洞替代了溢洪道的泄槽，如毛家村、流溪河等无压泄洪洞都采用了这种布置方式。

深水进口式也可用于无压泄洪隧洞，为保证隧洞内水流为无压状态，闸门后洞顶需高出洞内水面一定高度，并向门后通气。这种布置方式运行管理方便，易于检查维修；洞内不受压力水流作用，有利于山坡稳定，但洞内水流流速较大部位易发生空蚀破坏。

有压隧洞一般将工作闸门设置在出口处。泄流时洞内流态平稳，工作闸门便于部分开启，控制简单，管理方便，但洞内经常承受较大的内水压力，对岩体的稳定不利。因此对围岩地质条件的要求比无压隧洞高。实际工程中，须在进口设置事故检修闸门，平时可用于挡水，以免洞内长期承受较大的内水压力。

有些泄水隧洞因受地形、地质和枢纽布置等因素影响，常将工作闸门布置在洞身内，使闸门前为有压洞段，闸门后为无压洞段（图 8-2）。我国三门峡、小浪底等泄洪洞都采用了这种布置方式。但要注意在同一洞段内严禁出现明满流交替情况。

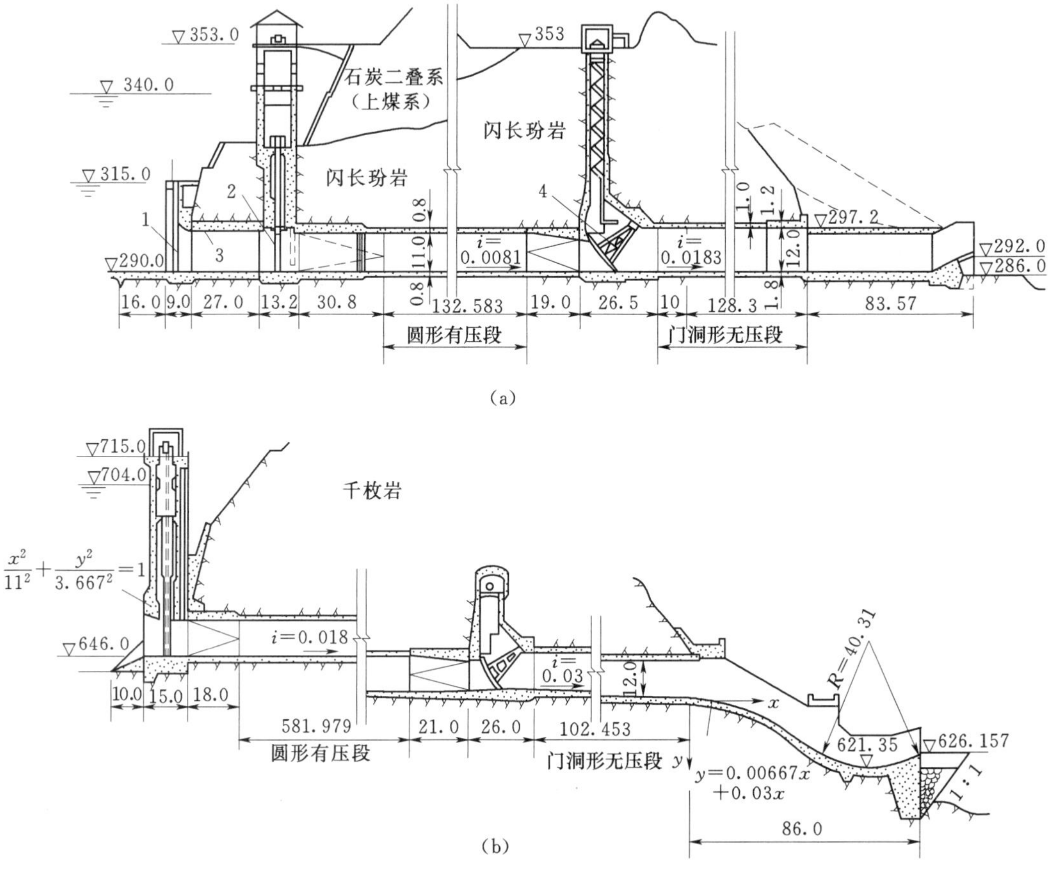

图 8-2 水工隧洞布置实例（单位：m）

（a）三门峡泄洪排砂洞；（b）碧口泄洪洞

1—叠梁门槽；2—事故检修门；3—平压管；4—弧形工作门

第三节 水工隧洞各组成部分的形式及构造

一、进口段

（一）进水口的型式

进口建筑物按其布置和结构形式的差异，可分为竖井式、塔式、岸塔式和斜坡式等。

1. 竖井式进水口

竖井式进水口形式如图 8-3 所示，适用于河岸岩石坚固，开挖竖井不致坍塌的情况，闸门在竖井中安装与运行。它通常由三部分组成：设有拦污栅的闸前渐变段；在岩石中开挖并衬砌而成的竖井，井下为闸室，井顶设启闭机室；连接闸室和洞身的闸后渐变段。设置弧形闸门的竖井，门后隧洞断面突扩为明流无压洞，故竖井内无水，称为“干井”；有压洞设平面闸门的竖井，井内有水，称为“湿井”，其只在检修时井内才无水。这种布置形式的优点是结构简单；不受风浪和冰的影响；抗震及稳定性好；当地形、地质条件适宜时造价也不太高。缺点是检修门前的一段隧洞检修不便。

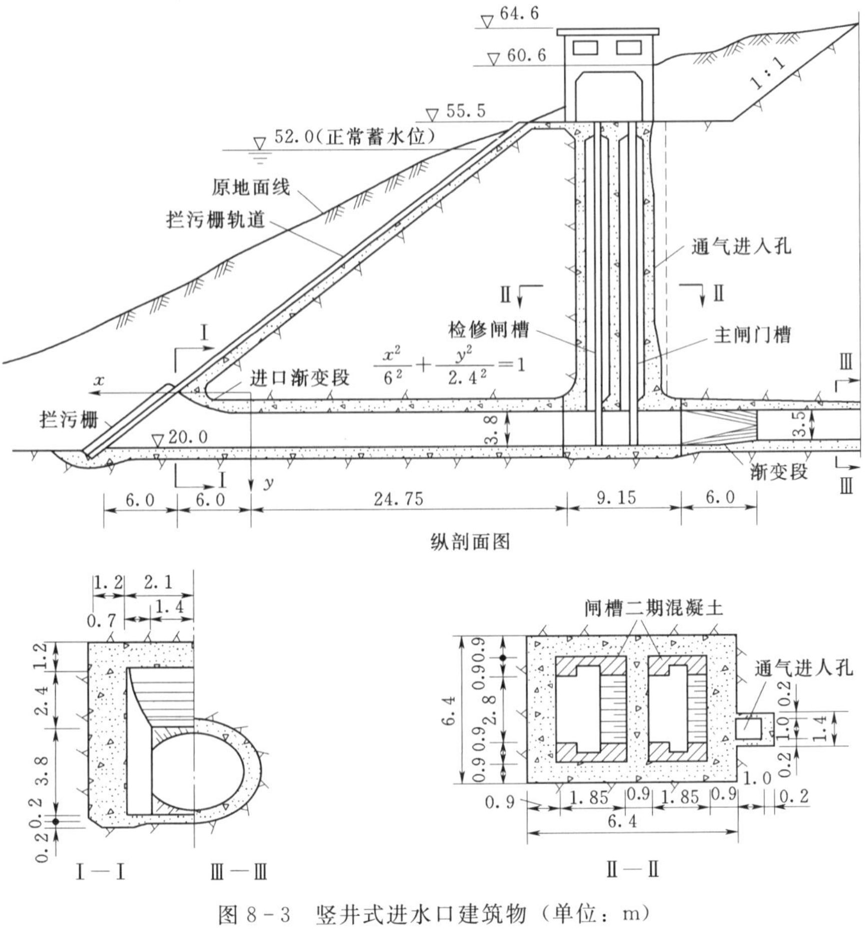

图 8-3　竖井式进水口建筑物（单位：m）

2. 塔式进水口

当水工隧洞进口处岸坡较缓或岩体破碎时，竖井式进口将不适应，可考虑用塔式。塔式进水口的闸门常设于不依靠山坡的框架式塔［图 8-4（a）］或封闭式塔［图 8-4（b）］内，塔顶设操纵台和启闭机室。塔独立于水库中，其与岸边及坝顶之间的联系须建有工作桥。

封闭式塔的水平截面可分为矩形、圆形或多角形，可在任何库水位条件下检修闸门，也可在检修门保护下检修隧洞各部位，还可在不同高程设进水孔，适应库水位变化，运行可靠，但造价较高。框架式塔为空间框架结构，闸门操作时在水中上下，塔身较轻，造价较省，但闸门本身须在库水位低于检修平台时才能检修。塔身总体是直立悬臂结构，受水库内风浪、冰以及地震作用影响较大，与竖井式相比，稳定性较差。

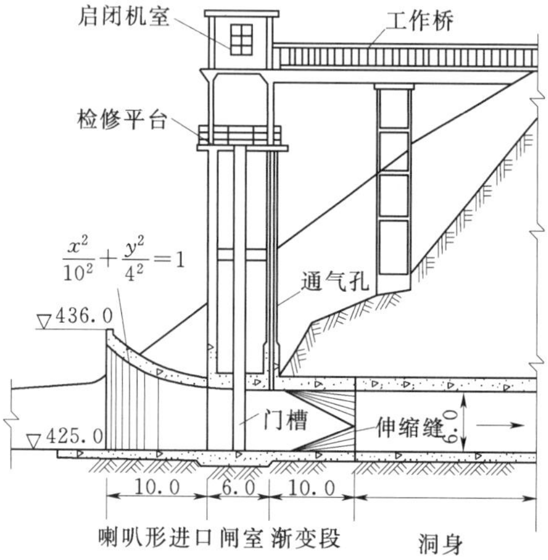

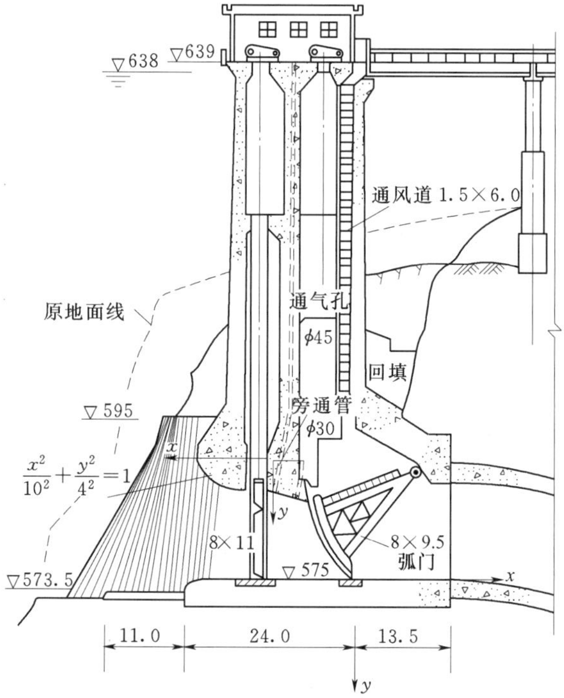

图 8-4 塔式进水口（单位：m）

(a) 框架式塔进水口；(b) 封闭式塔进水口

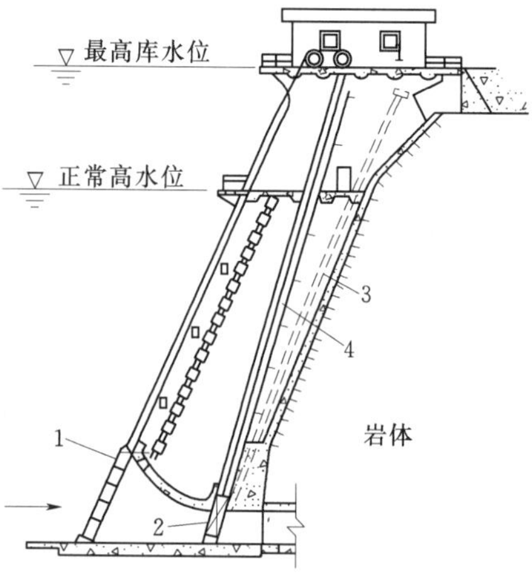

图 8-5 岸塔式进水口

1—拦污栅；2—闸门；3—通气孔；4—闸门槽

3. 岸塔式进水口

岸塔式进水口的闸门安装和运行于倚靠在开挖后洞脸岩坡的进水塔，塔身可以直立或稍有倾斜（图 8-5）。其稳定性较塔式好，造价较塔式经济，施工、安装均比较方便，适用于进口处岩石坚硬稳定，可开挖成近于直立陡坡的情况。

4. 斜坡式进水口

斜坡式进水口是利用较完整的岩坡进行不多的平整、开挖、衬砌而成的一种进口结构，闸门轨道直接安装在斜坡的衬砌上，如图 8-6 所示。其优点是结构简单，施工方便，稳定性好，造价最低。缺点是斜坡上装闸门，闸门覆盖面积加大，关门时不易靠自重下降，可能需另加关门力。这种型式常用于中小型工程，或仅作为检修门用。

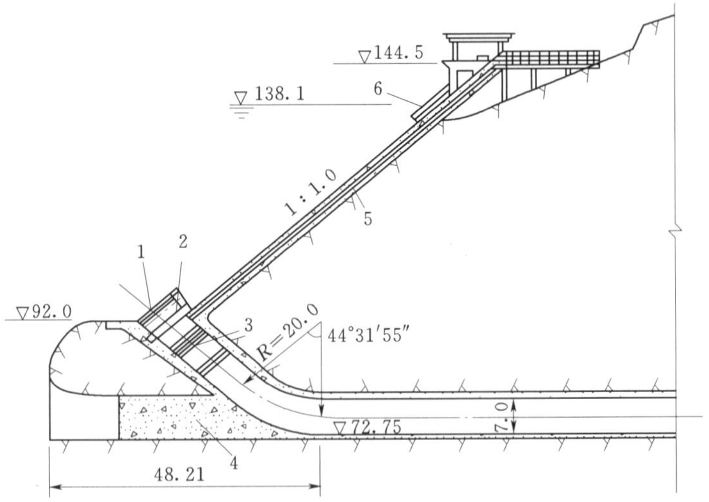

图 8-6　斜坡式进水口（单位：m）
1—喇叭口进口；2—检修闸门；3—渐变段；4—堵头；5—通气孔；6—贮门罩

（二）进口段的细部构造

进口段一般由闸前及闸后渐变段、闸门室、通气孔、拦污栅、平压管等几部分组成。

1. 闸前及闸后渐变段

进口闸门前渐变段也称喇叭口。其轮廓尺寸应使水流平顺，与重力坝的深式泄水孔进口相似。只是隧洞进口更多采用平底而三向收缩的矩形断面孔口，上唇和侧墙分别采用下列椭圆曲线：

$$\left(\frac{x}{H}\right)^2+\left(\frac{z}{H/3}\right)^2=1 \tag{8-1}$$

$$\left(\frac{x}{B}\right)^2+\left(\frac{y}{B/5}\right)^2=1 \tag{8-2}$$

式中　H、B——孔高和孔宽；

x、y、z——纵向、横向和竖向坐标。

由设闸门处的矩形断面过渡到洞身的圆形、城门洞形或其他形状断面，须设闸后渐变段。渐变段可采取在矩形断面各角加圆弧的办法逐渐过渡，圆弧半径沿流向均匀增加，圆心轨迹呈直线，最后成为直径为 D 的圆孔。图 8-7 示出由方到圆的渐变段情况。

2. 通气孔

在泄水隧洞工作闸门或检修闸门之后应设通气孔（图 8-4），其功用是：在闸门各级开度下承担补气任务以降低门后负压，稳定流态，避免闸门产生振动和空蚀，减小闸门所受下曳力；检修时，关闭检修闸门之后放空洞内水流过程中用以补气，防止产生负压；在检修任务完成后，排放工作闸门与检修闸门之间的空气，以便充水平压。

通气孔的进口必须与闸门启闭机室分开，以免在充气和排气时，由于风速很大，影响工作人员的安全。

3. 拦污栅

泄水隧洞一般不设拦污栅，但当需拦截大尺寸污物时，可设置梁格较大的固定栅架。

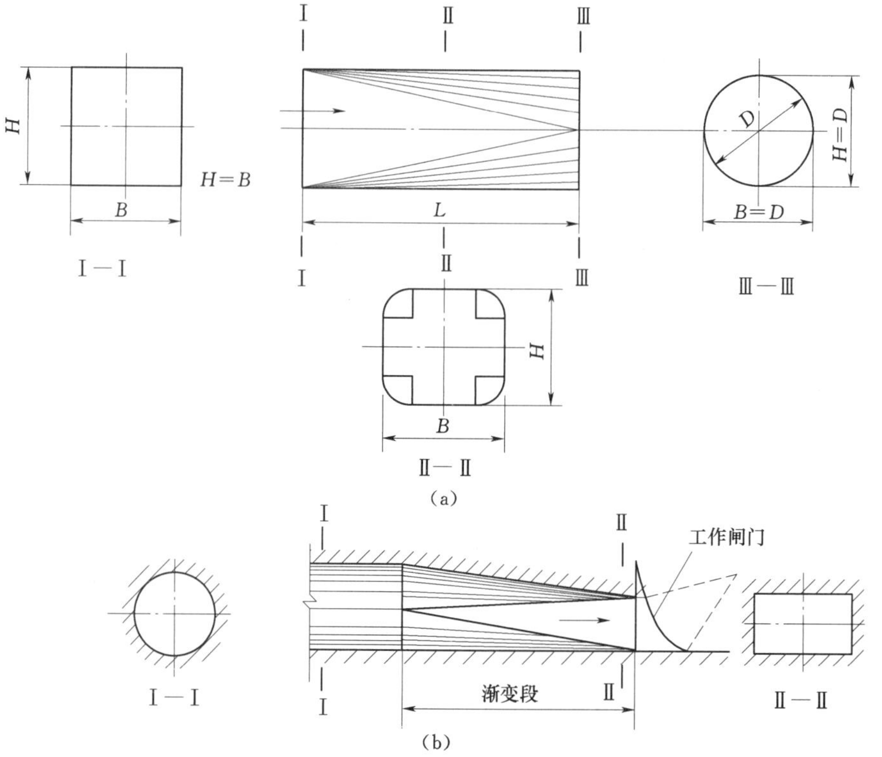

图 8-7 渐变段

用于电站引水的隧洞进口，必须设拦污栅，以防有害污物进入。每块栅片包括边框和栅条，由型钢焊接而成，插在柱墩和横梁间，可以提起检修和更换。设置拦污栅时要注意清污，以免堵塞，影响过流。另外，寒冷地区还要防止拦污栅结冰。

4. 平压管

当隧洞进口设两道闸门时，常设置平压管，如图 8-8 所示。用平压管连通上游和两门之间的空间，可使第一道门（检修门）在上下游水压相等状态下开启，减小所需启门力。

平压管常布置在隧洞进口边墙内，有时也可布置在第一道闸门上。但这种布置当需通水量较大时，易引起闸门振动，大型工程较少采用。

二、洞身段

（一）洞身的断面形式及尺寸

洞身的断面形式和尺寸取决于水流状态、地质条件、施工条件、运行要求及作用水头、泄流量等因素。

1. 无压隧洞的断面形式和尺寸

无压隧洞的特点是其洞内水流自始至终保持着自由水面，山岩压力是其主要荷载，对断面形状往往有决定性的影响。当岩石坚硬，垂直山岩压力较大而侧向山岩压力较小时，断面形式采用圆拱直墙形（城门洞形）。这种形式不仅受力条件好，而且结构简单，便于施工。其形状如图 8-9（a）所示，顶拱中心角多在 90°～180°之间，当需要较大的拱推力

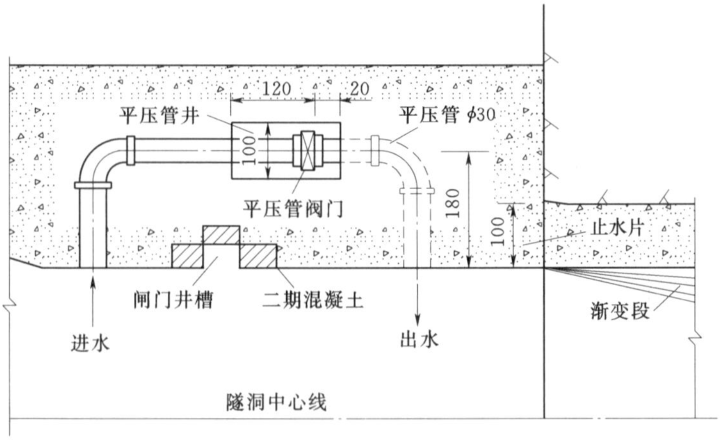

图 8-8 平压管布置图（单位：m）

时，也可选用小于 90°的中心角，断面的宽高比一般为 1∶1～1∶1.5。当洞内水位变化较大时，宜选用较小的宽高比。当围岩风化严重，垂直及侧向围岩压力及开挖断面尺寸均较大时，可选用图 8-9（b）所示的马蹄形或图 8-9（c）所示的卵形断面。当地质条件差或地下水压力很大时，也可选用图 8-9（d）所示的圆形断面。

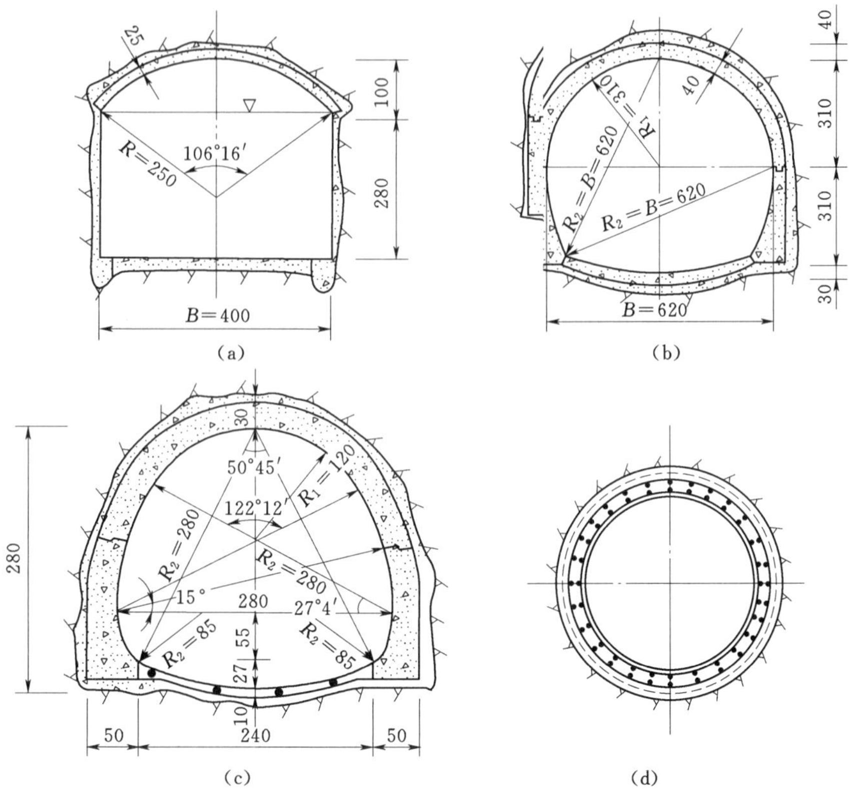

图 8-9 洞身断面形状（单位：cm）

（a）城门洞形；（b）马蹄形；（c）卵形；（d）圆形

无压隧洞的断面尺寸应根据运用要求、泄流量、作用水头以及纵剖面布置，通过水力计算并考虑施工条件确定。

低流速的无压隧洞，若通气条件良好，水面线以上的空间不宜小于隧洞断面面积的15％，且其高度不小于40cm。高流速的无压隧洞，在掺气水面以上的空间，一般为断面面积的15％～25％。当采用城门洞形断面时，水面线不得超过直墙范围。无压隧洞考虑施工要求的最小断面尺寸为：高度不小于1.8m，宽度不小于1.5m；圆形断面的内径不宜小于1.8m。

2. 有压隧洞的断面形式及尺寸

有压隧洞的断面多为圆形。如图8－9（d）所示。其水力条件好，适于承受均匀内水压力。当围岩坚硬且内水压力不大时，也可采用便于施工的其他断面形状。

有压隧洞的断面尺寸，也是根据水力计算确定，其主要任务是核算其泄流能力和沿程压力坡线。泄流能力按管流计算，压坡线水头应高于洞顶2m以上。对于高流速的有压泄水隧洞，压力余幅应适当提高。另外，其最小断面尺寸应同时满足施工和检修要求。

（二）隧洞衬砌

1. 衬砌的作用

为了保证水工隧洞安全有效地进行施工和运用，通常需要对隧洞进行衬砌。其作用是：①承受山岩压力、水压力等各种荷载；②加固和保护围岩，使其免受破坏，维持围岩稳定；③减小表面糙率，降低水头损失，提高过流能力；④防止渗漏。

2. 衬砌的类型

（1）平整衬砌：当围岩坚固、完整，能自行维持稳定，洞内过水流速及水头较小时，用混凝土、喷浆和浆砌石做成的护面。它不承受荷载，只起减小糙率，防止渗漏，抵抗冲蚀，防止风化等作用。对于无压隧洞，若围岩不易风化，可只衬砌过水边界。衬砌的厚度一般按构造要求采用：混凝土和喷浆衬砌为5～15cm，浆砌石为25～30cm 。

（2）单层衬砌：当地质条件中等，隧洞断面较大，洞内过水水流流速及水头较高时，用混凝土或钢筋混凝土做成的受力衬砌。衬砌厚度应根据计算和构造要求确定。《水工隧洞设计规范》构造要求的厚度为：混凝土和单层钢筋混凝土不宜小于25cm，双层钢筋混凝土不宜小于30cm，混凝土强度等级不低于C15。

（3）喷锚衬砌：喷锚衬砌是利用锚杆和喷混凝土进行围岩加固措施的总称。该施工工艺不需模板，能紧跟掘进面施工。施工进度快，缩短了围岩的暴露时间，使围岩的风化、潮解和变化等不致有大的发展，对保持围岩稳定非常有利。喷混凝土的厚度一般不宜小于8cm，最厚不宜超过20cm，混凝土强度等级不宜低于C20。锚杆要锚固于岩石内部，满足抗拔要求。锚杆常用钢锚杆，其直径一般为16～28mm，长2～4m，钢楔子长15～23cm。

（4）预应力衬砌：预应力衬砌是对混凝土或钢筋混凝土衬砌施加预压应力，以抵消内水压力产生的拉应力，克服混凝土抗拉强度低的缺点。常用于内部作用水头高的圆形有压隧洞。该衬砌可以减小衬砌厚度，减少工程开挖量，节约材料，提高衬砌的抗裂性和不透水性；但施工工序多，施工复杂，工期长。最简单的预加应力方法是向围岩与衬砌之间进行压力灌浆，使衬砌产生预压应力。为了保证灌浆效果，围岩裂隙应用水泥浆液封堵；在衬砌与围岩之间留 2～3cm 的空隙，以便灌浆。灌浆浆液采用膨胀性水泥，以防干缩时预压应力损失。这种方法一般适用于围岩坚固完整的情况。对于强度低的有裂隙的围岩使用该方法时，应先进行固结灌浆。

(5) 组合式衬砌：根据开挖断面周边不同部位的受力特点和运用要求，采用不同材料衬砌组合而成。如内层为钢板或钢丝网喷浆，外层为混凝土或钢筋混凝土；又如顶拱为混凝土，边墙和底板采用浆砌石。

3. 衬砌的构造

(1) 衬砌的分缝和止水。在混凝土和钢筋混凝土衬砌中，一般设有施工缝和永久性的横向变形缝。变形缝是为了结构适应地基不均匀沉陷、温度变化伸缩、结构位移等而设置，其位置应设于荷载大小、断面尺寸和地质条件变化处及温度应力较大或结构发生位移部位。如洞身与进、出口或渐变段接头处以及断层、破碎带的边界处，均需设置变形缝。变形缝的缝面不凿毛，分布钢筋也不穿过，对于无防渗要求的无压隧洞，缝内可不设止水，对于有压隧洞和有防渗要求的无压隧洞，缝内应设止水并充填 1～2cm 厚的沥青油毡。在断层、破碎带处，还应增加衬砌的厚度，其构造如图 8-10 所示。

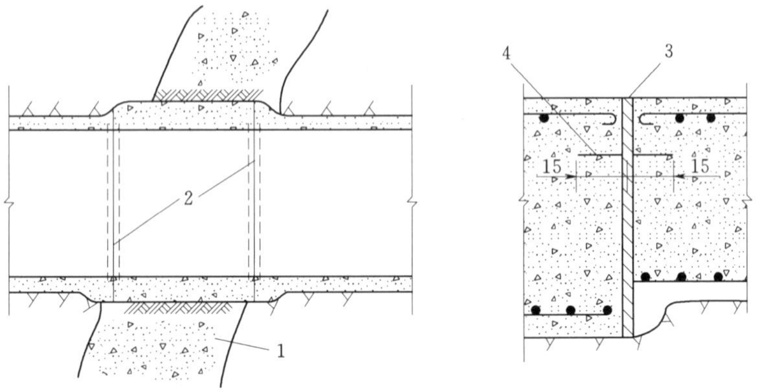

图 8-10　隧洞衬砌的伸缩变形缝（单位：cm）
1—断层破碎带；2—沉陷缝；3—沥青油毛毡 1～2cm；4—止水片

围岩地质条件比较均一的洞身段，可以只设施工缝。施工缝按其走向有纵向和横向两种，如图 8-11 所示。横向施工缝设置一般沿轴线每隔 6～12m 设一道，底板、边墙、顶拱的缝面不得错开。无压隧洞的横向施工缝，一般不做特殊处理。对有压隧洞和有防渗要求的无压隧洞，横向施工缝应采取必要的接缝处理措施。纵向施工缝的设置应根据浇筑能力和结构型式决定，一般设在拉应力及剪应力较小的部位。纵向施工缝必须进行凿毛处理，必要时缝内设键槽，并设一些插筋以增强衬砌的整体性，有防渗要求时，缝内设置止水片，如图 8-12 所示。

(2) 灌浆。为了填充衬砌与围岩之间的空隙，改善传力条件和减少渗漏，常进行衬砌的回填灌浆。通常是在衬砌施工时顶拱部分预留灌浆孔，待衬砌完成后，通过预埋管进行灌浆，如图 8-13 所示。回填灌浆孔一般布置在顶拱中心角 90°～120°以内，孔距和排距 4～6m，灌浆压力为 200～300kPa。

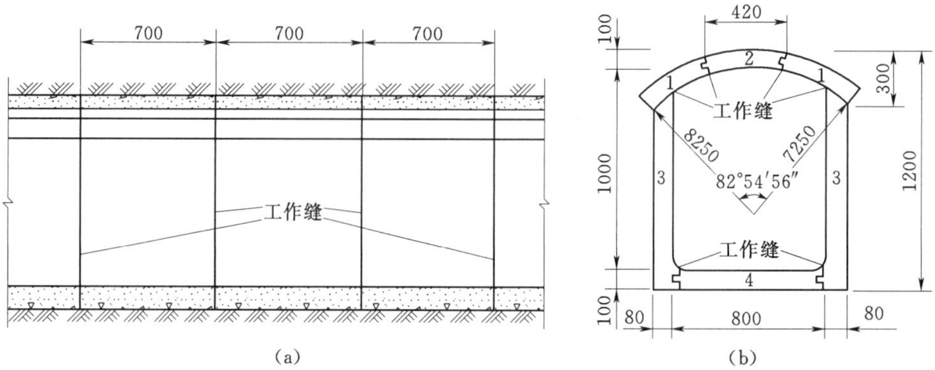

图 8-11 陆浑水库泄洪洞衬砌施工分缝（单位：cm）

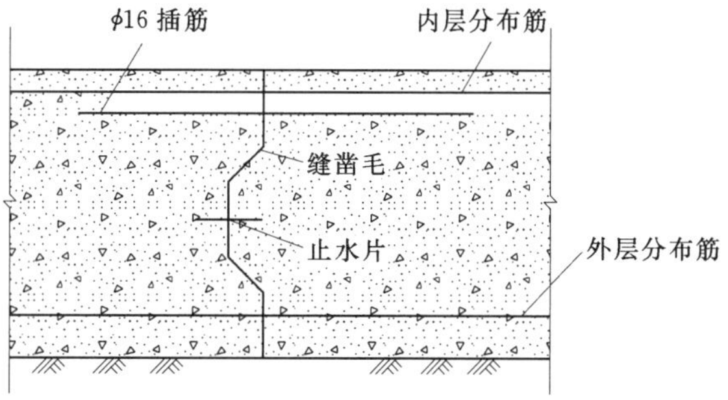

图 8-12 衬砌的纵向施工缝

对于围岩强度低或较破碎时，为了提高其强度和整体性，改善衬砌受力条件，减少渗漏，在衬砌达到一定强度后还需对围岩进行固结灌浆。固结灌浆孔通常对称布置，排距 2～4m，每排不少于 6 孔。孔深一般约为 1 倍的隧洞半径，灌浆压力为内水压力的 1.5～2.0 倍。固结灌浆应在回填灌浆 7～14h 后进行，并加强观测，以防洞壁产生变形或破坏。回填灌浆与固结灌浆孔通常分排间隔排列（图 8-13）。

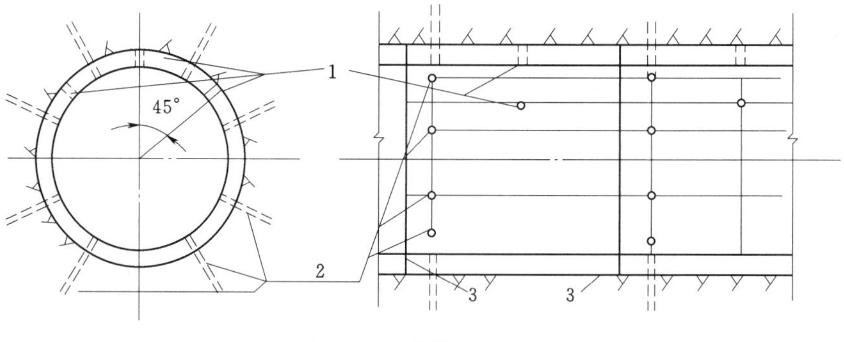

图 8-13 灌浆孔布置图

1—回填灌浆孔；2—固结灌浆孔；3—伸缩缝

（3）排水。为了降低作用在衬砌外壁上的外水压力，常在衬砌外部设置排水设施。对于无压隧洞，当地下水位较高时，外水压力可能成为主要荷载之一，为此可在洞内水面高程以上设置排水孔来实现。如图 8-14 所示。孔距和排距 2～4m，孔深 2～4m。要注意排水钻孔应在灌浆之后进行，以防堵塞。当无压隧洞边墙很高时，也可在边墙背后水面高程以下设置暗的环向及纵向排水系统。对于有压隧洞一般不设排水设施。但当外水位很高，外水压力很大时，可在衬砌底部外侧设纵向排水管（无砂混凝土管），通至下游，另沿轴线每隔6～8m设一道环向排水槽，可用砾石铺筑，将渗水汇入纵向排水暗管（图8-15）。

三、出口段

有压隧洞的出口常设有工作闸门和启闭机室，闸门前设有渐变段，闸门后设有消能设施［图8-16（a)］。无压隧洞的出口仅设有门框，其作用是防止洞脸及其以上岩体崩塌，并于下游消能设施的两侧翼墙衔接［图8-16（b)］。泄水隧洞出口部位水流往往单宽流量大，流速高，冲刷力强，为减小单宽流量，防止下游冲刷，常在出口外设扩散段后接消能设施。其消能方式多采用挑流消能，其次是底流消能，近年来我国也有采用窄缝挑流消能和洞内突扩消能等新的消能方式的。

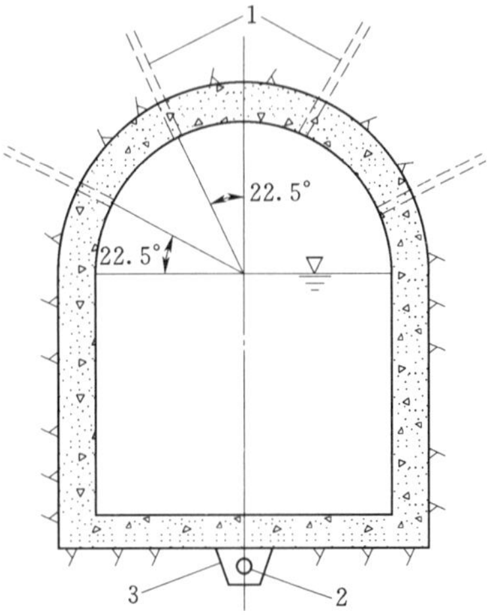

图8-14 无压隧洞排水布置图
1—径向排水孔；2—纵向排水管；3—小石子

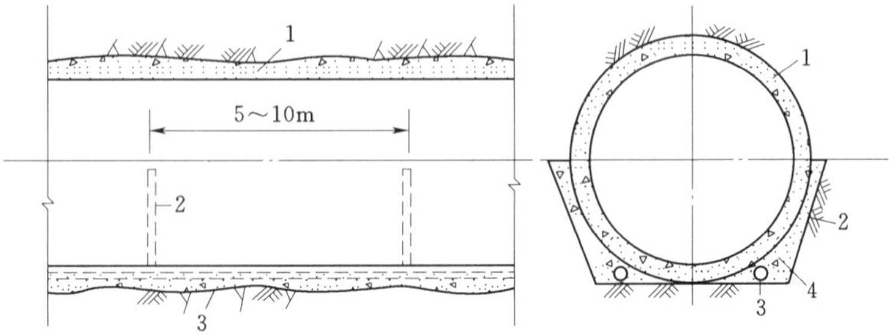

图8-15 有压隧洞排水布置图
1—隧洞混凝土衬砌；2—横向排水管；3—纵向排水管；4—卵石

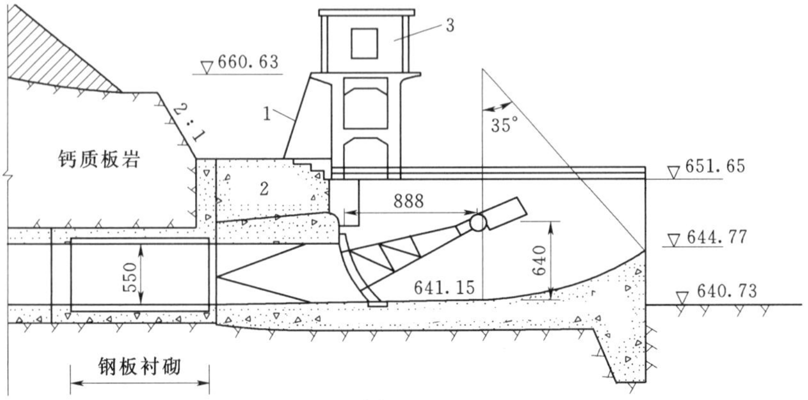

(a)

图8-16（一） 隧洞出口段结构图（高程：m；尺寸：cm）
(a) 有压隧洞
1—钢梯；2—混凝土压重；3—启闭机室

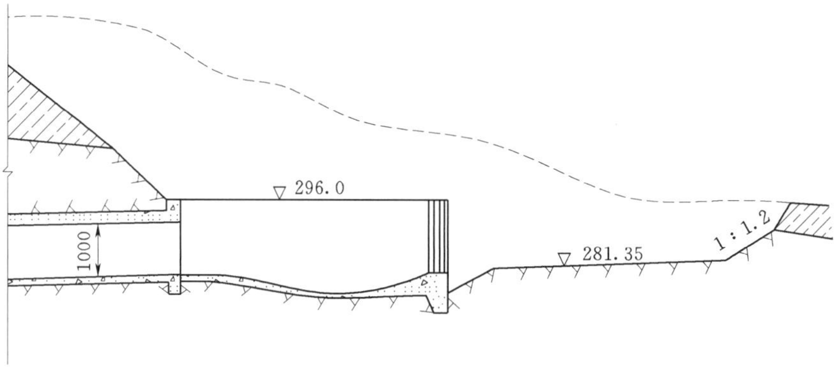

(b)

图 8-16（二） 隧洞出口段结构图（高程：m；尺寸：cm）
(b) 无压隧洞

第四节 坝 下 涵 管

一、涵管的类型、特点和位置选择

1. 坝下涵管的类型和特点

在土石坝枢纽工程中，由于地质条件或其他原因不易设置隧洞时，可以采用坝下埋设涵管的方式来满足泄水、引水的需求。

涵管按其水流形态可分为：有压涵管、无压涵管和半有压涵管；按断面形式可分为：圆形、圆拱直墙形、箱型涵管；按管身材料可分为：混凝土、钢筋混凝土涵管；按施工方法可分为：现浇、预制涵管。

坝下涵管具有结构简单，施工方便，造价较低等优点，在中小型工程中使用较多。但其也有库水易沿管壁与填土之间的接触面产生集中渗流，以及由于坝基不均匀沉陷或连接结构等原因易引起涵管断裂、漏水，会危及大坝安全。因此，必须重视施工质量，加强管身的防渗处理。对于高坝或多地震区的坝，应尽量避免采用坝下涵管。

2. 涵管的位置选择

坝下涵管的位置选择，应从以下几个方面综合考虑确定：

(1) 地质条件。为了维持管身稳定，防止管身断裂，应尽可能将涵管设在岩基上。对于坝高在 10m 以下时，涵管也可设于压缩性小，均匀而稳定的土基上。但应避免部分是岩基，部分是土基及将涵管直接建在坝体填土中的情况。

(2) 地形条件。涵管应选在与进口高程相适应的位置，以免增加工程挖方方量。涵管进口高程的确定，应综合考虑运用要求、河流泥沙情况及施工导流等因素进行。

(3) 运用要求。引水灌溉的涵管，应布置在与灌区同岸一侧以节省费用；两岸均布灌区时，可在两岸分设涵管。涵管最好与溢洪道分设两岸，以免水流相互干扰。

(4) 水流条件。为使水流顺畅，并缩短管线，减小工程量，降低水头损失，涵管的轴线应为直线，且与坝轴线垂直。当为了适应地质、地形条件的变化，涵管必须转弯时，轴线应以光滑曲线连接，其转弯曲率半径应大于管径的5倍。

二、涵管的布置与构造

（一）涵管的进口型式

涵管多用于小型水库的灌溉引水，其进口最好选用分层取水的结构形式。常用的进口型式有：

（1）分级卧管式。这种型式是由斜卧在坝前岸坡上的进水卧管、卧管下部的消力井组成（图8-17）。在卧管上设有多级台阶，每个台阶上设圆孔进水口，孔径10～50cm，用木塞或平板门控制进水。卧管的最高处设通气孔，下部与消力池或消能井相连。该型进水口结构简单，能引取温度较高的表层水灌溉，对农作物生长有利。缺点是容易漏水，闸门控制运行不便，引水流量不易准确控制。

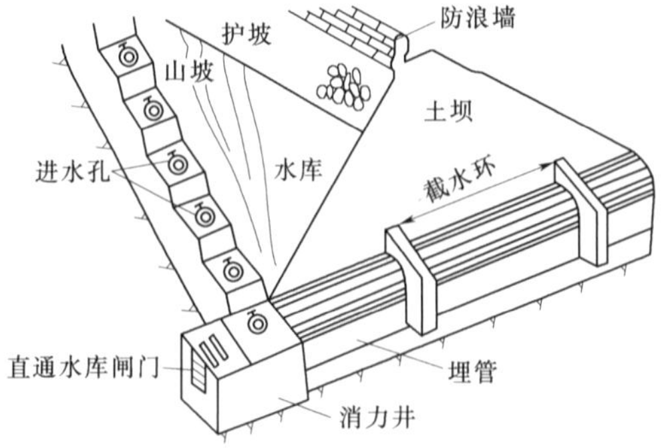

图8-17 分级卧管式进口

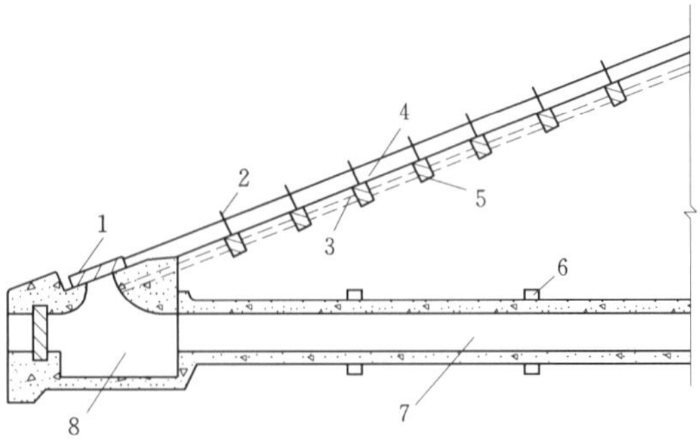

图8-18 斜拉闸门式进口

1—斜拉闸门；2—支柱；3—通气孔；4—拉杆；5—混凝土块体；6—截水环；7—涵管；8—消能井

（2）斜拉闸门式。该型进口是沿库区山坡或上游坝面布置斜坡，在斜坡上设置闸门轨道，进水口在斜坡底部，启闭机安装在山坡平台上或坝顶（图8-18）。这种进口型式结构简单，操作方便，造价低，启门力小，但闸门倾斜，不易关闭闸门，检修困难。对于多泥沙河流及水头较高时，不宜采用。

（3）塔式进水口。该型式与隧洞的塔式进水口基本相同。考虑到引水灌溉的要求，多做成分层取水的封闭塔（图8-19）。塔的位置有三种：Ⅰ是塔靠近坝顶，塔身受风浪、冰冻影响小，稳定性好，产生不均匀沉陷和断裂的可能性小，交通桥短。但塔身位于坝体中部，如塔身与涵管的结合处漏水，将会引起坝体的渗透变形，而且塔的上游涵管检修不便，塔的下游侧较短，可能会出现渗径不足。Ⅱ是塔在上游坝脚处，其优缺点与上述布置相反。Ⅲ是塔设在前述两种位置之间，由于这种方式容易造成塔身与斜墙防渗体结合部的漏水，这种方式不适用于斜墙坝。

（二）管身形式及构造

1. 管身形式

坝下涵管分为有压与无压两种类型。设于土石坝下的涵管，最好做成无压的。管身断面通常有圆形、矩形及拱形等（图8-20）。

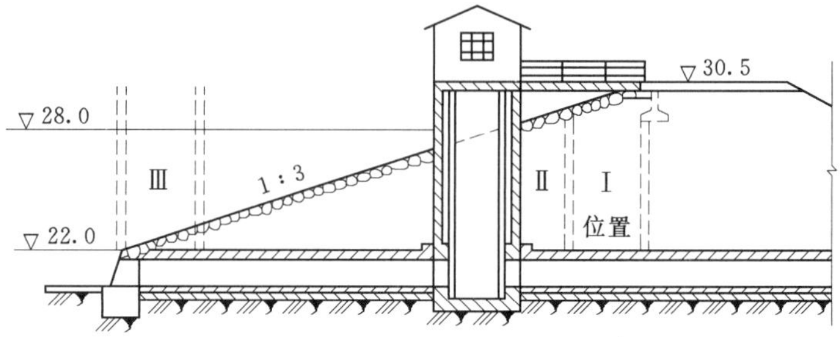

图 8-19 塔式进水口位置图

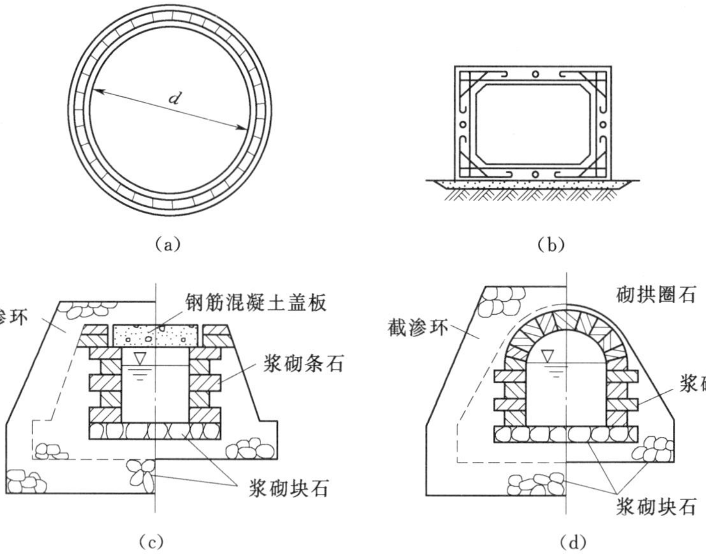

图 8-20 坝下涵管管身断面形式

(a) 圆形；(b) 矩形；(c) 盖板式矩形；(d) 城门洞形

有压涵管多为预制或现浇的混凝土圆形管，由于其管节接头处理不便，止水困难，故应慎用。

矩形断面是一种使用较普通的形式，通常为现浇的混凝土箱式结构。

在小型水库中，也可采用浆砌块石直墙，钢筋混凝土盖板的盖板式断面，或全部由浆砌块石做成圆拱直墙式。应当注意：浆砌块石的抗渗性能较差，一般不宜采用。

2. 管身的构造

管身一般均有管座、变形缝、截渗环、涵衣等构造设施。

(1) 管座。为了提高管身的纵向刚度，改善管身的受力条件，使地基受力均匀，防止管身因地基不均匀沉降而断裂，常采用设置管座的措施。管座可以用浆砌石或低标号混凝土做成，厚度一般为30～50cm。管座和管身的接触面包角一般为90°～180°，如图8-21所示。接触面上涂以沥青或做油毡垫层，以减小管座对管身的约束，避免因纵向变形而出现管身横向裂缝。

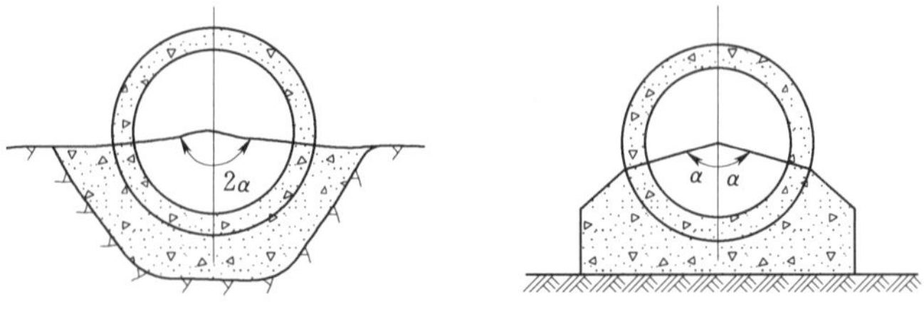

图 8-21 管座形式

(a) 岩基；(b) 土基

(2) 变形缝。为了适应地基变形，管身伸缩及施工要求，常在管身的轴线方向上每隔一段距离设缝。土基上的涵管，为适应地基变形，应设置沉降缝。良好的岩基，不均匀沉降小，可设温度缝。一般将温度缝与沉降缝统一考虑。对于现浇钢筋混凝土涵管变形缝的间距一般为 3～4 倍的管径，且不大于 15m。当管壁较薄，设置止水有困难时，可将接头处的管壁加厚，如图 8-22 所示。对于预制涵管，其接头即是变形缝，多用套管接头，如图 8-22 (c) 所示。

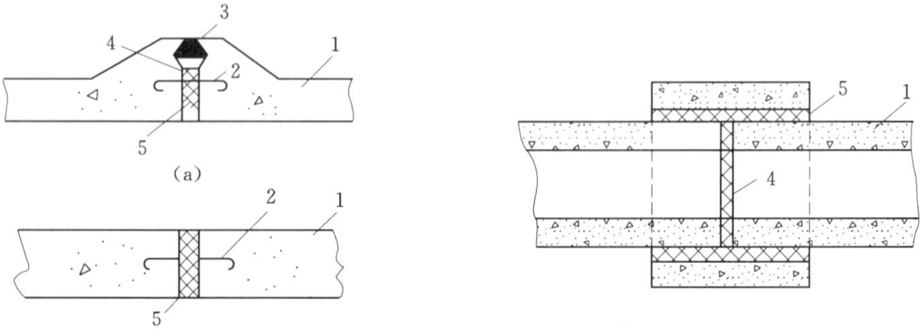

图 8-22 变形缝的构造

1—管壁；2—止水片；3—二期混凝土；4—沥青填料；5—二层油毡三层沥青

(3) 截渗环。为了防止沿管壁集中渗流，常在管壁外围设截渗环，以延长渗经，降低坡降和渗流流速，防止土体产生渗透变形。截渗环的位置，根据坝型及防渗原则确定。对于均质坝，在上游侧及坝轴线位置设 2～3 道截渗环，下游侧可不设。对于黏土心墙坝或黏土斜墙坝，常将涵管通过防渗体部位加厚，在两者相交处设 2～3 道截渗环。

截渗环材料与管身相同，同时凸出管壁高度为 0.5～1.0m，厚 0.3～0.6m，(图 8-18) 所示。截渗环应设在两变形缝之间，以减少截渗环对管身纵向变形的约束。

(4) 涵衣。为了更好地防止集中渗流，常沿管线在涵管周围铺一层厚 1～2m 的黏土作防渗层，该防渗层称作涵衣。涵衣与砂性坝壳之间应设反滤层。

(三) 涵管的出口型式

涵管通常流量不大，水头较低，出口多采用消力池消能，以消减能量，防止冲刷，扩散水流，如图 8-23 所示。

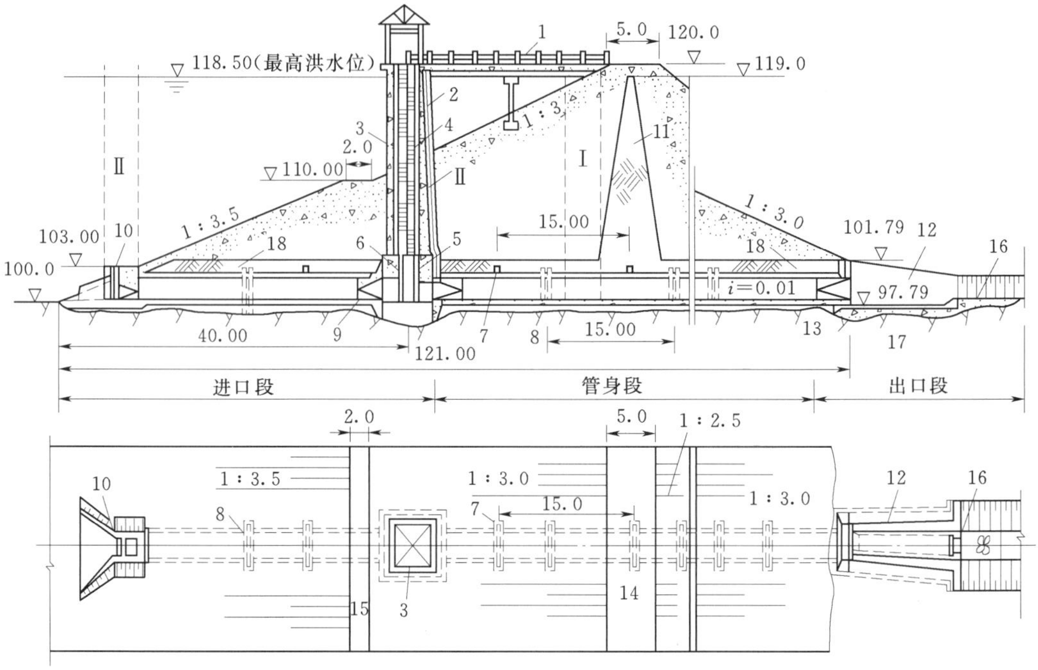

图 8-23 坝下涵管布置图（单位：m）

1—工作桥；2—通气孔；3—控制塔；4—爬梯；5—主闸门槽；6—检修门槽；7—截水环；8—伸缩缝；9—渐变段；10—拦污栅；11—黏土心墙；12—消力池；13—岩基；14—坝顶；15—马道；16—干黏石；17—浆砌石；18—黏土

本 章 小 结

在水利工程中，为了满足输水或泄水需要而修建的隧洞称为水工隧洞。水工隧洞按其洞内水流的工作条件，又可分为有压隧洞和无压隧洞。本章重点讲述了水工隧洞的功用、类型、及工作特点，介绍了水工隧洞的组成部分、进水口的形式特点以及洞身断面形式、构造和出口消能；介绍了坝下涵管的形式、特点及其布置和构造。

复 习 思 考 题

1. 水工隧洞的功用和工作特点有哪些？根据功用和工作条件如何分类？
2. 水工隧洞有哪几部分组成？各包括哪些设施？
3. 如何选择水工隧洞的线路？如何进行水工隧洞的总体布置？
4. 水工隧洞的工作闸门和检修闸门各有哪些工作特点？如何布置？
5. 水工隧洞的进水口有哪几种形式？各适用于什么情况？
6. 水工隧洞通气孔有什么作用？如何布置？
7. 无压隧洞的断面形式有哪几种？各适用于什么情况？
8. 有压隧洞常用的断面形式是什么？为什么？
9. 隧洞衬砌的作用是什么？

10. 隧洞衬砌的类型有哪些？各适用于什么情况？
11. 简述衬砌分缝的作用、原则和要求。
12. 隧洞排水的目的是什么？有压隧洞和无压隧洞如何排水？
13. 涵管有哪些类型和特点？
14. 涵管的进口形式有哪几种？
15. 涵管管身有哪些构造设施？各有什么作用？

第九章 渠系建筑物

【本章学习要点】 了解常见的渠系建筑物的类型、特点及功能，掌握渡槽的组成、类型，理解并能准确辨别不同类型渡槽的总体布置及构造特点，正确区别倒虹吸及涵洞的适用特点、构造、组成。了解跌水、陡坡的概念并掌握陡坡的组成及布置跌水时应考虑的要素。

渠系是由不同渠道构成的整体，因此渠系也可以称为由干渠、支渠、斗渠、农渠、毛渠等各个渠道构成的脉络相通的系统。为保证水体顺利由水源地经渠系分配进入用水区域，使渠道正常工作并发挥其各种功能，而兴建的水工建筑物称为渠系建筑物，也称为灌区配套建筑物。渠系建筑物数量多、总体工程量大、造价高，故应向定型化、标准化、装配化和机械化施工等方面发展。

第一节 渠系建筑物的类型、特点及作用

一、渠系建筑物的类型与作用

渠系建筑物按其作用分有渠道、控制调节建筑物、交叉建筑物、落差建筑物、泄水建筑物、量水建筑物及便民利民建筑物等。一般小型水利工程中最常见的是涵洞、倒虹吸管、渡槽和桥梁、跌水与陡坡。

(1) 渠道。能够把水源地提供的水体输送到各个用水部门的人工河槽，称为渠道。按照在输水过程中的作用不同，渠道可分为分水渠道和配水渠道，分水渠又称干渠，配水渠则可以细分为支渠、斗渠、农渠、毛渠。如图 9-1 所示。

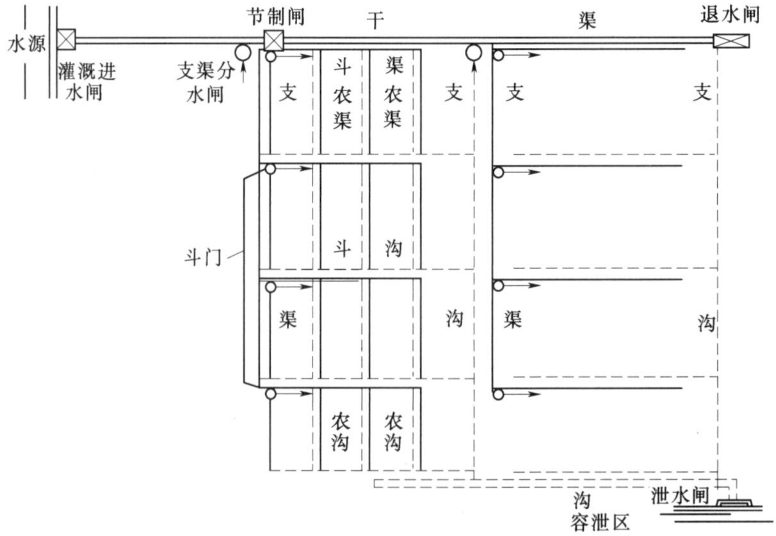

图 9-1 渠系建筑物示意图

（2）控制调节建筑物。也称为配水建筑物。其作用是调节水位，分配流量，以便满足不同情况下对用水的要求，如分水闸、节制闸、农口、斗门等。

（3）交叉建筑物。当渠线经过的地形需要跨过河沟、洼地、公路，或者渠道与渠道交叉时所修建的越障建筑物称为交叉建筑物。如渡槽、倒虹吸管、涵洞、隧洞等。

（4）落差建筑物。在地形起伏较大，渠道需通过落差集中的地段时修建的连接建筑物称为落差建筑物。这类建筑物可以保证水流的连续衔接，并使渠底纵坡符合设计要求，减少因深挖高填而导致的工程造价上升。如跌水、陡坡和跌井等。

（5）泄水建筑物。为保证渠道运行安全而专设的引洪泄洪建筑物统称为泄水建筑物，也称为防洪建筑物。如为傍山渠道专设的泄洪涵洞或排洪渡槽以及在适当位置修建的溢流堰或泄洪闸、退水闸等。

（6）量水建筑物。为保证渠道量测水量准确而修建的建筑物称为量水建筑物。如量水堰、量水槽、量水喷嘴、量水管嘴等，也可利用其他水工建筑物量水：①量水堰是应用较广的建筑物，它是设于明槽中用以量测水流流量的溢流堰。常见的有各种形式的薄壁堰，如三角形堰、矩形堰、梯形堰、宽顶堰以及三角剖面堰、平坦 V 形堰等；②量水槽是在明槽中设置一缩窄段（喉道），使之发生临界流，并于上游或上、下游特定位置测定水深以求得流量的量水设施。如矩形喉道槽、梯形喉道槽、U 形喉道槽、巴歇尔槽、无喉道槽等；③量水喷嘴的孔口形状常为矩形或圆形，通过测定孔口上游水头（自由出流）或上、下游水头差（淹没出流）以确定流量；④量水管嘴及量水薄片孔口，利用流速改变所引起的水头差来确定流量；⑤分流式量水计是利用文丘里管做过水主管，并在其喉道处连接装有水表的支管，通过水表读数以求得流量的量水设施；⑥特设量水设施均是预先建立水位与流量的关系。通过测定建筑物上游某一规定位置的水头或上、下游水头差，即可用公式、表格或关系曲线，将测出的水位换算为流量。具体如图 9-2 所示。

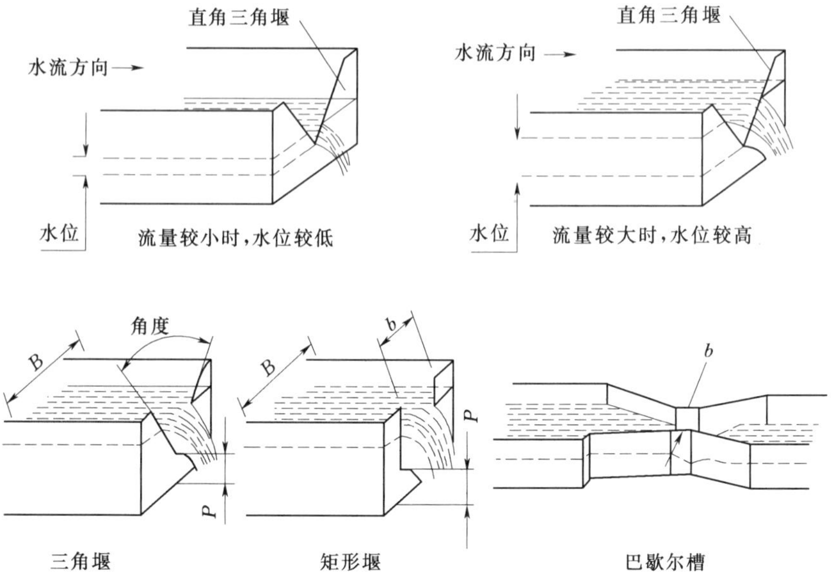

图 9-2　典型量水建筑物

(7) 冲沙和沉沙建筑物。为防止渠道内的泥沙淤积影响过水断面而专门用于渠道清淤的建筑物称为冲沙和沉沙建筑物。如冲沙闸、沉沙池等。

(8) 便民利民建筑物。为避免因修建渠道影响当地生产生活而修建的建筑物统称为便民利民建筑物。如满足交通要求的各类农桥、踏步，通航渠道上的码头、船闸和为人、畜免于落水而设的安全护栏。

(9) 其他专门建筑物。如利用渠道落差发电的水电站等。

二、渠系建筑物的特点

1. 点多面广，总投资高。

单个灌区往往面积较大，地形相对复杂，为保证顺利灌溉，需要修建很多渠系建筑物。因此，渠系建筑物具有数量大、分布广、总投资高的特点。如由青铜峡水利枢纽引水，地处宁夏回族自治区黄河冲积平原上的大型灌区黄河青铜峡灌区，分河西、河东两大系统，渠首引水能力共达 600m/s。河西总干渠从坝下引水，下分西干、唐徕、惠农、汉延四大干渠。河东总干渠分高低干渠。高干渠从坝上引水，低干渠由坝下引水，下接秦渠、汉渠。总干渠和分干渠总长度 1048km。在 2005 年的汉惠合并渠系改造中，仅改造、扩建 32 座渠系建筑物一项，就动用土石方 89.23 万 m^3，工程总投资 2544 万元。又如甘肃景泰县中泉国家级土地整理项目中共修建斗渠 22.169km，农渠 43.965km，并配套各类渠系建筑物 2908 座。其中，斗渠量水堰 6 座，农渠量水堰 75 座，斗、农渠分水闸、节制闸 1329 座，桥涵 78 座。修建田间道 27.28km，生产路 46.215km，涉及面积 $1000hm^2$，总投资 3115 万元。因此，渠系规划中的选线和建筑物的合理布设，对降低工程造价十分重要。

2. 采用定型设计和预制装配

一般渠线较长，在一定范围内工作条件都比较相似，因此布设的渠系建筑物无论是外形还是施工工艺都具有类同性，往往可以采用统一的结构型式和施工方法，从而简化设计和施工程序，这就是目前常见的定型设计和预制装配。这种工艺的使用，既保证了工程质量，又加快了施工的进度，也便于后期运行管理和维护。

第二节 渡　槽

渡槽是输送渠道水流跨越山谷、洼地、河渠、道路的架空水槽。由于它的水头损失较小，管理方便，在渠系交叉建筑物中采用较多。除用于灌排外，渡槽也可用于泄洪、排沙和通航。据记载中国西汉已有渡槽，距今已逾 2000 年。位于河北邯郸市磁县白土镇的险峰渡槽全长 212m，主拱跨 106m，地面距拱顶底部 28.70m，跨涧越壑，雄伟壮观，是亚洲最大的单跨石拱渡槽。

渡槽的建筑材料有木材、浆砌石、混凝土、钢筋混凝土和钢材等。

一、渡槽的组成及类型

1. 渡槽的组成

渡槽由四部分组成：① 进出口段，分别与上下游渠段顺畅相接，使水流平稳，且防冲、防渗。进口或其前常设闸门；② 槽身，起输水作用，横断面多呈矩形、U 形、梯形等；③支承结构，将上部荷载传给基础，再传至地基；④ 基础，将渡槽全部荷载传给地基，如图 9－3 所示。

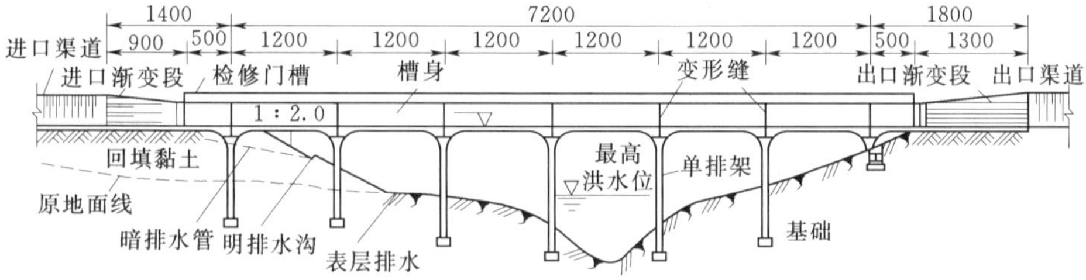

图 9－3　渡槽的组成示意图

2. 渡槽的类型

按施工方法分，渡槽有现浇整体式、预制装配式两种。

按所用材料分，有木渡槽、砖石渡槽、混凝土渡槽、钢筋混凝土渡槽、预应力钢筋混凝土渡槽以及钢丝网水泥渡槽等。

按支承结构的不同分，渡槽可分为梁式渡槽、拱式渡槽、桁架式渡槽和斜拉式渡槽等型式。如图 9－4 所示。常用的是梁式渡槽和拱式渡槽，近两年，随着工程材料的发展以及水利工程和应用美学的逐步结合，不少渡槽工程也尝试采用斜拉式的型式。

(a)　(b)　(c)

(d)　(e)　(f)

图 9－4　渡槽的典型类型

(a) 梁式（排架）渡槽；(b) 梁式（桩柱）渡槽；(c) 梁式（砌石）；(d) 拱式渡槽；(e) 桁架拱式渡槽；(f) 斜拉式渡槽

(1) 梁式渡槽。梁式渡槽采用重力式槽墩、钢筋混凝土排架和桩柱式排架等作为支承结构，槽身的受力特点如同力学中的梁，同时承受水体的压力和构件的自重，如图 9－4

(a)～(c) 都是典型的梁式渡槽。

常用的梁式渡槽按支承和分缝情况不同，可分为简支梁式、悬臂梁式两种，后者又可细分为双悬臂梁式和单悬臂梁式，如图 9-5 所示。简支梁式渡槽的跨度一般在 8～10m，双悬臂梁式渡槽的单节总跨度可达 30～40m。因受力特点渡槽常采用钢筋混凝土结构，或者采用预应力钢筋混凝土及钢丝网水泥结构。

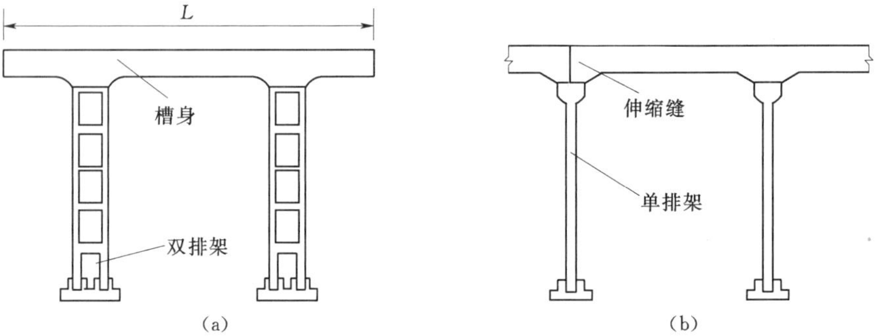

图 9-5 悬臂梁式渡槽
(a) 双悬臂梁式；(b) 单悬臂梁式

梁式渡槽的优点是结构简单，施工方便，对地基的要求稍低，尚能适应少量的地基不均匀沉降的能力。缺点是要布置较多的钢筋。为了避免纵向钢筋用量过多，因此槽身跨度就要受到限制，一般在 20m 以下比较经济。

梁式渡槽的各节槽身之间必须用伸缩缝分开，装配式槽身缝宽一般为 3～5cm，伸缩缝一般需用沥青油膏等既能适应变形又能防止漏水的止水结构和材料封堵。

(2) 拱式渡槽。由墩台、主拱圈和拱上结构组成拱式渡槽的支撑结构。槽身自重及水重通过拱形支承传给拱圈，再转嫁与槽墩或槽台上，最终传给地基。由于拱圈能承受较大的压力，适合圬工材料抗压能力大的性能，因此，这种渡槽多用抗压强度高而抗拉强度小的石料或混凝土建造，也可采用钢筋混凝土结构。

拱式渡槽中槽墩、槽台要承受较大的水平推力，因此对支座的变形要求严格，一般应建在较坚固的岩石地基上，严防山洪暴发对墩、台基础上覆盖土的强烈冲刷以及因基础埋深较小而导致的墩、台基础露出并腾空，最终导致基础不均匀沉降和滑移的发生。如图 9-4 (d) 所示。

(3) 桁架拱式渡槽。也称肋拱渡槽，同时具备拱式渡槽的拱圈与梁式渡槽的排架结构，按结构特征和槽身在桁架拱上位置的不同，又分为上承式、中承式、下承式及复拱式。此类渡槽受力特点兼有梁式和拱式的优点，跨度较梁式增大、对地基的要求较拱式降低。一般多为钢筋混凝土结构，拱上构造均为空腹式，即在拱圈（也称肋拱）上树立排架，槽身支承在排架上。如图 9-4 (e) 所示。

(4) 斜拉式渡槽如图 9-4 (f) 所示。按照槽身断面的型式，渡槽又可以分为矩形、梯形、U 形、圆管形及椭圆形渡槽，具体又有设拉杆（槽身横断面顶端的连接杆）和不设拉杆以及设肋（槽身横断面侧面的支撑）和不设肋之分，具体如图 9-6 所示。

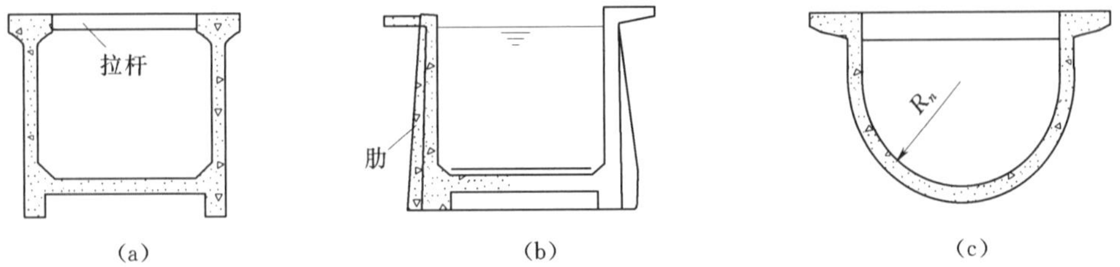

图 9-6　矩形及 U 形槽身横断面
(a) 设拉杆的矩形槽；(b) 设肋的矩形槽；(c) 设拉杆的 U 形槽

二、渡槽的总体布置

渡槽总体布置的主要内容包括槽址选择、基础、进出口段的布置。

总体布置时应满足灌区规划中的设计要求，综合考虑山、水、田、林、路的要求，如流量大小、水位高低、槽身长短、地基稳定、结构型式要求及少占农田，交通方便，就地取材的原则。

渡槽总体布置时，一般先根据渠系规划进行实地调查与勘验，在获得足够的地形地质、水文气象、材料施工、交通水电等基本资料后，全面分析，统筹协调，按照总体要求，初选 2～3 个方案，再经过技术经济比较，从中选优。

1. 渡槽建造地址的选择

渡槽布置时要注意以下几点：

(1) 渡槽应尽量布置在地质良好、地形有利的地段，以便缩短槽身长度，降低槽墩高度。进、出口最好建在挖方基础上。槽身应伸入渠道一段距离。

(2) 跨河渡槽，应选在岸坡河床稳定及水流顺直的河段，避开河弯、汇流区间，以免凹岸及基础遭受冲刷。槽墩不应削弱河沟的过水能力。槽墩基础应在河沟冲刷线以下。

(3) 少占农田，减少拆迁。槽址附近要有足够的施工场地，应靠近料源，交通运输方便。

2. 渡槽进出口的布置

渡槽的进、出口段应顺直连接，其前后的渠道应有一定长度的直线段，以便水流均匀平顺地进入槽身。渡槽的进出口段均应设有渐变段，渐变段常见的型式有两种：一种是直接用八字形直墙或者用一字形胸墙与上下游渠道相连，这种方式虽然施工简单，但水流条件差，进出水口水流紊乱；另一种是曲线形扭曲面，也就是用渐变的扭曲面使渠道和渡槽的进出水口相连。一般对中小型渡槽而言，渡槽进口渐变段的长度至少应为上游渠道水深的 4 倍以上，出口渐变段的长度则至少应为下游渠道水深的 6 倍以上。

渐变段用混凝土或浆砌块石建造，表面应光滑，整体要稳定，并应做好基础防渗，以降低水头损失。对较重要的渡槽，还应在进口段设置检修门槽或在适当位置设节制闸，以防出现洪水产生冲刷或槽身渗漏。

第三节　倒虹吸管和涵洞

一、倒虹吸管

倒虹吸管是输送渠水通过河渠、山谷、道路等障碍物的压力输水建筑物。据《后汉

图 9-7 倒虹吸管

书》记载，我国在东汉汉献帝年间（186 年）就已开始建造使用倒虹吸管，它的外形犹如倒挂的彩虹，中间向下弯，两端高高悬起，因此称为倒虹吸，如图 9-7 所示。倒虹吸管一般多敷设在地面，但也可以埋设在地表以下。当沟渠与河沟、道路等相交时的高差不大，做渡槽又有碍洪水宣泄或车、船通行时常采用倒虹吸管，管内为压力水流，渠水因进口和出口的水位差而流动，该水位差等于倒虹吸管的沿程水头损失及局部水头损失之和。倒虹吸管多采用钢筋混凝土管或预应力钢筋混凝土管，也可以采用混凝土管或钢管，低水头时可用浆砌石管。倒虹吸管的造价较渡槽造价低，施工简单，但水头损失较大，清淤较困难，一般多在小型工程中使用。

（一）倒虹吸管的布置与类型

倒虹吸管的总体布置应结合地形、地质、水流、施工及交通等条件进行全面考虑。通常要求倒虹吸管的管轴线与其所通过的河沟、道路正交，以缩短管线长度。管身及进出口段应布设在地形坡度较缓、地质条件稳定的挖方地段。

根据管路埋设情况以及地形高差的大小，倒虹吸管有以下几种类型。

1. 斜管式

管身中间水平，两端倾斜的倒虹吸管为斜管式倒虹吸管，如图 9-8 所示。它是用多节圆管连接而成，可采用钢筋混凝土管或钢管。钢筋混凝土管下一般应设有管座，只有当压力水头很小和基础坚实时，才把管身直接放在基础上。进出口应做渐变段与渠道相接，然后顺斜坡放置管道。为了管道在斜坡稳定不致滑动，斜坡坡度为 1∶1.5～1∶2。这种倒虹吸管适用于穿越渠道或河流而两者高差不大且两岸坡度平缓的情况，管内水流条件较好，水流顺畅，水头损失较小，多用于平原及丘陵地区，工程上使用较多。当通过流量较大，倒虹吸管可由双管或多管组成。

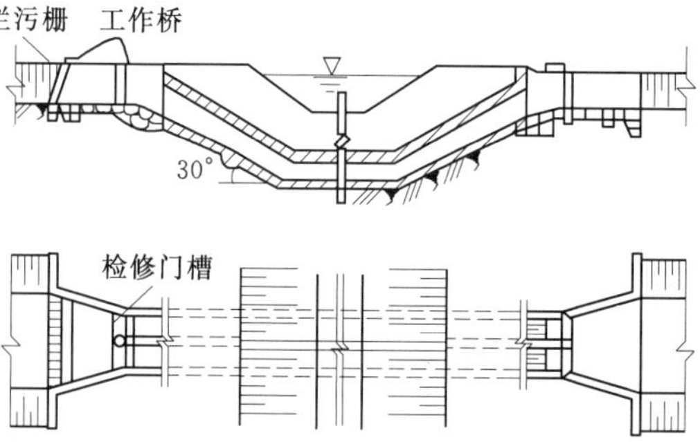

图 9-8 斜管式倒虹吸管

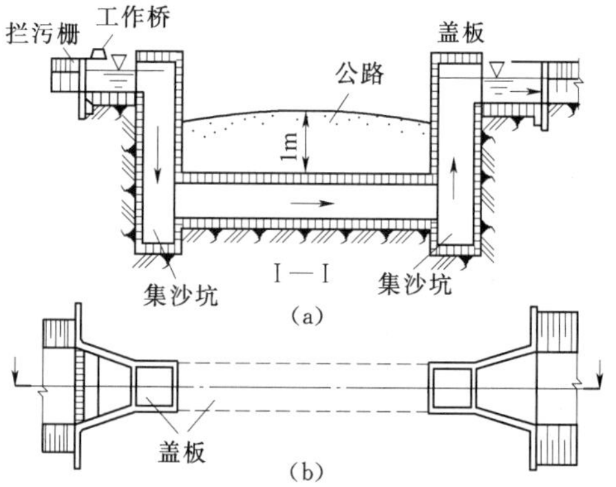

图 9-9 竖井式倒虹吸管

2. 竖井式

当两端地形受到限制或岸坡较陡时，可将斜管式的两端垂直地面布设，使之成竖井状，称为竖井式倒虹吸，如图 9－9 所示。它的进出口一般用砖石或混凝土砌成矩形断面，在其底部一般设有 0.5m 深的集砂坑，水平管身有圆形的，也有矩形的，圆形管常用预制或现浇的钢筋混凝土管，矩形的多为砖石体结构。竖井式不如斜管式水流顺畅，水头损失较大，但施工简易，节省材料。常用于流量小、压力水头小（3～5m）的过路倒虹吸。

3. 爬地式

当斜管式的两端地形起伏较大，倒虹吸管穿越沟谷或河流的高差较大时，管路较长，且沿坡度起伏爬行铺设，则称为爬地式倒虹吸，如图 9－10（a）所示。这种布置方式土石方的工程量较少，多为明式铺设，但在管道变坡处需加设镇墩，故镇墩数较多，管护时要注意管材的抗冻。

4. 桥式

当管道跨越深谷和山洪沟时，可在深槽部分建桥，在其上铺设管道过河。管道在桥头两端山坡转弯处设镇墩加强稳定，并于其上开设放水冲沙孔，两岸管道仍沿地面敷设。这类倒虹吸管被称为桥式倒虹吸管。如图 9－10（b）所示。

（二）倒虹吸管的结构布置

倒虹吸管可分为 3 个部分：① 进口段，包括渐变段、铺盖和护底等防渗防冲设施、拦污栅、闸门、进水口等，当含沙量大时还设沉沙池；②管身段，断面多为圆形，也用矩形或直墙圆拱形，可埋于地下，也可敷设于地面；③出口段，设消力池，并与下游平顺连接。

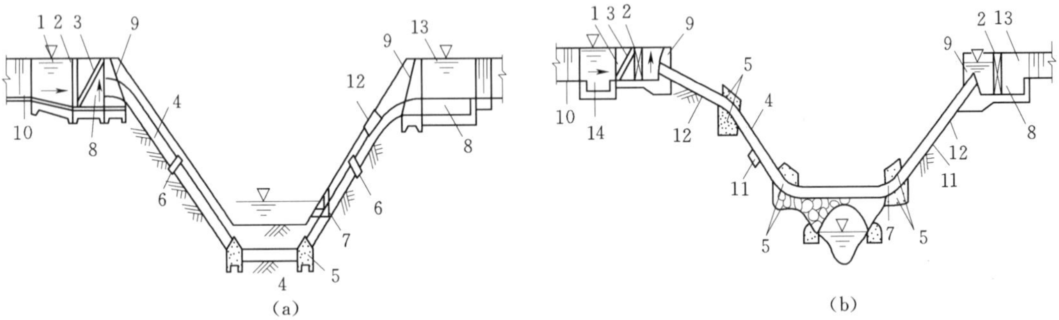

图 9－10　常见的倒虹吸型式

（a）爬地式；（b）桥式

1—进水口；2—闸门；3—拦污栅；4—倒虹吸管；5—转角镇墩；6—斜管支墩；7—水平管；8—渐变段；9—挡水墙；10—上游渠道；11—支持墩；12—管身；13—出水口；14—沉砂池

1. 进口段

如图 9－11 所示，渐变段可减小水头损失，沉砂池可防止粗粒泥沙磨损和淤积管道，进口前布置拦污栅，挡水墙一般为重力式，多采用浆砌石或素混凝土建造，进口做成喇叭形，进口管段与管身用弯道连接，转弯半径一般采用 2.5～4 倍管内径。这种布置方式水流条件好，水头损失小，但施工较复杂。

2. 渐变段

进水口与渠身相连接有两种形式：一种是直接用八字形直墙或者用一字形胸墙与上游渠道相连，这种方式虽然施工简单，但水流条件差，进水口水流紊乱。另一种采用扭曲面，也就是用渐变的扭曲面使渠道和进水口相连，如图 9－11 所示即为扭面渐变段。从水流条件考虑，渐变段长度为渠道水深的3～5倍。渐变段用混凝土或浆砌块石建造，表面应光滑，整体要稳定，并应做好基础防渗。

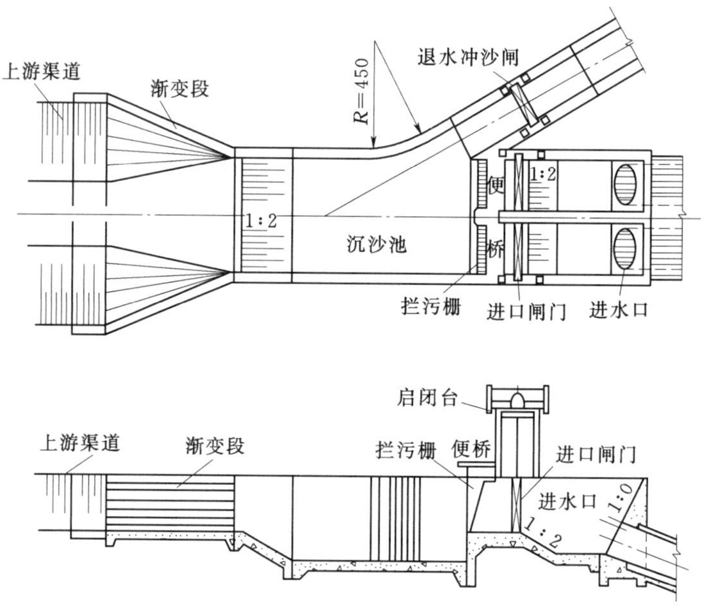

图9-11 倒虹吸管进口段布置

3. 闸门

小型倒虹吸管只在进口侧墙两侧设置闸门槽，以便需要时临时安放闸门，供清淤、检修用。较大的倒虹吸管则应设置闸门和工作桥，以便控制水量和检修用。

4. 泄水闸

对于较大的倒虹吸管，为了防止倒虹吸管发生事故以及上游端渠系水满槽时能及时排泄渠水，在进口段前，尚应设置泄水闸。

（三）出口段的形式和布置

出口段布置与进口段大致相同。小型倒虹吸管由于水量不大，流速较小，出口段可不设置消力池，但出口渐变段的长度可适当比进水口段长些，并做好底板的护砌工作。较大的倒虹吸管，出口处应设置消力池，用以消能并调整出口水流的流速分布，使水流均匀地流入下游渠道。如图9-12所示。

单管倒虹吸管出口段一般不设闸门，多管的倒虹吸管在出口处应分别设置闸门或预留检修门槽。

出口段消力池和渐变段等护砌都要做好防渗，防止因渗流破坏危及斜坡段管身和渠坡的安全。

（四）管身构造

管身一般由输水管、管座、接缝、镇墩等组成。

1. 输水管和管座

倒虹吸管的输水管身常用混凝土或钢筋混凝土管，小型的输水管也有采用陶瓷管的。

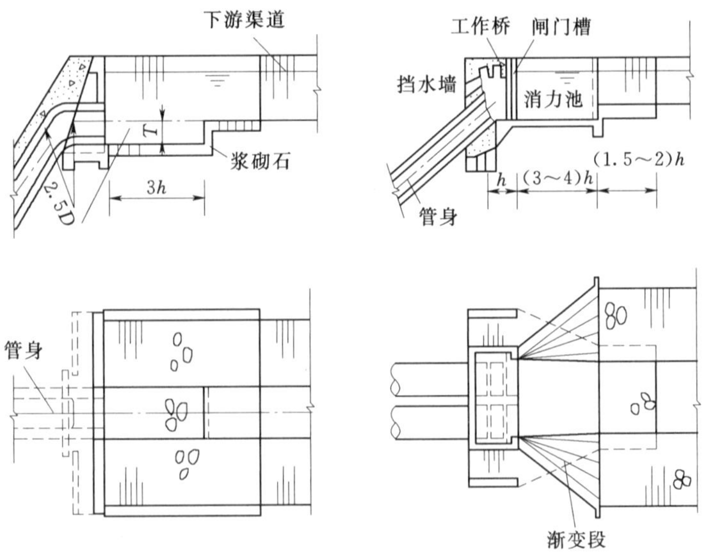

图 9-12　倒虹吸管出口段布置

当管径较小且基础较好时，可以把输水管直接放置在开挖成弧形的基础上，如图 9-13（a）所示；当管径不太大，管外侧填土不高，竖向应力又较小时，可以采用三合土或分层夯实的碎石座垫，如图 9-13（b）所示；如果管径及竖向应力均较大，而基础条件又较差时，可采用刚性座垫，如图 9-13（c）所示，刚性座垫可采用浆砌石或混凝土建造。

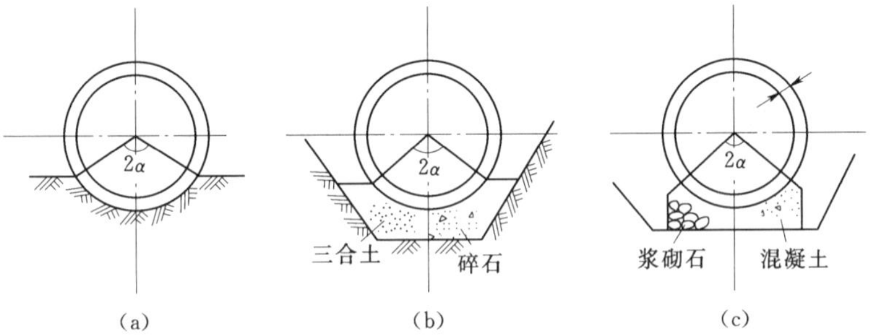

图 9-13　座垫的形式与构造

（a）弧形开挖式管座；（b）三合土垫层管座；（c）刚性管座

管座的包角常采用 90°、120°、135°、180°等几种，在同样管径和外荷载情况下，包角越大，管座和管身的接触面越大，管身内力越小，对地基的压应力也小，但管座消耗材料也越多。

2. 接缝

倒虹吸管全长是由多节圆管连接组成。因此每节管的接缝必须做好，保证管身不漏水。接缝的方式有套接和企口接两种。如图 9-14（a）、（b）、（c）所示。

3. 镇墩

镇墩一般设在倒虹吸管的变坡和转弯的地方，起连接和固定管道的作用，可用浆砌块

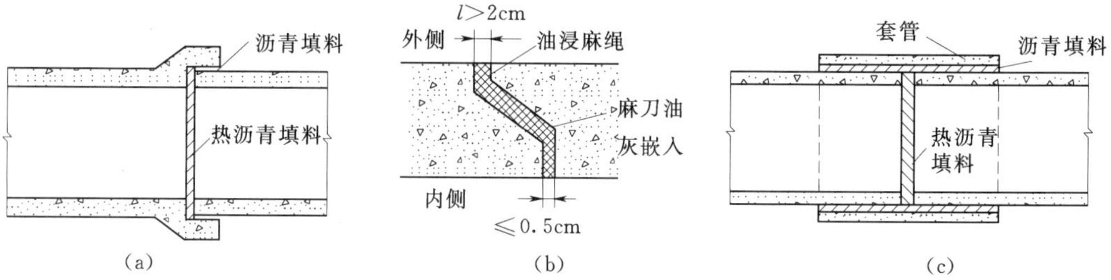

图 9-14 倒虹吸管管端接缝示意图

(a) 企口；(b) 企口构造；(c) 套口

石、混凝土或块石混凝土建造。镇墩和管身的连接方式有刚性连接和柔性连接两种。刚性连接即把管端与镇墩混凝土浇筑成一个整体，如图 9-15 (a) 所示。虽然施工简单，但适应基础不均匀沉降能力差。尤其当镇墩的重量远大于管身，地基不好，由此产生的不均匀沉降而使管身产生横向裂缝，引起漏水。它适用于基础条件较好且斜管坡度较大的情况下。而柔性连接即为镇墩与管身用伸缩缝分开，管身插入镇墩内 30～50cm，接头处用石棉水泥砂浆封口，中间设置金属止水片。并用沥青麻绒填塞，以防漏水，如图 9-15 (b) 所示。虽然施工复杂，但适应基础不均匀沉降能力较好，常用在斜管坡度较缓的地基上。

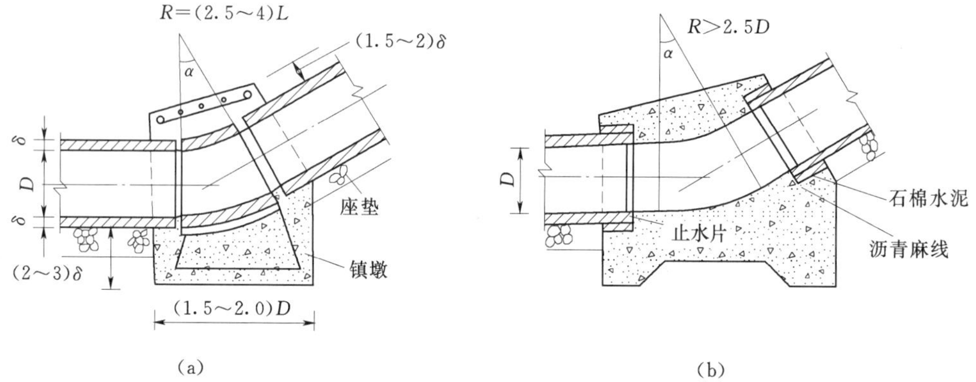

图 9-15 镇墩的形式与构造

(a) 刚性连接；(b) 柔性连接

二、涵洞

一般将埋设在道路或渠堤下的过水通道称为涵洞，也称涵管。它是渠系建筑物中典型的交叉建筑物。用以输送渠水的，称为输水涵洞；用以宣泄溪谷来水的涵洞，称为排水涵洞。涵洞由进口、洞身和出口 3 部分组成，一般不设闸门。如图 9-16 所示。

进出口布置要求水流顺畅，常用的连接形式有八字形斜降翼墙式和扭曲翼墙式等。翼墙及护底用浆砌石或混凝土建造。涵洞的断面形状和尺寸决定于水流形态、地质、施工条件和设计流量等。涵洞属地下建筑物，因此对洞体顶部的抗压强度有特殊要求，往往要综合考虑顶部荷载和洞内水压。在其他工程中，也有用涵洞承担车辆通行任务的，称为公路涵洞。

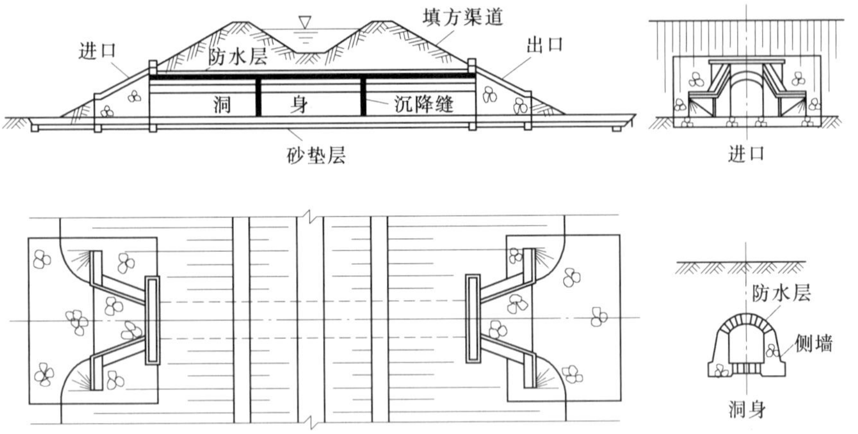

图 9-16 渠道填方下面的涵洞

（一）涵洞的类型与构造

按照过涵的水流形态，涵洞可以分为具有自由水面的无压涵洞、充满水的有压涵洞和水流淹没进口但洞内水流具有自由水面的半有压涵洞。输水涵洞多是无压的。排水涵洞有时为缩小洞径可以是有压的。

按照涵洞的横断面不同，涵洞又可以分为方涵、圆涵和圆拱直墙涵，洞身可做成圆形、矩形盖板、城门洞形或箱形。方涵在公路涵洞中较常见，圆涵一般用于有压涵洞，圆拱直墙涵则多数是无压涵。

涵洞的构造比较简单，距离短的常用预制钢筋混凝土管替代，距离长的则可就地取材，修成砌石结构或钢筋混凝土结构。

圆涵多用混凝土管、钢筋混凝土管或预应力钢筋混凝土管直接替代；矩形盖板涵可以建成分离式的或整体式的两种，均为钢筋混凝土结构，如图 9-17（a）、（b）所示；城门洞形的拱形涵洞则多用钢筋混凝土预制件做拱圈，边墙和底板则用混凝土或浆砌石建造，也可以用钢筋混凝土整体建成，具体如图 9-18 所示；箱式涵洞则多为钢筋混凝土结构，如图 9-19 所示。

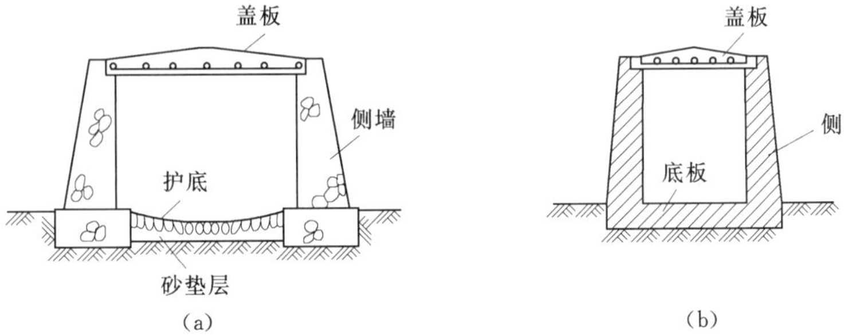

图 9-17 分离式盖板涵及整体式盖板涵

（a）分离式盖板涵；（b）整体式盖板涵

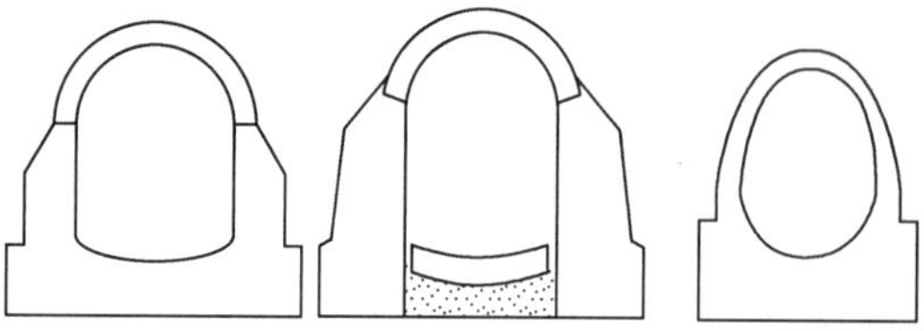

(a) (b) (c)

图 9－18 不同结构的拱涵

(a) 混凝土边墙拱涵；(b) 浆砌石边墙拱涵；

(c) 钢筋混凝土整体拱涵

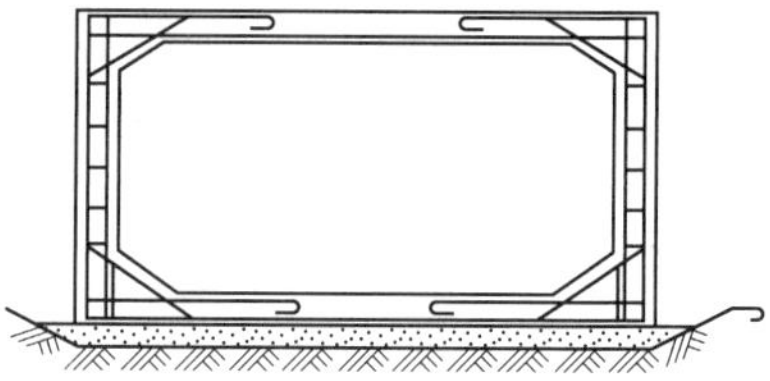

图 9－19 箱式涵洞

(二) 涵洞的组成

涵洞由进口段、洞身段和出口段三部分组成。

1. 进口段

进口段是用来和填土边坡相连接的建筑物。涵洞的进口有塔式、斜坡式及分层取水式等布置形式。其中斜坡式用得最多。进口段的设置能减少水流对洞口附近土坡及河床的冲刷，同时也起到将水流平顺引入洞身、减少水头损失，提高涵洞过水能力的作用。

进口段包括有进口翼墙、护底、胸墙。为了控制水流或调节流量，有的在进口段还设有闸门与启闭设备。

(1) 进口翼墙。主要形式有八字式、锥坡式、圆弧式、扭曲面式等。

八字式如图 9－20 所示。平面布置成“八”字形，翼墙的扩散角常为 30°～40°，常常做成流线形的，水流条件较好。如做成直线形的，则水流条件较差，因水流收缩大，增大了水头损失。此种方式翼墙迎水面一般直立，墙身为挡土墙，墙顶高度大都随土坡高度逐渐降低，可以节省建筑材料。

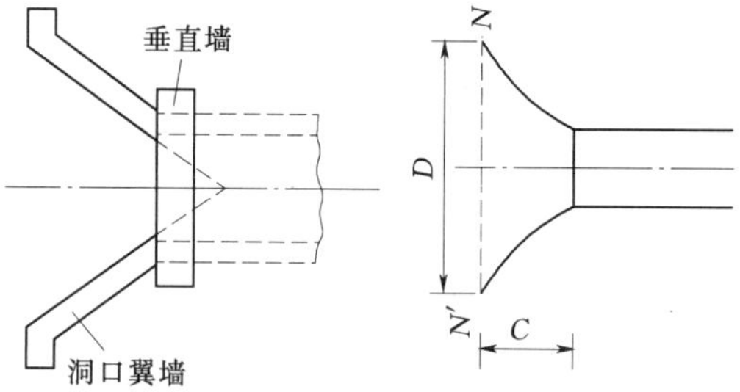

(a) (b)

图 9－20 八字式翼墙

(a) 直线形；(b) 曲线形

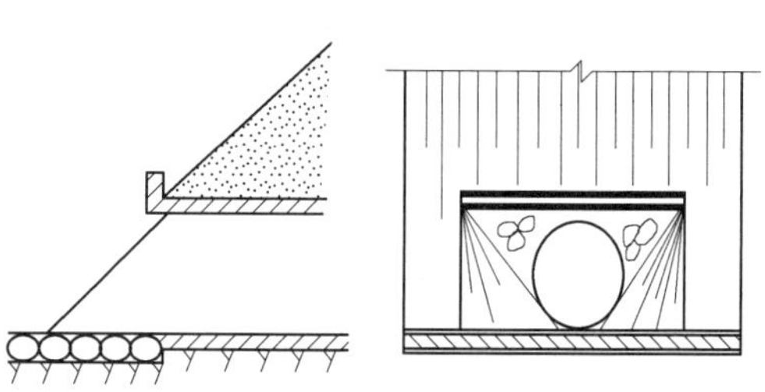

图 9－21 锥坡式翼墙

锥坡式如图 9－21 所示。在胸墙前的翼墙做成锥状护坡。平面布置上，翼墙的水平长度较短，节省材料，水流条件比直线形好。

圆弧式如图 9－22 所示。平面布置上前端为直立的并呈圆弧形，后段和直立墙相连。水流条件较好。由于墙顶高度不变，所用建筑材料较多。

扭曲面式如图 9－23 所示。这种形式的翼墙迎水面是变化的，最大优点是水流平顺，洞前水流不易发生紊乱。由于翼墙是由胸墙处的垂直面逐渐变成与河渠岸坡相同的斜面，所以施工比较困难，为防止扭曲面断裂，墙后填土必须夯实。

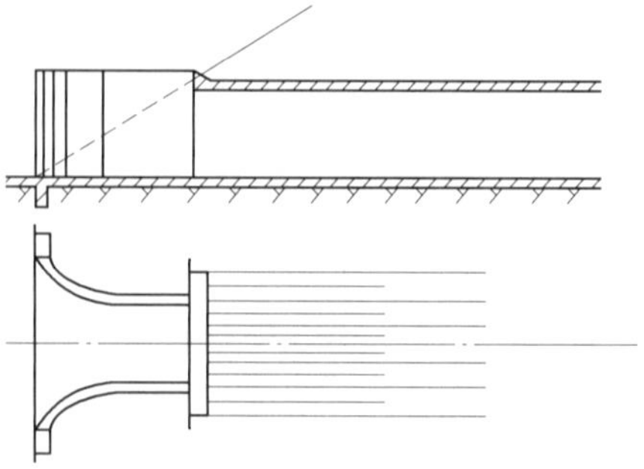

图 9-22　圆弧式翼墙

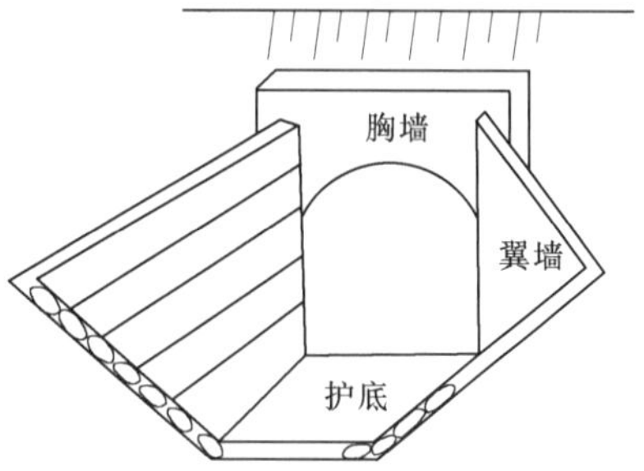

图 9-23　扭曲面式翼墙

（2）护底。主要作用是保护渠底，避免水流冲刷渠床，有防渗作用。

护底常由浆砌块石或现浇混凝土及钢筋混凝土构成，长度应根据防冲、防渗要求确定。

（3）胸墙。位置在洞口，起截水作用，防止水流沿涵洞洞顶外侧渗透。做了胸墙可以防止洞顶坍塌，缩短洞身长度。

2. 出口段

出口段在布置上和结构上与进口段相似，除有胸墙、翼墙外，由于出口处水流流速较大，应做消能防冲设施。对有闸门挡水的涵闸，出口段还需设置反滤层和排水孔，如图 9-24 所示。

3. 洞身段

洞身是涵洞的主体，涵洞顶部主要承受土压力，可能还有外水压力，内部主要有水压力的作用。洞身本身要采取防渗措施，洞外填土要夯实，当涵洞较长时，还需要分节，分节处要采取止水措施，以防止因渗流破坏使涵管失事。

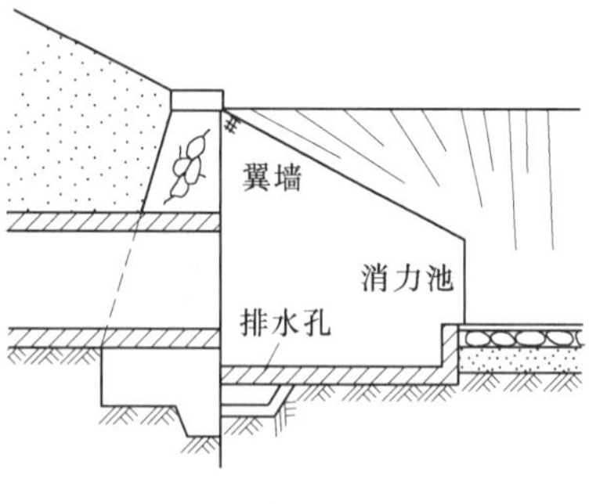

图 9-24　消力池的出口段

（三）涵洞的适用条件

涵洞是地下建筑物，因此根据不同的地质条件和受力因素，可以采用不同的涵洞形式，以适应不同的压力要求。

1. 盖板式涵洞

盖板式涵洞多用在洞顶填土不高，洞跨不大的无压水流中。可以用石料、混凝土或砖等砌筑成整体，也可以在洞底采用砖石砌筑修成分离式的底板，这种涵洞只用于地基较好，跨度较小的情况。

2. 拱式涵洞

这种涵洞因为拱的中心角较大，所以两侧边墙所受的推力较小，因此可以用于跨度较大的情况。但要注意圆形或抛物线形拱圈内易出现拉应力，因此要防止拉力破坏，常做成卵形涵洞以改善受力条件。有时为了节省材料，改善底板受力条件，也可以采用反拱底板。

3. 管式涵洞

圆管涵洞是使用最为普遍的涵洞形式，其过水条件和受力情况都比较好。管子可以在工厂或在工地预制，在工厂预制的直径可达 2m。无压水流时可用混凝土管，有压水流时用钢筋混凝土管。

4. 箱式涵洞

箱式涵洞具有较好的静力条件，对各种地基适应能力较强，整体性好。当涵洞尺寸较大时，多建成为钢筋混凝土封闭式的箱式涵洞，尺寸小的则采用预制构件式现场拼装箱式涵洞。这种涵洞常见于洞顶填土较高、洞跨较大、地基较差、流量较大的无压或低压水流。

第四节 跌水和陡坡

跌水和陡坡是典型的落差建筑物。当渠道要通过坡度过陡的地段时，为了保持渠道的设计纵坡，避免大填方和深挖方，可将水流的落差集中，并修建建筑物来连接上下游渠道，这就是落差建筑物。凡是水流自跌水口流出后，呈自由抛投状态，最后落入下游消力池内的为跌水；而水流自跌水口流出后，受陡槽的约束而沿槽身下泄的叫陡坡。

一、跌水

跌水是使上游渠道或水域的水安全地自由跌落入下游渠道或水域的落差建筑物。多用于落差集中处，也用于渠道的泄洪、排水和退水。以砌石和混凝土建造者居多。

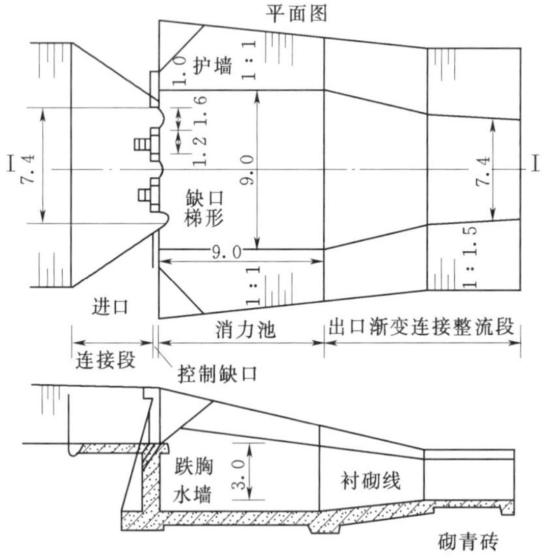

图 9-25 单级跌水

修建跌水时，可以根据不同的地形、地质、气候条件及运用要求，采用直落式、斜管式、跌井式或格栅式等跌水型式。根据地面坡度与上、下游渠道间落差的大小，可采用单级跌水（图 9-25）或多级跌水（图 9-26）。

单级跌水由 5 部分组成：①进口连接段，即上游渠道和控制堰口间的渐变段。②控制堰口，亦称控制缺口。它控制和调节上游水位和通过的流量，断面常呈梯形或矩形，可设或不设底槛，可安装或不安装闸门。渠道很宽时可采用多堰口。③跌水墙，即跌坎处的挡土墙，同控制堰口连接成整体。④消力池，位于跌坎之下，断面多为梯形或矩形，用于消除因落差产生的水流动能。⑤出口连接段，将水流平稳引至下游。

落差在 5m 以上时，一般采用多级跌水。多级跌水的结构与单级跌水相似。其中间各级的上级跌水消力池的末端，即下一级跌水的控制堰口。

(一) 单级跌水

单级跌水的落差，一般不超过 5m。如图 9-25 所示。一般由上游进口连接段、控制缺口、胸墙、消力池及下游出口连接整流护砌段组成。

1. 进口连接段

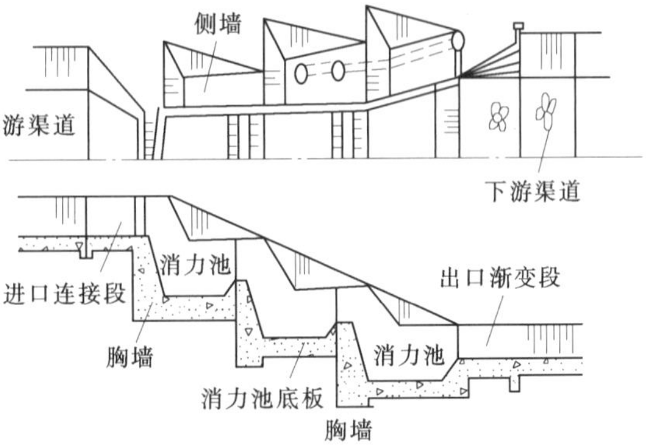

图 9-26　多级跌水

进口连接段位于上游渠道与控制缺口间的连接过渡部分，是引导水流平稳地流向控制缺口；保护渠底与岸坡防止冲刷；增加渗径减小胸墙及消力池底板上的渗透压力的作用。为了平顺水流，一般做成扭曲面形，长度为 (2.0～3.5)h。h 为渠道水深，其平面上收缩线的夹角不宜超过 45°。

2. 控制缺口

控制缺口是跌水设计的关键工作。它的作用是调节上游渠道水位与跌落泄量之间的关系。由于渠道的流量是有变化的，跌水口设计应该做到在各种流量下，跌水口前的水面不致过分壅高和降低。水面过分壅高会使上游渠道淤积；水面降落太大会使上游渠道流速增大而造成冲刷，甚至影响上游附近分水闸的正常引水。工程中一般把水流跌落处的跌水口缩窄，小于原来渠道的过水断面，采用不同形式的跌水口，尽量使上游渠道水深接近正常水深。常用的缺口型式有矩形宽顶堰、梯形宽顶堰、矩形台堰和梳齿式台堰等，如图 9-27 所示。

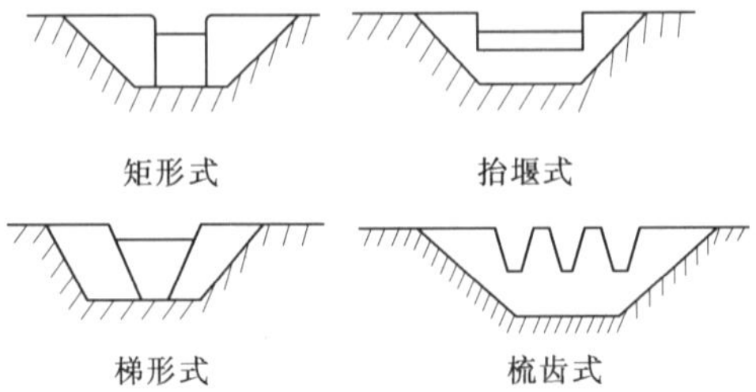

图 9-27　不同型式的跌水口

3. 胸墙

胸墙也称跌水墙，主要作用是挡土，起支承上部结构和防止下游水流的反刷作用。跌水墙有竖直式和倾斜式两种，也可采用重力式、悬臂式或扶臂式。胸墙与消力池底板用沉陷缝分开，以适应不均匀沉陷。为了减小胸墙后的渗水压力，可在墙身设置排水孔。

4. 消力池

消力池的横断面一般为矩形、梯形或复式断面，如图 9-28 所示。消力池在平面上的布置有扩散和不扩散两种形式，可视水流大小、地形、地质情况确定。消力池末端一般不设尾槛，而以反坡底板与下游渠道相连。

5. 出口连接段

出口连接段也称出口渐变整流段。它的作用是调整出池水流，消除水流出消力池以后的剩余能量，使其平稳地流入下游渠道。调整流速在断面上不均匀分布的情况，否则会因水流紊乱，将造成下游渠道的严重冲刷。出口连接段一般布设在消力池出口与下游渠道间，长度应比进口连接段略长。

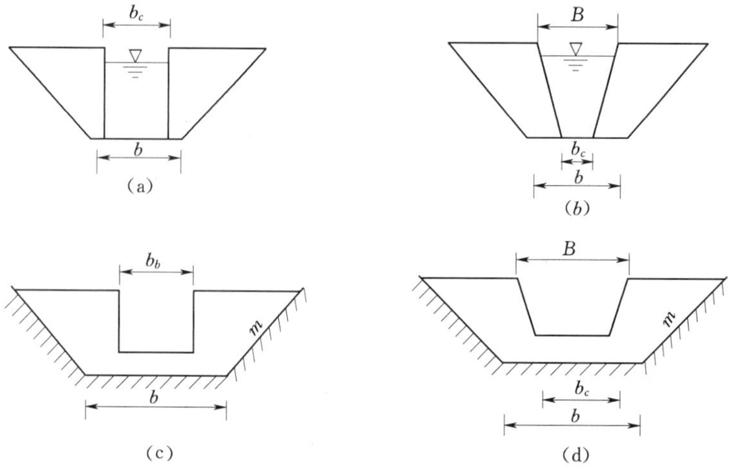

图 9-28 消力池横断面形式

(a) 矩形无底坎消力池；(b) 矩形带底坎消力池；(c) 梯形无底坎消力池；(d) 梯形带底坎消力池

(二) 多级跌水

当地形较陡，上下落差较大，单级跌水布置困难，或者开挖方量太大时，可采用多级跌水，逐级消能。设计时，为使每一级具有相同的工作条件和便于施工，一般每级做成相同的高度，消力池的长度也应相同。为了缩短消力池的长度，常设置尾槛。如不设尾槛，设计时宜将消力池底板做成反坡以改善消能效果。

多级跌水的每级高度应根据地形、水流条件以及造价最低的原则选定。一般每级高度在 3～5m，以保证缺口为自由泄流并使消力池内的消能效果最好为宜。

二、陡坡

陡坡也称泻槽。它是使上游渠道或水域的水沿陡槽下泄到下游渠道或水域的落差建筑物 。多用于落差集中处，也用于泄洪排水和退水。建筑材料多用砌石、混凝土和钢筋混凝土。陡坡与跌水的主要区别是以斜坡代替跌水墙。当落差较大时，陡坡一般比跌水要经济。

根据地形、地质等条件和落差大小，陡坡可以做成单级陡坡或多级陡坡。单级陡坡由进口连接段 、控制堰口 、陡坡段、消能设施和下游连接段组成。其进口连接段、控制堰口和下游连接段的结构布置同跌水。陡坡段的坡度一般均大于临界坡，常用坡比为 1∶3～1∶10。横断面多为梯形，槽底在平面布置上常采用扩散式、菱形和等宽式 3 种。为降低流速和改善流态常在槽底等距离建阻水条坎（糙条）加糙。陡坡段末端常接消力池，但泄水、退水和溢洪道上的陡坡段后也常采用挑流消能。当落差很大时，可采用多级陡坡。其结构与单级陡坡相似。

陡坡的进口连接段、控制缺口及下游连接段的结构布置形式与跌水相同，不同部分分述如下。

(一) 陡坡段

陡坡段为一急流明槽，槽中流速较大，因此要求槽底位于挖方之上，且应沿天然坡度布置，以减少土石方开挖量。当采用两个以上纵坡时，在两个不同的纵坡接头处，要用适当的曲线平顺相连，使水流能紧贴槽底，避免出现真空现象。

陡坡段在平面布置上，底宽可做成等宽、变宽或菱形三种，陡坡的横断面可做成矩形或梯形。陡坡的边墙若为护坡式，则采用梯形的横断面，此时边坡常用1∶1～1∶2，陡坡的边墙为挡土墙时，横断面形状采用矩形。开挖在坚固岩石上的陡坡，可不另做边墙，边坡开挖成1∶0.5～1∶0.1。

土基上的陡坡，流速小于5～8m/s，可用浆砌块石衬砌，石料应质地坚硬、比重大、耐风化，沙浆标号不低于75号，衬砌厚度不小于0.3m。衬砌底下设沙垫层；流速较大时，应采用混凝土或钢筋混凝土衬砌。衬砌约每隔10～15m设置一条构造缝，以适应温度变化和沉降，缝中设止水。坚固岩基上的陡坡一般可以不衬砌，只对过水部分的岩石略加修整，以降低糙率，增大过水能力。

当陡坡段流速过大时，尚可采用人工加糙措施以促进水流扩散、增加水深、降低流速、改善流态、防止或减轻对下游渠道的冲刷。

（二）消力池

陡坡下泄的水流，具有很大的能量，其出口处应做消力池消能。

本 章 小 结

本章以介绍渠系构成为前提，讨论了渠系建筑物及其常用类型、特点，并详细介绍了渡槽、倒虹吸、涵洞及跌水、陡坡的构造组成及布置特点。

为保证水体顺利由水源地经渠系分配进入用水区域，使渠道正常工作并发挥其各种功能，而兴建的水工建筑物称为渠系建筑物，也称为灌区配套建筑物。渠系建筑物按其作用分有渠道控制调节建筑物、交叉建筑物、落差建筑物、量水建筑物、泄水建筑物及便民利民建筑物等。一般小型水利工程中最常见的是涵洞、倒虹吸管、渡槽和桥梁、跌水与陡坡。

渡槽是输送渠道水流跨越山谷、洼地、河渠、道路的架空水槽。

渡槽由进出口段、槽身、支承结构和基础四部分组成。

按施工方法分，渡槽有现浇整体式、预制装配式两种。按所用材料分，有木渡槽、砖石渡槽、混凝土渡槽、钢筋混凝土渡槽、预应力钢筋混凝土渡槽以及钢丝网水泥渡槽等。按照支承结构的不同，渡槽可分为梁式渡槽、拱式渡槽桁架式渡槽和斜拉式渡槽等型式。常用的是梁式渡槽和拱式渡槽。

渡槽总体布置的主要内容包括槽址选择、基础、进出口段的布置。总体布置时应满足灌区规划中的设计要求，综合考虑山、水、田、林、路的要求，如流量大小、水位高低、槽身长短、地基稳定、结构型式要求及少占农田，交通方便，就地取材的原则。

倒虹吸管是输送渠水通过河渠、山谷、道路等障碍物的压力输水建筑物。

根据管路埋设情况以及地形高差的大小倒虹吸管有斜管式、竖井式、爬地式、桥式4种类型。

倒虹吸管由进口段、管身段和出口段3个部分组成。

一般将埋设在道路或渠堤下的过水通道称为涵洞，也称涵管。它是渠系建筑物中典型的交叉建筑物。按照过涵的水流形态，涵洞可以分为无压涵洞、有压涵洞和半有压涵洞。

按照涵洞的横断面不同，涵洞又可以分为方涵、圆涵和圆拱直墙涵，洞身可做成圆形、矩形盖板、城门洞形或箱形。方涵在公路涵洞中较常见，圆涵一般用于有压涵洞，圆拱直墙涵则多数是无压涵。

涵洞由进口段、洞身段和出口段三部分组成。

跌水是使上游渠道或水域的水安全地自由跌落入下游渠道或水域的落差建筑物。修建跌水时，可采用直落式、斜管式、跌井式或格栅式等跌水型式。根据地面坡度与上、下游渠道间落差的大小，可采用单级跌水或多级跌水。

陡坡也称泻槽。它是使上游渠道或水域的水沿陡槽下泄到下游渠道或水域的落差建筑物。根据地形、地质等条件和落差大小，陡坡可以做成单级陡坡或多级陡坡。

复习思考题

1. 渠系建筑物按其作用分为哪几类？它们的主要功能是什么？
2. 渠系建筑物的工作特点是什么？
3. 梁式渡槽、拱式渡槽和桁架式渡槽在结构型式上各有什么特点？
4. 倒虹吸管在布置上有什么要求？
5. 涵洞有哪几种类型？
6. 何谓跌水？布置跌水时应考虑什么问题？
7. 什么叫陡坡？它由哪几部分组成？

第十章　水　电　站

【本章学习要点】 了解水电站的类型、特点；熟悉水电站的总体布置要求；掌握水电站厂区和厂房的结构组成。

第一节　水电站的类型、特点及作用

水电站是将水能转换为电能的综合工程设施，又称水电厂。它包括为利用水能生产电能而兴建的一系列水电站建筑物及装设的各种水电站设备。利用这些建筑物集中天然水流的落差形成水头，汇集、调节天然水流的流量，并将它输向水轮机，经水轮机与发电机的联合运转，将集中的水能转换为电能，再经变压器、开关站和输电线路等将电能输入电网。

在通常情况下，水电站的水头是通过适当的工程措施，将分散在一定河段上的自然落差集中起来而构成的。就集中落差形成水头的措施而言，水能资源的开发方式可分为坝式、引水式和混合式三种基本方式。根据三种不同的开发方式，水电站也可分为坝式、引水式和混合式三种基本类型。

抽水蓄能电站和潮汐电站也是水能利用的重要形式。

一、坝式水电站

在河流峡谷处拦河筑坝，坝前壅水，形成水库，在坝址处形成集中落差，这种开发方式称为坝式开发。用坝集中落差的水电站称为坝式水电站。其特点为：

坝式水电站的水头取决于坝高。坝越高，水电站的水头越大，但坝高往往受地形、地质、水库淹没、工程投资、技术水平等条件的限制，因此与其他开发方式相比，坝式水电站的水头相对较小。目前坝式水电站的最大水头不超过300m。

拦河筑坝形成水库，可用来调节流量。坝式水电站的引用流量较大，电站的规模也大，水能利用比较充分。目前世界上装机容量超过2000MW的巨型水电站大都是坝式水电站。此外坝式水电站水库的综合利用效益高，可同时满足防洪、发电、供水等兴利要求。

由于工程规模大，水库造成的淹没范围大，迁移人口多，因此坝式水电站的投资大，工期长。

坝式开发适用于河道坡降较缓，流量较大，有筑坝建库条件的河段。

坝式水电站按大坝和发电厂的相对位置的不同又可分为河床式、坝后式、闸墩式、坝内式、溢流式等。在实际工程中，较常用的坝式水电站是河床式和坝后式水电站。

1. 河床式水电站

河床式水电站一般修建在河流中下游河道纵坡平缓的河段上，为避免大量淹没，坝建得较低，故水头较小。大中型河床式水电站水头一般为25m以下，不超过30～40m；中小型水电站水头一般为 10m 以下。河床式电站的引用流量一般都较大，属于低水头大流量型水电站，其特点是：厂房与坝（或闸）一起建在河床上，厂房本身承受上游水压力，并成为挡水建筑物的一部分，一般不设专门的引水管道，水流直接从厂房上游进水口进入水轮机，如图 10－1 所示。我国湖北葛洲坝、浙江富春江、广西大化等水电站，均为河床式水电站。

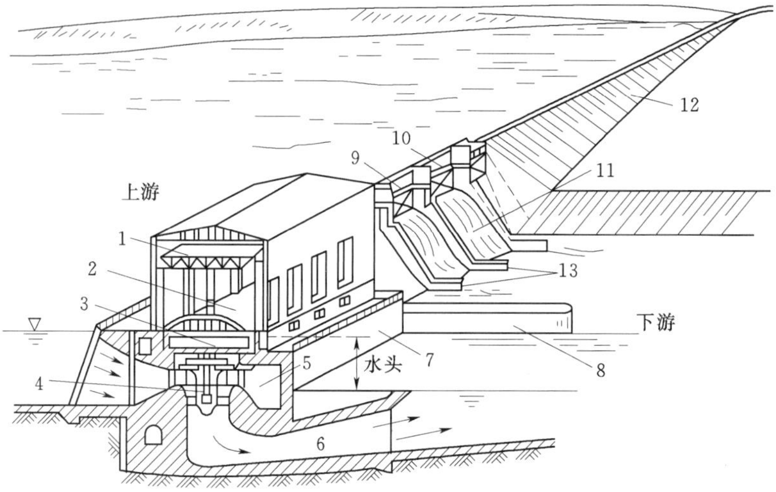

图 10－1 河床式水电站

1—桥式吊车；2—主厂房；3—发电机；4—水轮机；5—蜗壳；6—尾水管；7—水电站厂房；8—尾水导墙；9—闸门；10—工作桥；11—溢流坝；12—拦河坝；13—闸墩

2. 坝后式水电站

坝后式水电站一般修建在河流中上游的山区峡谷地段，受水库淹没限制相对较小，所以坝可建得较高，水头也较大，在坝的上游形成了可调节天然径流的水库，有利于发挥防洪、灌溉、航运及水产等综合效益，并给水电站运行创造了十分有利的条件。由于水头较高，厂房不能承受上游过大水压力而建在坝后（坝下游），如图 10－2 所示。其特点是：水电站厂房布置在坝后，厂坝之间常用缝分开，上游水压力全部由坝承受。三峡水电站、福建水口水电站等，均属坝后式水电站。

坝后式水电站厂房的布置型式很多，当厂房布置在坝体内时，称为坝内式水电站；当厂房布置在溢流坝段之后时，通常称为溢流式水电站。当水电站的拦河坝为土坝或堆石坝等当地材料坝时，水电站厂房可采用河岸式布置。

二、引水式开发和引水式水电站

在河流坡降较陡的河段上游，通过人工建造的引入道（渠道、隧洞、管道等）引水到河段下游，集中落差，这种开发方式称为引水式开发。用引水道集中水头的水电站，称为引水式水电站。

引水式开发的特点是：由于引水道的坡降（一般取 1/1000～1/3000）小于原河道的坡降，因而随着引水道的增长，逐渐集中水头；与坝式水电站相比，引水式水电站由于不存在淹没和筑坝技术上的限制，水头相对较高，目前最大水头已达 2000m 以上；引水式水电站的引用流量较小，没有水库调节径流，水量利用率较低，综合利用价值较差，电站

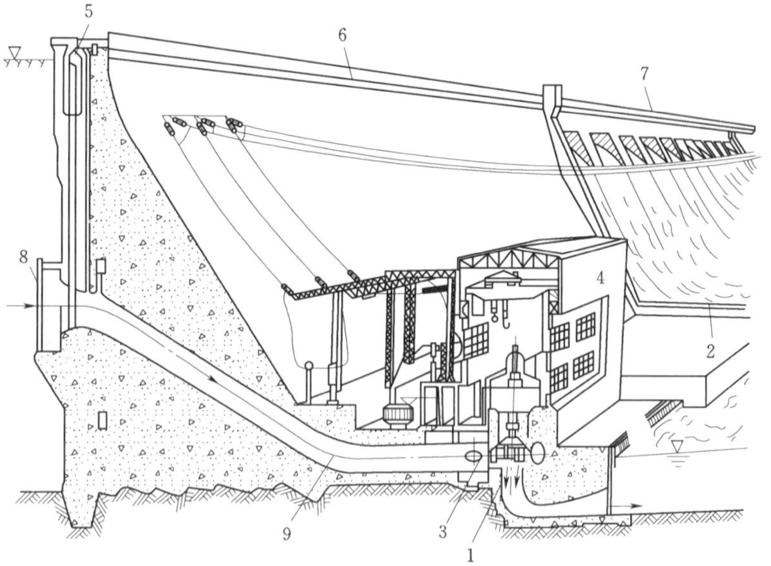

图 10-2　坝后式水电站

1—水轮机；2—导流墙；3—主阀；4—厂房；5—闸门；6—拦河坝；7—溢流坝；8—拦河栅；9—压力管道

规模相对较小，工程量较小，单位造价较低。

引水式开发适用于河道坡降较陡且流量较小的山区河段。根据引水建筑物中的水流状态不同，可分为无压引水式水电站和有压引水式水电站。

1. 无压引水式水电站

如图 10-3 所示，无压引水式水电站的主要特点是具有较长的无压引水水道，水电站引水建筑物中的水流是无压流。无压引水式水电站的主要建筑物有低坝、无压进水口、沉沙池、引水渠道（或无压隧洞）、日调节池、压力前池、溢水道、压力管道、厂房和尾水渠等。

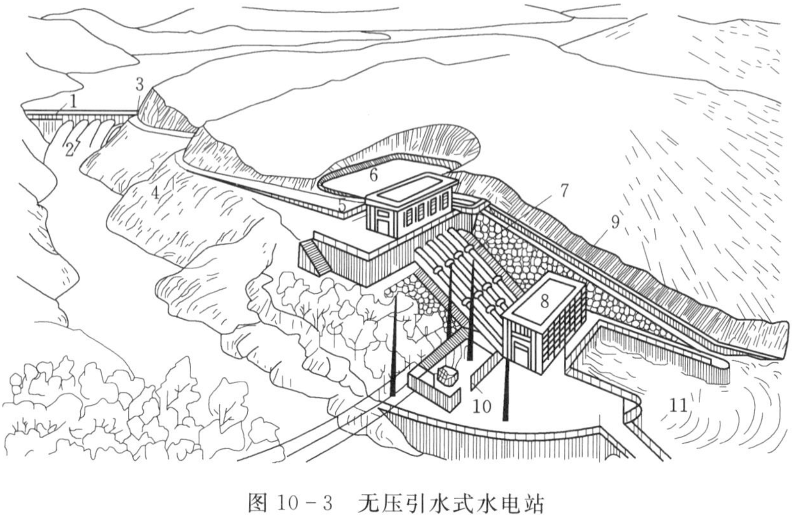

图 10-3　无压引水式水电站

1—拦河坝；2—溢流坝；3—进水闸；4—引水渠道；5—压力前池；6—日调节池；7—压力钢管；8—厂房；9—泄水道；10—开关站；11—尾水渠

2. 有压引水式水电站

如图 10－4 所示，有压引水式水电站的主要特点是有较长的有压引水道，如有压隧洞或压力管道，引水建筑物中的水流是有压流。有压引水式水电站的主要建筑物有拦河坝、有压进水口、有压引水隧洞、调压室、压力管道、厂房和尾水渠等。

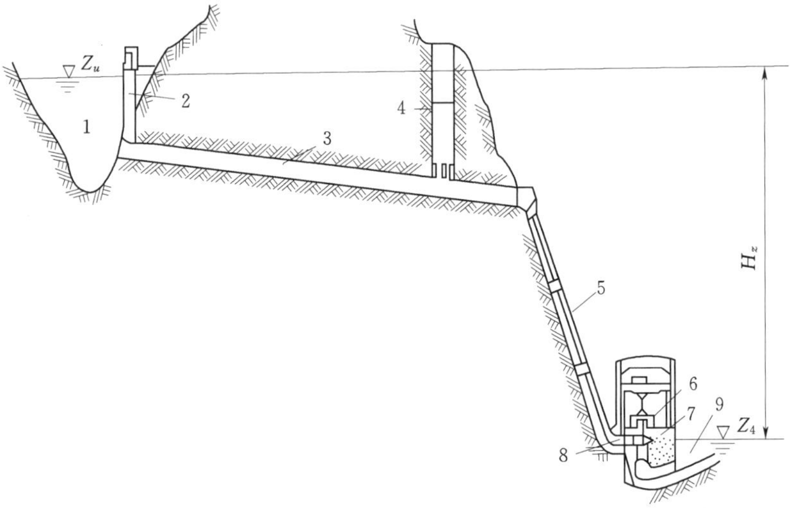

图 10－4　有压引水式水电站

1—水库；2—进水建筑物；3—引水水洞；4—调压室；5—压力管道；6—发电机；7—水轮机；8—主阀；9—尾水渠

三、混合式开发和混合式水电站

在一个河段上，同时采用筑坝和有压引水道共同集中落差的开发方式称为混合式开发。坝集中一部分落差后，再通过有压引水道集中坝后河段上另一部分落差，形成了电站的总水头。用坝和引水道集中水头的水电站称为混合式水电站。

混合式水电站适用于上游有良好坝址，适宜建库，而紧邻水库的下游河道突然变陡或河流有较大转弯的情况。这种水电站同时兼有坝式水电站和引水式水电站的优点，如图 10－5 所示。

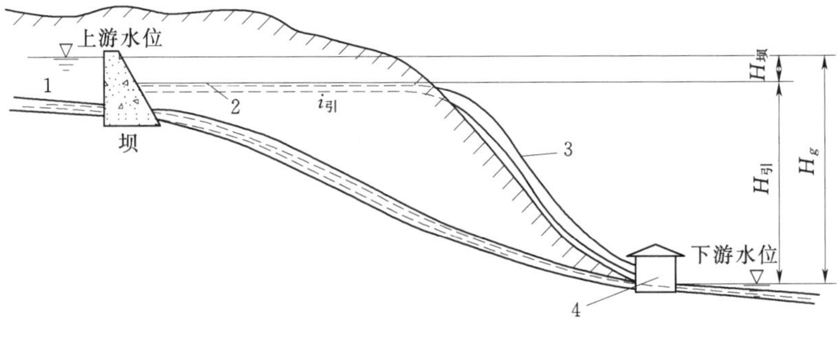

图 10－5　混合式水电站示意图

1—水库；2—引水隧洞；3—压力管道；4—厂房

混合式水电站和引水式水电站之间没有明确的分界线。严格说来，混合式水电站的水头是由坝和引水建筑物共同形成的，且坝一般构成水库。而引水式水电站的水头，只由引水建筑物形成，坝只起抬高上游水位的作用。但在工程实际中常将具有一定长度引水建筑物的混合式水电站统称为引水式水电站，而较少采用混合式水电站这个名称。

四、抽水蓄能电站

随着国民经济的迅速发展以及人民生活水平的不断提高，电力负荷和电网日益扩大，电力系统负荷的峰谷差越来越大。

在电力系统中，核电站和火电站不能适应电力系统负荷的急剧变化，且受到技术最小出力的限制，调峰能力有限，而且火电机组调峰煤耗多，运行维护费用高。而水电站启动与停机迅速，运行灵活，适宜担任调峰、调频和事故备用负荷。

抽水蓄能电站不是为了开发水能资源向系统提供电能，而是以水体为储能介质，起调节作用。抽水蓄能电站包括抽水蓄能和放水发电两个过程，它有上下两个水库，用引水建筑物相连，蓄能电站厂房建在下水库处，如图 10－6 所示。在系统负荷低谷时，利用系统多余的电能带动泵站机组（电动机＋水泵）将下库的水抽到上库，以水的势能形式储存起来；当系统负荷高峰时，将上库的水放下来推动水轮发电机组（水轮机＋发电机）发电，以补充系统中电能的不足。

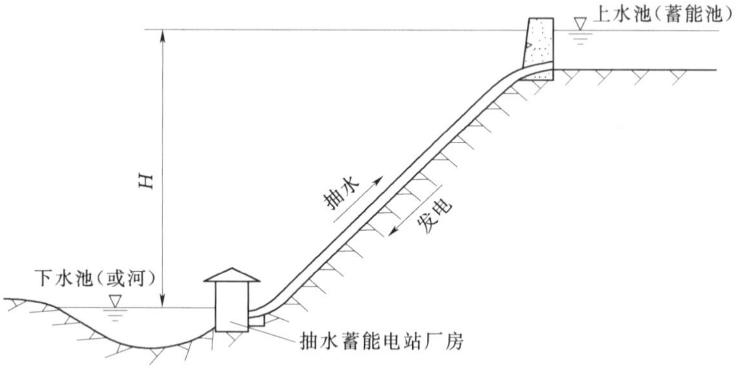

图 10－6　抽水蓄能电站示意图

随着电力行业的改革，实行负荷高峰高电价、负荷低谷低电价后，抽水蓄能电站的经济效益将是显著的。抽水蓄能电站除了产生调峰填谷的静态效益外，还由于其特有的灵活性而产生动态效益，包括同步备用、调频、负荷调整、满足系统负荷急剧爬坡的需要、同步调相运行等。

五、潮汐水电站

海洋水面在太阳和月球引力的作用下，发生一种周期性涨落的现象，称为潮汐。从涨潮到涨潮（或落潮到落潮）之间间隔的时间，即潮汐运动的周期（亦称潮期），约为 12h 又 25min。在一个潮汐周期内，相邻高潮位与低潮位间的差值，称为潮差，其大小受引潮力、地形和其他条件的影响因时因地而异，一般为数米。有了这样的潮差，就可以在沿海的港湾或河口建坝，构成水库，利用潮差所形成的水头来发电，这就是潮汐能的开发。据计算，世界海洋潮汐能蕴藏量约为 27×10^{6} MW，若全部转换成电能，每年发电量大约为

1.2 万亿 kW·h。

利用潮汐能发电的水电站称为潮汐水电站，如图 10-7 所示。潮汐电站多修建于海湾。其工作原理是修建海堤，将海湾与海洋隔开，并设泄水闸和电站厂房，然后利用潮汐涨落时海水位的升降，使海水流经水轮机，通过水轮机的转动带动发电机组发电。涨潮时外海水位高于内库水位，形成水头，这时引海水入湾发电；退潮时外海水位下降，低于内库水位，可放库中的水入海发电。海潮昼夜涨落两次，因此海湾每昼夜充水和放水也是两次。潮汐水电站可利用的水头为潮差的一部分，水头较小，但引用的海水流量可以很大，是一种低水头大流量的水电站。

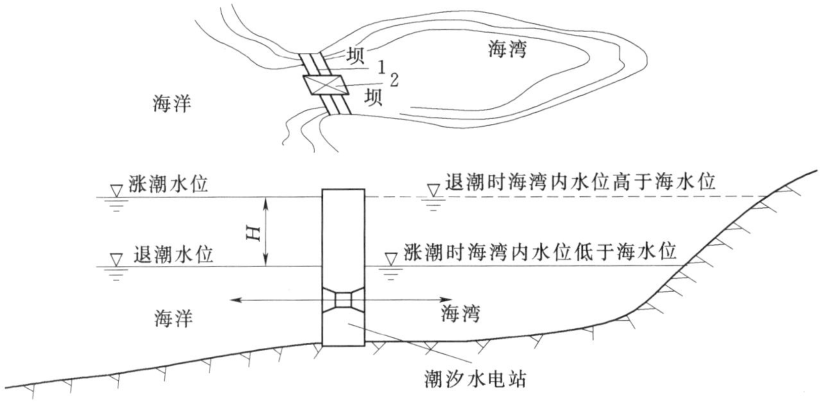

图 10-7 潮汐水电站布置示意图

1—挡水坝；2—电站厂房

潮汐能与一般水能资源不同，是取之不尽，用之不竭的。潮差较稳定，且不存在枯水年与丰水年的差别，因此潮汐能的年发电量稳定，但由于发电的开发成本较高和技术上的原因，所以发展较慢。

六、无调节水电站和有调节水电站

水电站除按开发方式进行分类外，还可以按其是否有调节天然径流的能力而分为无调节水电站和有调节水电站两种类型。

无调节水电站没有水库，或虽有水库却不能用来调节天然径流。当天然流量小于电站能够引用的最大流量时，电站的引用流量就等于或小于该时刻的天然流量；当天然流量超过电站能够引用的最大流量时，电站最多也只能利用它所能引用的最大流量，超出的那部分天然流量只好弃水。

凡是具有水库，能在一定限度内按照负荷的需要对天然径流进行调节的水电站，统称为有调节水电站。根据调节周期的长短，有调节水电站又可分为日调节水电站、年调节水电站及多年调节水电站等，视水库的调节库容与河流多年平均年径流量的比值（称为库容系数）而定。无调节和日调节水电站又称径流式水电站。具有比日调节能力大的水库的水电站又称蓄水式水电站。

在前述的水电站中，坝后式水电站和混合式水电站一般都是有调节的；河床式水电站和引水式水电站则常是无调节的，或者只具有较小的调节能力，例如日调节。

第二节 水电站的总体布置

水电站布置形式是由建筑物组成、形式和工作特点划分为几种基本布置形式，它与水能开发方式有着密切的联系。根据这一原则，水电站有坝式、河床式及引水式三种总体布置方式。

一、坝式水电站

坝式水电站靠坝来集中水头。其中最常见的布置方式是水电站厂房位于非溢流坝坝趾处，此称为坝后式水电站，如图 10-8、图 10-9 所示的湖北丹江口水电站。我国正在蓄水运行的三峡水电站也采用这种布置。这种水电站常建于河流中、上游的高山峡谷中，集

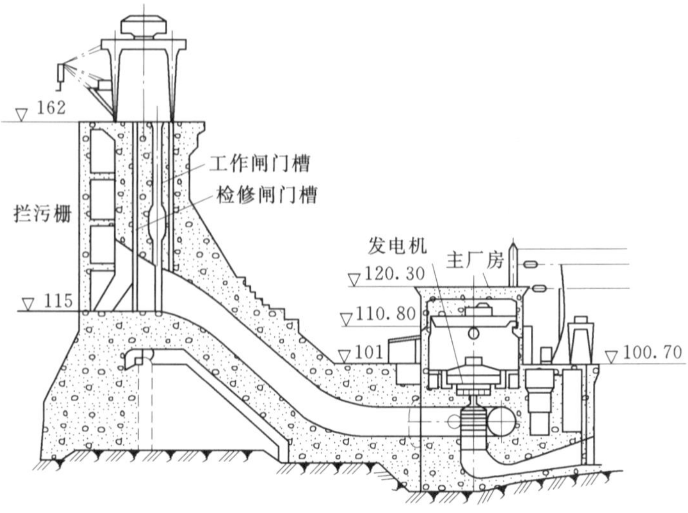

图 10-8 丹江口（坝后式）水电站横剖面图（单位：m）

图 10-9 坝后式水电站厂房——丹江口水电站

中的落差为中、高水头。当河谷较窄而水电站机组较多、溢流坝和厂房并排布置有困难时，可将厂房布置在溢流坝下游；或者让溢流水舌挑越厂房顶泄入下游河道，或者让厂房顶兼作溢洪道宣泄洪水。前者称为挑越式水电站，如贵州乌江渡水电站；后者称为厂房顶溢流式水电站，如浙江新安江水电站。

当坝体足够大时，还可将厂房移至坝体空腹内，成为坝内式水电站，如厂房位于溢流坝坝体内的江西上犹江水电站和厂房位于空腹重力拱坝内的湖南凤滩水电站。采用当地材料坝时，厂房可布置在坝趾，由穿过坝基的引水道供水；或布置在坝下游河岸上，由穿过坝肩山体的引水隧洞供水。采用轻型坝时，厂房位置可因坝型、地形的不同而异，布置更为灵活，除上述各种布置方式外，还有颇具特色的安徽佛子岭水电站的连拱坝拱内厂房等。

二、河床式水电站

河床式水电站的特点是：位于河床内的水电站厂房本身起挡水作用，从而成为集中水头的挡水建筑物之一，如图 10-10 所示广西西津水电站。这类水电站一般见于河流中、下游，水头较低，流量较大。

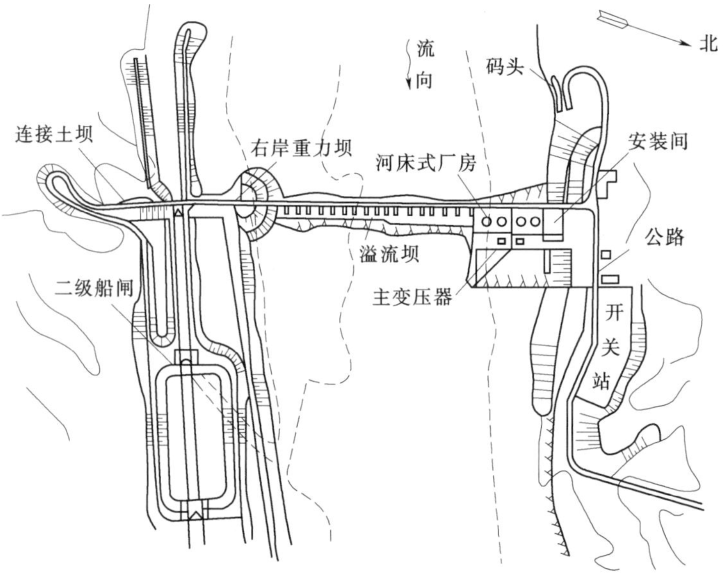

图 10-10 广西西津（河床式）水电站枢纽布置

河床式水电站枢纽最常见的布置方式是泄水闸（或溢流坝）在河床中部，厂房及船闸分踞两岸，厂房与泄水闸之间用导流墙隔开，以防泄洪影响发电。当泄水闸和厂房均较长，布置上有困难时，可将厂房机组段分散于泄水闸闸墩内而成为闸墩式厂房，如宁夏青铜峡水电站；或通过厂房宣泄部分洪水而成为泄水式厂房（也称混合式厂房），如湖北葛洲坝水利枢纽大江、二江电厂的厂房内均设有排沙底孔，泄水冲沙。这两种布置方式在泄洪时还可因射流获得增加落差的效益。

三、引水式水电站

引水式水电站的引水道较长，并用来集中水电站的全部或相当大一部分水头。根据引水道中的水流是有压流或明流，又分为有压引水式水电站及无压引水式水电站。这种水电站常见于流量小、坡降大的河流中、上游或跨流域开发方案，最高水头已达1767m（奥地利莱塞克水电站），我国广西天湖水电站最大静水头也达1074m。

图10-3为无压引水式水电站的示意图。其特点是采用了无压引水渠道（也有采用无压隧洞的）。无压引水道和压力管道的连接处设有压力前池，图示电站还设有日调节池。

图10-4为有压引水式水电站的示意图。该水电站的建筑物包括水库、拦河坝、泄水道、水电站进水口、有压引水道（压力隧洞）、调压室、压力管道、厂房枢纽（含变电、配电建筑物）以及尾水渠。

坝式、河床式及引水式水电站虽各具特点，但有时它们之间却难以明确划分。从水电站建筑物及其特征的观点出发，一般把引水式开发及筑坝引水混合式开发的水电站统称为引水式水电站。此外，某些坝式水电站也可能将厂房布置在下游河岸上，通过在山体中开凿的引水道供水，这时水电站建筑物及其特征与引水式水电站相似。因此，掌握引水式水电站的组成建筑物及其特性对研究各类水电站有举一反三的重要作用。

四、水电站建筑物

为了控制水流，实现水力发电而修建的一系列水工建筑物，称为水电站建筑物。水电站枢纽一般由下列七类建筑物组成：

（1）挡水建筑物。用以拦截河流，集中落差，形成水库，如坝、闸等。

（2）泄水建筑物。用以宣泄洪水，或放水供下游使用，或放水降低水库水位，如溢洪道、泄洪隧洞、放水底孔等。

（3）水电站进水建筑物。用以按水电站的要求将水引入引水道，如有压或无压进水口。

（4）水电站引水及尾水建筑物。分别用以将发电用水自水库输送给水轮发电机组及把发电用过的水排入下游河道，引水式水电站的引水道还用来集中落差，形成水头。常见的建筑物为渠道、隧洞、管道等，也包括渡槽、涵管、倒虹吸等交叉建筑物。

（5）水电站平水建筑物。用以平稳由于水电站负荷变化在引水或尾水建筑物中造成的流量及压力（水深）变化，如有压引水道中的调压室、无压引水道中的压力前池等，尾水建筑物和平水建筑物统称为输水系统。

（6）发电、变电和配电建筑物。包括安装水轮发电机组及其控制、辅助设备的厂房、安装变压器的变电器场及安装高压配电装置的高压开关站。它们常集中在一起，统称为厂房枢纽。

（7）其他建筑物。如过船、过木、过鱼、拦沙、冲沙等建筑物。

第三节　水电站厂房

一、水电站厂房的任务

水电站厂房是水能转为电能的生产场所，也是运行人员进行生产和活动的场所。其任务是通过一系列工程措施，将水流平顺地引入水轮机，使水能转换成为可供用户使用的电能，并将各种必需的机电设备安置在恰当的位置，创造良好的安装、检修及运行条件，为运行人员提供良好的工作环境。

水电站厂房是水工建筑物、机械及电气设备的综合体，在厂房的设计、施工、安装和运行中需要各专业人员通力协作。

二、水电站厂房和厂区的组成

（一）厂区的组成

布置水电站的发电、变电和配电建筑物的区域称为水电站的厂区。主要由水电站厂房、主变压器场、高压开关站和内外交通线路四部分组成。厂区是完成发电、变电、配电的主体。在水电站设计中，通常将这些建筑物集中布置在一起，故又称为厂房枢纽。

水电站厂房包括主厂房和副厂房。安装水轮发电机组的房间称为主厂房，是直接将水能转变为电能的车间，是厂房的主体。为安装和检修主厂房内的机电设备需要设置安装间或称装配场。它通常位于主厂房的一端，并成为主厂房的一部分。布置各种机电控制设备和辅助设备的房间，以及运行管理人员的工作和生活用房，统称副厂房，一般围绕主厂房布置。安装升压变压器的地方称为主变压器场。安装高压配电装置的地方称为开关站。它们通常布置在副厂房附近的露天场地上。由于枢纽布置和地形条件的不同，变压器场和开关站可以分开布置，也可连在一起布置。当二者布置在一起时，称为升压变电站。它们的作用是将发电机出线端电压升高至远距离送电所要求的电压，并经调度分配后送向电网。

（二）水电站厂房的组成

1. 按设备组成系统划分

（1）水流系统。是完成将水能转变为机械能的一系列过流设备，包括进水管、主阀（如蝴蝶阀）、水轮机引水室（如蜗壳）、水轮机、尾水管、尾水闸门、尾水渠等。

（2）电流系统。是发电、变电、配电的电气一次回路系统。包括发电机、发电机母线、发电机中性点引出线、发电机电压配电装置（户内开关室）、厂用电系统、主变压器、高压配电装置（户外开关站）及各种电缆等。

（3）电气控制设备系统。是控制水电站运行的电气设备。如互感器、表针、继电器、控制电缆、自动及远动装置、通信及调度设备等。

（4）机械控制设备系统。包括水轮机的调速设备以及主阀、减压阀、拦污栅和各种闸门的操作控制设备等。

（5）辅助设备系统。是为安装、检修、维护、运行所必需的各种机、电辅助设备。包括厂用电系统；油系统；气系统；水系统；起重设备等设备。

上述五大系统各有其不同的作用和要求，在布置时必须注意它们的相互联系，使其互相协调地发挥作用。

2. 按水电站厂房的结构组成划分

（1）水平面上可分为主机室和装配场。

（2）垂直面上根据工程习惯，主厂房以发电机层楼板面为界分为上部结构和下部结构两部分。

1）上部结构。包括主机室和装配场，与工业厂房基本相似。主机室是运行和管理的主要工作场所，水轮发电机组及许多辅助设备都布置在这里；装配场是水电站机、电设备到货卸车、拆箱、组装和机组检修时使用的地方。

2）下部结构。为大体积的整体结构，主要布置水轮机的过流系统，其特点是：尺寸大、结构复杂、防渗要求严格、基础深厚。

三、水电站厂房的基本类型

（一）地面式厂房

1. 河床式厂房

当水头较低，单机容量又较大时，厂房与整个进水建筑物连成一体，厂房本身起挡水作用，称为河床式厂房。长江干流上的葛洲坝水利枢纽的厂房是目前我国装机容量最大的河床式厂房，浙江的富春江水电站和广西的西津水电站（图 10-11）的厂房，都是这种形式。

图 10-11 河床式水电站厂房——广西西津水电站

低水头水电站有时为了泄洪、排沙的需要，为保证有足够的溢流宽度和通航要求，可将厂房机组分别装设在溢洪道中加宽的闸墩内，发电机顶部用罩盖住，称为闸墩式厂房或墩内式厂房，如黄河上的青铜峡水电站（图 10-12），采用的就是这种形式。这种形式加宽了溢流断面，节省厂房段，但结构复杂，通风和防渗困难。闸墩式厂房属于河床式厂房的一种类型。

图 10-12 闸墩式水电站厂房——青铜峡水电站

低水头水电站有时在机组蜗壳的上方或下方设泄洪、排沙的泄水孔，利用泄流时从孔内射出的水流，将厂房下游尾水水体推远，降低尾水位，起到利用射流增加落差的作用，这种厂房称为泄水式厂房，又称为射流增差式厂房。也属于河床式厂房。

2. 坝后式厂房

当水电站水头较高，建坝挡水，又将厂房紧靠坝布置的厂房，称为坝后式厂房。坝后式厂房又可分为以下几类：

（1）坝后式厂房。厂房在大坝下游，不起挡水作用，发电用水经坝式进水口沿坝身压力管道进入厂房。黄河上的三门峡、龙羊峡水电站和东北丰满水电站等都属于此种类型。一般适用于中、高水头的情况。

（2）坝垛式厂房。厂房布置在连拱坝、大头坝或平板坝的支墩之间。适用于中水头的情况。安徽省佛子岭水电站老厂房就采用了这种形式（图 10－13）。

图 10－13　坝垛式厂房——安徽省佛子岭水电站

（3）溢流式厂房。当河谷狭窄、泄洪量大、机组台数多、地质条件较差、不能采用地下式厂房而又要求保证有一定宽度的溢流段时，将厂房布置在溢流坎下面，厂房顶就是溢流面，称为溢流式厂房。这种形式的厂房结构要求能抵抗高速水流的荷载，溢流面的施工要求平滑，使泄洪时不致发生振动和气蚀。新安江水电站厂房是我国第一座溢流式厂房（图 10－14），云南漫湾水电站厂房也是采用这种形式。其缺点是：厂房计算复杂、施工质量要求高。

（4）挑越式厂房。位于峡谷中的高水头大流量水电站，由于河谷狭窄，将厂房布置在挑流鼻坎的后面，泄洪时高速水流挑越过厂房顶，水舌射落到下游河床中，称为挑越式厂房。贵州乌江渡水电站厂房是我国首次采用这种形式（图 10－15）。

图 10－14　溢流式厂房——浙江新安江水电站

对于溢流式和挑流式厂房来说，需要妥善处理的问题是厂房的通风、照明、防潮、出线、交通、排水和下游消能及岸坡保护等。

3. 坝内式厂房

当洪水量很大，河谷狭窄时，为减少开挖量，将厂房布置在坝体内，而在坝顶设溢洪道，称为坝内式厂房。江西上犹江水电站厂房是我国第一座坝内式厂房，湖南省凤滩水电站（图 10－16）也是采用坝内式厂房。这种形式的厂房可以充分利用坝体的强度，省掉厂房的混凝土工程量；在施工时，坝内空腔对混凝土的散热和冷却有利；还可利用空腔安排坝基排水，降低扬压力；厂房布置不受下游水位变化的限制。但坝体施工质量要求较高，施工期对拦洪和导流及大坝分期施工和分期蓄水等方面，不如实体重力坝。

图 10-15 挑越式厂房——贵州乌江渡水电站

图 10-16 坝内式厂房——湖南省凤滩水电站

4. 河岸式厂房

在引水式和混合式水电站中，水电站厂房通常布置在河道下游的岸边，这种形式的厂房称为河岸式厂房。适用于中、高水头的情况。

（二）地下式厂房

由于受地形、地质的限制，在地面上找不到合适位置建造地面式厂房，而地下有良好的地质条件或国防上需要，将厂房布置在地下山岩中，称为地下式厂房。此外，还有厂房部分机组段在地下，部分机组段在地面的半地下式厂房；或厂房上游侧部分嵌入岩壁，下游侧露出地面的窑洞式半地下式厂房；或厂房机组等主要设备布置在地下的竖井中，上部结构和副厂房布置在地面的井式半地下式厂房。对于地下式和半地下式厂房一定要充分考虑厂房的排水、通风、照明、防潮和防噪声等问题，如图 10-17 所示。

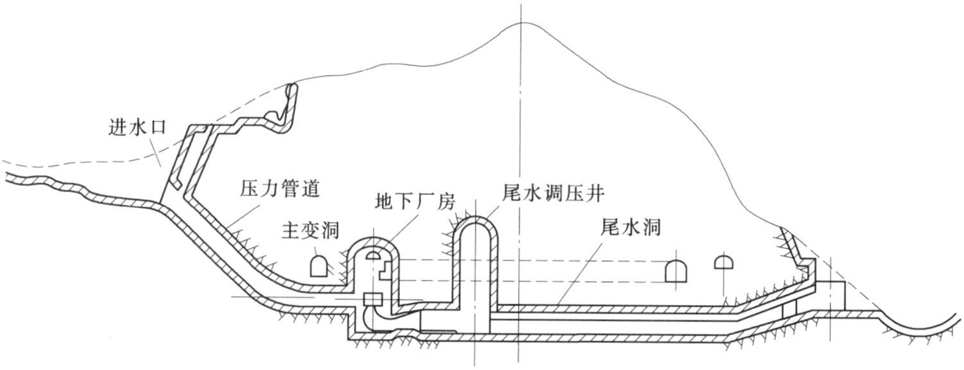

图 10-17 地下厂房剖面图

（三）抽水蓄能电站厂房和潮汐电站厂房

抽水蓄能电站厂房和潮汐电站厂房是近些年来发展较快的两种厂房类型，按厂房结构及厂房在枢纽中的位置分类，抽水蓄能电站厂房和潮汐电站厂房仍可纳入地面式或地下式厂房。由于其功能与常规水电站有所不同，故在此单独叙述。

1. 抽水蓄能电站厂房

抽水蓄能电站厂房内的机组有水泵和水轮发电机。它是利用电网中在夜间负荷低谷时的电力输送给抽水蓄能电站，驱动水泵，将低处下水库的水抽到高处上水库存蓄；当高峰负荷出现时，放水到下水库，冲动水轮机带动发电机发电（图 10-18）。当电站发电流量中有天然径流时，装设有这种机组的厂房称为纯抽水蓄能电站厂房。如果在常规水电站厂房内扩建抽水蓄能机组，即当发电流量中有部分天然径流时，称为混合式抽水蓄能电站厂房。抽水蓄能电站若与核电厂及火电厂联网运行，既具有调峰、调相、备用发电等功能，又可填谷，提高整个电网的经济效益。中低水头时，抽水蓄能电站厂房常采用地面厂房；

图 10-18 抽水蓄能水电站——天荒坪水电站

高水头大流量时，多采用地下式或半地下式厂房。厂房内选用三机式（每台机组包括发电机兼作电动机、水轮机和水泵三种机器）或耳机式可逆机组（每台机组包括发电机兼作电动机和水轮机兼作水泵）两种，每种又可分为立轴和卧轴两类。三机式机组在抽水时，电动机（即发电机）驱动水泵抽水，而将水轮机的活动导叶（或球阀）关闭，利用压缩空气将尾水管中水位压低，使转轮在空气中运行；当发电时，将联轴器脱开，水轮机带动发电机发电，水泵就不转动。

2. 潮汐电站厂房

利用海水涨落形成的潮汐能发电的电站称为潮汐电站（图 10－19）。潮汐电站厂房基本上与河床式厂房相同，厂房内采用贯流式机组。潮汐电站能源可靠，虽有周期性间歇，但具有准确的规律，可经久不息的利用，有计划并入电网运行；无淹没损失、移民等问题；离用电中心的沿海城市较近；水库内可发展水产养殖、旅游和围垦等综合效益。但耗钢量大，但单位千瓦的造价较常规水电站昂贵，施工条件复杂，一般需要具有优良地形和地质的海湾。

图 10－19　潮汐水电站——浙江温岭江厦潮汐电站

本 章 小 结

水电站是将水能转换为电能的综合工程设施。本章重点介绍了坝式水电站、引水式水电站、混合式水电站、抽水蓄能电站、潮汐水电站、无调节水电站和有调节水电站等各类水电站的特点；介绍了水电站的总体布置；阐述了各类型水电站的厂房组成及其结构组成。

复 习 思 考 题

一、单项选择题

1. 无压引水道中采用的平水建筑物是（　　）。

A. 坝　　B. 调压室　　C. 隧洞　　D. 压力前池

2. （　　）厂房位于拦河坝下游坝趾处，厂房与坝直接接触或相连，发电用水由引水道直接穿过坝体引入厂房。

A. 坝后式　　B. 地下式　　C. 河床式　　D. 引水式

3.（　　）厂房位于河床中，本身也起挡水作用。

A. 坝后式　　B. 地下式　　C. 河床式　　D. 引水式

4.（　　）厂房与坝不直接相连，发电用水由引水建筑物引入厂房。

A. 坝后式　　B. 地下式　　C. 河床式　　D. 引水式

5. 用来将发电用水自水库输送给水轮机发电机组的建筑物是（　　）。

A. 挡水建筑物　　B. 泄水建筑物

C. 排水建筑物　　D. 水电站引水建筑物

6. 用来平稳由于水电站负荷变化在引水或尾水建筑物中造成的流量及压力变化的水电站建筑物是（　　）。

A. 发电、变电和配电建筑物　　B. 水电站平水建筑物

C. 过船建筑物　　D. 水电站进水建筑物

7. 厂房位于溢流坝坝趾处，溢流水舌挑越厂房顶泄入下游河道的厂房形式属于（　　）。

A. 挑越式厂房　　B. 溢流式厂房　　C. 坝内式厂房　　D. 坝上式厂房

8. 厂房位于溢流坝坝趾处，厂房顶结构兼作溢洪道的厂房形式属于（　　）。

A. 挑越式厂房　　B. 溢流式厂房　　C. 坝外式厂房　　D. 坝内式厂房

二、多项选择题

1. 以下属于坝式水电站的有（　　）。

A. 坝后式　　B. 挑越式　　C. 厂房溢流式

D. 河床式　　E. 坝内式

2. 水电站枢纽工程主要建筑物包括（　　）。

A. 坝　　B. 闸　　C. 溢洪道

D. 挡土墙　　E. 厂房

3. 水电站平水建筑物主要包括（　　）。

A. 坝　　B. 调压室　　C. 隧洞

D. 压力前池　　E. 溢洪道

4. 水电站厂房一般由以下四部分组成（　　）。

A. 主厂房　　B. 副厂房　　C. 尾水渠

D. 变压器场　　E. 高压开关站

5. 根据厂房在水电站枢纽工程中的位置及其结构特征，水电站厂房可分为（　　）。

A. 坝后式　　B. 地下式　　C. 河床式

D. 引水式　　E. 地面式

6. 水电站的典型布置形式有（　　）。

A. 引水式电站　　B. 河床式电站　　C. 坝内式电站

D. 坝式电站　　E. 贯流式电站

三、简答题

1. 水电站厂房按设备组成系统划分，可划分为哪几个系统？

2. 简述坝式水电站的特点和适用条件。
3. 引水式电站的特点和适用条件是什么?
4. 什么叫水电站的厂区? 水电站厂区由哪几部分组成?
5. 课后通过上网或用其他方式收集三峡水电站的相关资料。
6. 你见过哪些水电站，概括说说它们的特点。

参 考 文 献

[1] 中华人民共和国行业标准. SL 282—2003 混凝土拱坝设计规范. 北京：中国水利水电出版社，2003.

[2] 中华人民共和国行业标准. SL 319—2005 混凝土重力坝设计规范. 北京：中国水利水电出版社，2005.

[3] 中华人民共和国行业标准. SL 203—1997 水工建筑物抗震设计规范. 北京：中国水利水电出版社，1997.

[4] 中华人民共和国行业标准. DL 5077—1997 水工建筑物荷载设计规范. 北京：中国水利水电出版社，1998.

[5] 中华人民共和国行业标准. SL 265—2001 水闸设计规范. 北京：中国水利水电出版社，2001.

[6] 中华人民共和国行业标准. SL 253—2000 溢洪道设计规范. 北京：中国水利水电出版社，2000.

[7] 中华人民共和国行业标准. SL 279—2002 水工隧洞设计规范. 北京：中国水利水电出版社，2003.

[8] 中华人民共和国行业标准. SL 252—2000 水利水电工程等级划分及洪水标准. 北京：中国水利水电出版社，2000.

[9] 中华人民共和国行业标准. SL 227—98 橡胶坝技术规范. 北京：中国水利水电出版社，2005.

[10] 郭宗闵. 水工建筑物（第二版）. 北京：中国水利水电出版社，1995.

[11] 吴媚玲. 水工建筑物. 北京：清华大学出版社，1991.

[12] 高必仁. 水工建筑物. 北京：中国水利水电出版社，2003.

[13] 汤能见，吴伟民，胡文舒. 水工建筑物. 北京：中国水利水电出版社，2005 .

[14] 孙明权. 水工建筑物（第二版）. 北京：中央广播电视大学出版社，2009.

[15] 杨邦柱，焦爱萍. 水工建筑物. 北京：中国水利水电出版社，2005 .

[16] 孙明权，沈长松. 水工建筑物. 北京：中央广播电视大学出版社，2006 .

[17] 程兴奇，王志凯. 水工建筑物. 北京：中国水利水电出版社，2007.

[18] 陈德亮. 水工建筑物. 北京：水利出版社，1980.

[19] 胡乃一，陈梦玉. 小型水工建筑物. 北京：水利电力出版社，1993.

[20] 陈美扬，田野，史伏初. 小型水工建筑物. 北京：中国水利水电出版社，2006.

[21] 林益才. 水工建筑物. 北京：中国水利水电出版社，1997.

[22] 左启东. 水工建筑物. 南京：河海大学出版社，2008.

[23] 李珍照，徐乾清. 水工建筑物分册. 北京：中国水利水电出版社，2004.

[24] 刘韩生，花立峰，纪志强. 跌水与陡坡. 北京：中国水利水电出版社，2004.

[25] 李崇智. 跌水与陡坡. 北京：水利电力出版社，1988.

[26] 祁庆和. 水工建筑物. 北京：中国水利水电出版社，2004.